黑龙江省哲学和社会科学2012年度研究规划项目

黑龙江省绿色优势食品资源开发保护及安全监管的研究

谭伟君　陈红梅　李刚　著

U0222415

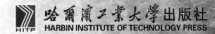

哈尔滨工业大学出版社

HARBIN INSTITUTE OF TECHNOLOGY PRESS

内容简介

本书以科学发展观为指导,根据黑龙江省作为全国绿色食品资源大省的实际情况及发展状况,在绿色食品资源开发、保护及其安全监管领域,运用系统工程方法,构建了黑龙江省绿色食品资源论的理论体系。这一理论体系的基本内容结构是:基本理论概论;现状及存在的主要问题;优化发展的条件及趋势;管理体制及其运行模式的创新;对发展战略规划的科学设计;实施发展战略规划的具体行动计划及措施与成果评价。

本书可以为黑龙江省绿色食品办公室制定相关政策文件,提供参考的价值和意义,可以为地方政府职能部门发展地方经济提供战略方案,可以供广大绿色食品企业经营管理者和上下游企业经营者借以进行战略思维、战略规划和战略管理工作,从而把其战略的理论与实践推向一个更高的阶段,也可以作为本专科院校进行教学的课外阅读书籍和参考书籍。

图书在版编目(CIP)数据

黑龙江省绿色优势食品资源开发保护及安全监管的
研究/谭伟君,陈红梅,李刚著. —哈尔滨:哈尔滨工业大学出版社,2015.5
　ISBN 978 - 7 - 5603 - 4968 - 8

　Ⅰ.①黑… 　Ⅱ.①谭… 　②陈… 　③李… 　Ⅲ.①绿色食品 –
农业发展 – 研究 – 黑龙江省 　②绿色食品 – 安全管理 –
研究 – 黑龙江省 　Ⅳ.①F426.82

中国版本图书馆 CIP 数据核字(2014)第 237222 号

策划编辑　杜　燕
责任编辑　刘　瑶
出版发行　哈尔滨工业大学出版社
社　　址　哈尔滨市南岗区复华四道街 10 号　邮编 150006
传　　真　0451 – 86414749
网　　址　http://hitpress.hit.edu.cn
印　　刷　黑龙江省地质测绘印制中心
开　　本　787mm×960mm　1/16　印张 11.75　字数 283 千字
版　　次　2015 年 5 月第 1 版　2015 年 5 月第 1 次印刷
书　　号　ISBN 978 - 7 - 5603 - 4968 - 8
定　　价　32.80 元

前　言

现代大工业以及城市的发展进步，一方面为社会创造了巨大的财富，另一方面也带来了环境污染。据调查，黑龙江省遭受"三废"工业危害的农田面积已达到40%。由于环境问题的产生，政府和公众迫切要求企业生产无污染绿色食品资源。不能再沿袭以牺牲环境和损耗资源为代价，走发展经济的老路，而必须把经济和社会发展建立在资源和环境可持续利用的基础之上，特别是要建立和发展确保农业和绿色食品资源工业可持续发展的生产方式。

因此，绿色食品资源基地环境技术条件要求我们在选定绿色食品资源基地时，首先是选择具有良好生态环境的地方作为绿色食品资源基地，同时对基地的生态环境加以建设和保护；其次是对那些暂不具备绿色食品资源生产条件的地方加以改造、整治和建设，使其逐步到发展绿色食品资源基地的环境技术应具备的条件。发展无污染、无公害绿色食品资源，调动企业内部动力，把环境保护与生产发展紧密地结合起来。发展绿色食品资源是保护环境、治理污染的重要措施之一。

总之，通过开发绿色食品资源带动农户和企业走可持续发展的道路，是促进黑龙江省农业可持续发展的最好方法。走可持续发展的道路不仅是中国的一项基本国策，也是当今世界各国的共同承诺。在农业领域，龙头企业可以通过发展生态农业、建设绿色食品资源原料生产基地，探索可持续发展的方式和途径。

本书以科学发展观为指导，根据黑龙江省作为全国绿色食品资源大省的实际情况及发展状况，在绿色食品资源开发、保护及其安全监管领域，运用系统工程方法，构建了黑龙江省绿色食品资源论的理论体系，这一理论体系的基本内容结构是：基本理论概论；现状及存在的主要问题；优化发展的条件及趋势；管理体制及其运行模式的创新；对发展战略规划的科学设计；实施发展战略规划的具体行动计划及措施与成果评价。

该内容体系从基本理论阐述入手，通过对现状、存在问题及发展条件、趋势的分析，提出管理体制运行模式的创新形态，以发展战略规划的科学设计为重点，以具体实施战略规划的行动措施为手段，进行理论与实践的密切结合，以实现绿色食品资源的可持续发展，推进绿色食品产业快速优化发展，从而创立起一个"绿色食品资源论"的新的学科领域。

本书创建了一个涉及"绿色食品资源论"的基本概念体系，包括绿色、绿化、食品、绿色食品、资源、绿色食品资源、优势绿色食品资源、绿色食品资源开发、绿色食品资源保护、绿色食品资源安全监管、安全监管体制、战略规划、具体实施行动计划等概念。并对各个概念含义做了独立、创新性的表述，且对它们之间的相互关系，特别是对绿色食品"资源"与绿色食品"产品"、绿色食品"产业"的区别与联系,做了创新性的深入研究。这些是对"绿色食品资源论"的重大贡献。本书的主要创新点如下:

第一,对黑龙江省绿色资源可持续发展的优势条件、黑龙江省绿色食品资源的特色、黑龙江省绿色食品资源的优越品质等,进行了系统、深入及创新性的研究与论述。在绿色食品资源可持续发展的资源条件论述中,首先明确了这些条件是产生优势资源的外部环境条件;其次,将这些外部环境条件分为自然环境条件(即生态环境条件)与人文社会经济条件,并进行了系统全面的研究。在绿色食品资源特色的论述中,对作为绿色食品资源的原材料的自然特色与人工特色做了明确的表征。在绿色食品资源的原材料优越品质的论述中,重点研究了它们的"绿化"程度高的优良内在品质,并从其安全功能上表述其独特性及效能性。以上这些研究与论述突出地展示了资源环境优势、资源内在品质优势,从而为产品优势提供了良好的基础与前提条件。在资源优势环境论、资源内在优越品质论、优势产品基础论方面,提出了诸多创新理论观点,把"绿色食品资源优势论"推进到一个新的发展阶段与高度。

第二,对黑龙江省绿色食品资源进行了科学的分类。按照不同的标志对绿色食品资源即原材料进行了多种分类,创立了一个新体系,按照资源产生类型不同,划分为自然产生资源与人工培植资源;按资源产生与发展的状态不同,划分为不可再生资源与可再生资源;按资源的属性不同,划分为矿产资源、山产资源、林产资源、河流水产资源、荒漠草地产资源、牲畜饲养生产资源、农耕地产资源;按特色不同,划分为特色资源与普遍资源;按优越性不同,划分为优势资源与一般资源;按自控程度不同,划分为自控资源与同控资源等多种类型。每种类型都有其不同的属性,进而具有不同的开发与保护的方式及内容,并形成不同的发展、保护以及安全监管的方式与进行模式。因而,这一系统完善的分类体系把绿色食品"资源分类论"推进到一个更高更新的发展层面,也是本书的一个重要贡献。

第三,利用较多的数据资料;通过理论分析与实证分析方法概括地论述了绿色食品资源各构成要素,特别是源的开发、保护监管活动的现状,尤其是揭示了各发展阶段的主要进展情况,并总结了主要的发展成果与现存成本状态;在正确认识现有发展水平的基础上,进一步揭示了在发展中所存在的主要问题,以及产生现存问题的客观因素或原因;在对发展水平、现存主要问题及其形成原因深入、系统分析与揭示的基础上,遵循一般发展规律和实际条件,明确地揭示出绿色食品资源开发、保护及其安全监管的发展总趋势。更值得指出的是,在对现状、存在问题及发展趋势进行深入分析的基础上,明确地论述了资源开发与保护间的关系,指明绿色食品资源开发是主要内容,为了充分有效地开发资源,必须在开发中重视资源保护,保护不仅能增进其规模的增长,而且能更好地保持其绿化品质的提升与维持,同时,明确地论述了要处理好绿色食品资源开发与保护的关系及其在开发保护活动中对食品资源安全度的保护,必须优化与创新绿色食品资源安全度的监管体制与运行规则措施,从而建立起一个系统工程理论体系,这也是本书对绿色食品资源论的一个重要贡献。

第四,提出了优化完善绿色食品资源安全监管体制的设想,以及关于组织机构、法规政策制度体系、管理的约束与激励机制的设想。同时,提出绿色食品资源安全监管体制的运

行,并对运行模式的各主要要素的关系进行了基本论述,表征了其运行的整个过程,具有较强的应用性

第五,设计了难度较大、内容庞大、指导性很强的绿色食品资源可持续发展战略规划方案。不仅创新发展了战略规划方案的架构要素体系,而且规划设计各要素的具体内容,特别是突出了战略对策的具体内容。这实际上是对省政府规划绿色食品资源可持续发展战略规划方案的决策建议,起到了重要的作用。这应视为一个最推出的贡献。

第六,从宏观与微观层面具体设想了实施绿色食品资源可持续发展战略规划方案的具体行动计划及措施,具有很大的可行性与有效性,同时还提出了对战略规划实施所获结果的评价标准体系及进行评价的程序与方法,对最终认定结果的分析及改善等内容,从而使管理系统理论与方法有了完善的归结。

本书分上、下两篇,上篇为对策探索篇,共七章;下篇为成果转化篇,纳入学术论文14篇。上篇具体分工如下:第一章、第二章为哈尔滨剑桥学院陈红梅编写;第三章、第四章由哈尔滨剑桥学院李刚编写;第五~七章由哈尔滨远东理工学院谭伟君编写。下篇中的学术论文均由黑龙江省高校教师及科研机构研究人员撰写。

由于笔者在本领域研究资历尚浅,欢迎各位专家、领导及同行不吝赐教。

著者

2014 年 9 月

目　　录

上　篇　对策探索篇

下　篇　成果转化篇

上　篇

对策探索篇

第一章 概 论

第一节 绿色食品资源及其开发保护和安全监管的含义

一、绿色食品资源的含义

绿色食品资源在我国是对具有无污染的安全、优质、营养类绿色食品资源的总称。绿色食品资源是指遵循可持续发展原则,按照特定生产方式生产,经专门机构认定,许可使用绿色食品资源商标的无污染的安全、优质、营养类绿色食品资源。所谓可持续发展原则,是指通过产前、产中、产后的全程技术标准和环境、产品一体化的跟踪监测,严格限制化学物质的使用,保障绿色食品资源和环境的安全,以促进可持续发展。所谓特定的生产方式,是指在生产、加工过程中按照绿色食品资源的标准,以禁用或限量使用化学农药、肥料、添加剂等物质,对产品实施全程质量控制,依法对产品实行标志管理。

为此,1990 年 5 月,中国农业部正式规定了绿色食品资源的名称、标准、特征及标志,现具体剖析如下。

1. 绿色食品资源的名称

在许多国家,绿色食品资源又有着许多相似的名称,诸如"生态绿色食品资源""自然绿色食品资源""蓝色天使绿色食品资源""健康绿色食品资源""有机农业绿色食品资源"等。由于在国际上,对于保护环境和与之相关的事业已经习惯冠以"绿色"的字样,所以,为了突出这类绿色食品资源产自良好的生态环境和严格的加工程序,在我国统一被称为"绿色食品资源"。

2. 绿色食品资源的标准

农业部规定标准:

(1)产品或产品原料的产地必须符合绿色食品资源的生态环境标准。

(2)农作物种植、畜禽饲养、水产养殖及绿色食品资源加工必须符合绿色食品资源的生产操作规程。

(3)产品必须符合绿色食品资源的质量和卫生标准。

(4)产品的标签必须符合中国农业部制定的《绿色食品资源标志设计标准手册》中的有关规定。

在绿色食品资源申报审批过程中区分 A 级和 AA 级绿色审批。

AA 级绿色审批是指在生态环境质量符合规定标准的产地,其生产过程中不使用任何有害化学合成物质,按特定的生产操作规程生产、加工,产品质量及包装经检测、检查符合特定标准,并经专门机构认定,许可使用 AA 级绿色食品资源标志的产品。

A级绿色食品资源是指在生态环境质量符合规定的产地,生产过程中允许限量使用限定的化学合成物质,按特定的生产操作规程生产、加工,产品质量及包装经检测、检查符合特定标志,并经专门机构认定,许可使用A级绿色食品资源标志的产品。

3. 绿色食品资源的特征

无污染、安全、优质、营养是绿色食品资源的特征。无污染是指在绿色食品资源生产、加工过程中,通过严密监测、控制,防范农药残留、放射性物质、重金属、有害细菌等对绿色食品资源生产各个环节的污染,以确保绿色食品资源产品的洁净。绿色食品资源的优质特性不仅包括产品的外表包装水平高,而且还包括内在质量水准高;产品的内在质量又包括两个方面:一是内在品质优良;二是营养价值和卫生安全指标高。

4. 绿色食品资源的标志

绿色食品资源的标志是由中国绿色食品资源发展中心在国家工商行政管理总局商标局正式注册的质量证明商标。绿色食品资源标志由三部分构成,即上方的太阳、下方的叶片和中心的蓓蕾。其标志为正圆形,意为保护。整个图形描绘了一幅明媚阳光照耀下的和谐生机,告诉人们绿色食品资源正是出自纯净、良好生态环境的安全无污染绿色食品资源,能给人们带来蓬勃的生命力。绿色食品资源标志还提醒人们要保护环境,通过改善人与环境的关系,创造自然界新的和谐。绿色食品资源标志作为一种特定的产品质量的证明商标,其商标专用权受《中华人民共和国商标法》保护。

绿色食品资源的包装、装潢应符合《绿色食品资源标志设计标准手册》的要求,得到绿色标志所有权的单位,应将绿色食品资源标志用于产品的内外包装。《绿色食品资源标志设计标准手册》对绿色食品资源标志的标准图形、标准字体、图形与字体的规范组织、标准色、广告用语及用于绿色食品资源系列化包装的标准图形、编号规范做了严格规定,同时列举了应用示例。

消费者怎样识别绿色食品资源?凡绿色食品资源产品的包装必须做到:①"绿色食品资源的四位一体",其中"四位"指标志图形、"绿色食品资源"文字、编号及防伪标签;②AA级绿色食品资源标志底色为白色,标志与标准字体为绿色;而A级绿色食品资源的标志底色为绿色,标志与标准字体为白色;③"产品编号"正后或正下方写上"经中国绿色食品资源发展中心许可使用绿色食品资源标志"文字,其英文规范为"Certified Chinese Creen Food Product";④绿色食品资源包装标签应符合国家《绿色食品资源标签通用标准》(GB 7718—94)。标准中规定绿色食品资源标签上必须标注以下几方面内容:绿色食品资源名称;配料表;净含量及固形物含量;制造者、销售者的名称和地址;日期标志(生产日期、保质期)和储藏指南;质量(品质等级);产品标准号;特殊标注内容。

二、绿色优势食品资源开发保护的含义

为了保证绿色食品资源产品无污染、安全、优质、营养的特性,开发绿色食品资源有一套较为完整的质量标准体系。绿色食品资源标准包括产地环境质量标准、生产技术标准、产品质量和卫生标准、包装标准、储藏和运输标准以及其他相关标准,它们构成了绿色食品资源完整的质量控制标准体系。

环境污染物质和环境激素污染了水、土资源,破坏了生态环境,并通过食物链导致生态

失衡,直接危害生物多样性,威胁甚至危害人类的健康和生存。同时也使国民经济遭受巨大的损失,据统计20世纪90年代因环境污染给国民经济带来的经济损失每年达1 000亿元以上。这只是农业和人体健康的损失,还不包括生态破坏的损失。21世纪黑龙江省经济正处于高速增长时期,国民经济能否持续发展,取决于资源和环境能否有效的保护和合理的利用。绿色食品资源、有机农业绿色食品资源生产把经济发展与生态环境的保护有机地结合起来,使资源、环境、绿色食品资源、健康间的相互关系得以协调。

绿色食品资源是无污染、安全、优质、营养类绿色食品资源,其生产基地必须是清洁、无污染的生态环境,生产过程中必须维持水、土、气资源的持续生产力,其生产过程必须截断外来污染源和自身对环境的污染。上述绿色食品资源的产品质量、基地环境条件以及生产过程的要求等均由绿色食品资源基地环境条件、产品质量标准、农药与施肥生产规程等绿色食品资源系列标准的执行来实现。绿色食品资源区分为AA级和A级两个等级。AA级是与国际上的有机农业绿色食品资源接轨,其生产基地的环境质量符合《绿色食品资源产地环境质量标准》中对AA级的要求,生产过程中完全不用或基本不用化学合成肥料、农药、兽药、生长调节剂、畜禽和水产养殖饲料添加剂、绿色食品资源添加剂和其他有害于环境和身体健康的物质,通过使用有机肥、种植绿肥、作物轮作、生物防治病虫害、生物或物理除草等措施培肥土壤、控制病虫害,保证最终产品质量达到标准。A级绿色食品资源标准的要求是生产过程中严格按照有关《绿色食品资源生产资料使用准则》和《生产操作规程》要求,限量使用化学合成物质,并积极采用生物防治技术和物理方法,使最终产品达到绿色食品资源标准要求。

绿色食品资源、有机农业绿色食品资源的生产结果是减少了农药、化肥、环境激素等污染物进入环境,保护了农田生态环境,促进了良性生态循环,进而保障了人类健康,促进了农业的可持续发展。

三、绿色优势食品资源安全监管的含义

根据世界卫生组织的解释,绿色食品资源安全是指:绿色食品资源中不应含有可能损害或威胁人体健康的有毒、有害物质或因素,从而导致消费者急性或慢性毒害感染疾病,或产生危及消费者及其后代健康的隐患。《国际绿色食品资源卫生法典》委员会对绿色食品资源安全的定义指出,绿色食品资源安全是指消费者在摄入绿色食品资源时,绿色食品资源中不含有害物质,不存在引起急性中毒、不良反应或潜在疾病的危险性。

绿色食品资源安全监管是指国家职能部门对绿色食品资源生产、流通企业的绿色食品资源安全行使监督管理的职能。具体是负责绿色食品资源生产加工、流通环节绿色食品资源安全的日常监管;实施生产许可、强制检验等绿色食品资源质量安全市场准入制度;查处生产、制造不合格绿色食品资源及其他质量违法行为。

绿色食品资源监管是绿色食品资源管理的重要组成部分,是以绿色食品资源标准为依据,对绿色食品资源的生产过程与标志使用的监督管理。绿色食品资源监管的内容包括对绿色食品资源的质量监管和标志使用监管两个方面。

绿色食品资源质量监管是对绿色食品资源的产地环境、生产过程、产品质量等环节是否符合绿色食品资源相关标准的监督管理,只有按标准进行生产、加工、检测合格的产品方能以绿色食品资源的品牌进入市场。

绿色食品资源标志使用监管是对绿色食品资源商标标志使用是否规范的监督管理,只有正确使用绿色食品资源标志的质量合格的绿色食品资源才能真正体现绿色食品资源的精品形象,才能保障消费者的权益。

第二节 黑龙江省绿色优势食品资源的种类及其重要地位

一、黑龙江省开发绿色食品资源的优势

(一)生态优势

作为祖国位置最北,纬度最高的省份,黑龙江省面积达 45.4 万 km^2,居全国第六位;行政区划 13 个地市,64 个县(市),总人口约为 3 800 万;"大森林,大草原,大湿地,大界江,大耕地"是我省的自然生态名片。

我省境内河流众多,有黑龙江、松花江、乌苏里江、绥芬河四大水系和兴凯湖、镜泊湖、五大连池三大湖泊,水利资源富集。全省流域面积在 50 km^2 以上的中小河流 1 918 条,其中流域面积超过 1 万 km^2 的河流 22 条;大小湖泊 640 个,水面面积约为 6 000 km^2。界江、界湖过境水量为 2 710 亿 m^3,水资源总量达 810 亿 m^3,居东北、华北和西北各省(市、区)之首,是我国北方地区水资源最富集的省份。全省有大中小水库 1 148 个,库容为 277.9 亿 m^3。我省森林面积 3 亿多亩,森林覆盖率为 45.7%,活立木总蓄积量 17.6 亿 m^3,占全国 12%,居全国前列;湿地面积为 884 万 hm^2,位居全国第一,其中天然湿地面积为 556 万 hm^2,占全省国土面积的 11.8%,占全国湿地总面积的 1/7,位居全国第二位;可利用草原面积 6 500 万亩,是全国 10 个拥有大草原的省份之一,产草量居全国第八位。天然的大森林、大草原、大湿地,起到了优越的生态屏障作用,丰富的水资源,为农业生产提供了有力的资源保障。

(二)耕地优势

我省现有耕地 2 亿多亩,全省农业人口人均耕地面积为 13 亩左右,是全国平均水平的近 10 倍,耕地面积和人均占有量均居全国首位。

我省耕地平坦,集中连片,耕层深厚,土质肥沃,有机质含量高,黑土、黑钙土、草甸土等占到 80%,是与乌克兰顿河平原黑土地和美国密西西比河流域黑土区齐名的世界"三大黑土带"之一,黑土面积占全国黑土面积的 67%。

我省的黑土地因纬度高,又称"寒地黑土"。黑土以"寒地黑土"最为珍贵,号称"土中之王",是经过亿万年而形成的,这种土质要经过 200~400 年的寒来暑往才能积累 1 cm 黑土层,是十分宝贵的不可再生的稀缺资源。黑土中腐殖质含量是黄土和红土的 5~10 倍,产出的农产品口味纯正,品质优异,营养丰富。

黑龙江省现有耕地为 934 万 hm^2,占全国总面积的 4.73%;林地面积达 3 亿多亩,森林覆盖率达 45.7%,高于全国平均水平近 2 倍;可利用草原面积 6 500 万亩,是全国 6 大草原之一;三江平原为黑龙江省重要的商品粮基地和面积最大、分布最为集中的平原湿地,境内有黑龙江、松花江、嫩江、乌苏里江、绥芬河五大水系,有兴凯湖、镜泊湖、五大连池、连环湖四大湖泊,水面达 115 万 hm^2,可利用养鱼水面达 55 万 hm^2。野生植物 2 200 多种,可食用的有 1 000 多种;野生鸟、兽、鱼 500 多种。

（三）气候优势

黑龙江省四季分明，雨量适中，平原、丘陵、山地、河流均匀分布，冬、夏温差较大，对农作物的病虫害具有天然的预防和免疫能力。黑龙江省农药、化肥的使用量是全国的最低水平，特别是山区及偏远、新开垦的地区，土地肥沃，几乎不使用化肥和农药，依然沿用着传统的耕作及防虫、防病的方法，亟待开发绿色食品资源，增加其当地产品的附加值，带动地区经济的发展。黑龙江省拥有六个国家级生态自然保护区，具有较好的生态和自然环境，为绿色食品资源的开发创造了有利的自然条件。

黑龙江地处北疆，开发较晚，许多地方至今还保持原生状态。这些曾经是我省经济发展较慢的标签，如今在绿色食品资源开发中却变成特有的优势。

黑龙江省属中、寒温带大陆性季风气候，年平均气温为 2.9 ℃，常年有效积温为 1 600 ~ 2 800 ℃，年降水量为 370 ~ 670 mm，全年无霜期为 100 ~ 140 d；光、热、水同季。冬季平均气温最低，漫长的寒冬有效杀灭了一些农田里残留的病菌和虫卵，阻止了病虫越冬，减少了病虫害的发生概率和农药的使用量。由于冬季漫长，无霜期短，农业生产一年一季，黑龙江省的耕地有半年处于休眠状态，客观上起到了让土壤休养生息的作用。据统计，黑龙江省每年的平均化肥、农药使用量还不到全国平均水平的一半，是内地一般地区的 1/3、1/7 左右，天蓝水碧，水净田洁，是天然的绿色食品资源"摇篮"。黑龙江省雨热同季、昼夜温差大，尤其是夏季，昼热夜凉，作物干物质和微量元素积累多，品质优异。黑龙江省独特的气候条件，有力地保证了出产农产品的质量安全和品质营养。

（四）科技管理优势

围绕绿色食品资源开发，黑龙江省已制定并正式颁布实施的《绿色食品资源技术标准和操作规程》已涵盖了粮食作物、经济作物、畜禽养殖、山特产品采集以及食用菌栽培等领域，标准覆盖率和入户率均达 100%；机械化程度高，黑龙江省绿色食品资源基地综合机械化程度已接近 90%。

黑龙江省绿色食品资源的发展经验为绿色食品资源的开发提供了有利的条件。黑龙江省是发展绿色食品资源最早的省份，多年来绿色食品资源发展形势一直较好，产品种类多、品质好，为农业的结构调整及农村的经济发展起到了示范效应，生产者在近几年来的农业生产实践中自觉地减少了化学类农药和化肥的使用量，为向绿色食品资源的转化奠定了基础，缩短了向有机农业的转换期。黑龙江省有 12 个 AA 级绿色食品资源产品，这些产品再申请有机绿色食品资源认证不需要转化期，能够顺利地取得有机产品认证。

黑龙江省具有通过国家或省级计量认证的环境监测及产品检测机构，且具有较强的技术及科技认证队伍，黑龙江省绿色食品资源发展中心于 2001 年正式成为国际有机农业运动联盟（IFOAM）的会员，拥有国家绿色食品资源检查员八名，国家 OFDC 检查员一名及亚洲区域性有机绿色食品资源颁证检查员一名，为有机绿色食品资源的开发检查、培训与推广工作服务。

黑龙江省具有科研推广体系。该省拥有东北农业大学、黑龙江八一农垦大学、省农业科学研究院等多家科研院所，且有省级、地市县区级农业委员会及技术推广总站，为有机农业的技术推广、有机绿色食品资源的种植及养殖、加工技术的宣传等提供了完善的服务。

（五）贸易和边境贸易占较大优势

黑龙江省西部与内蒙古自治区毗邻,南部与吉林省接壤,北部与东部以黑龙江、乌苏里江为界与俄罗斯相邻,边境线长达3 045 km,是亚洲及太平洋地区陆路通往俄罗斯和欧洲大陆的重要通道。目前,已建成沿江贸易口岸25个,建立了松花江、黑龙江、乌苏里江从俄罗斯境内出海的江海联运通道,打通了与远东地区、日本、韩国等国家的海上通道,同时,路陆四通八达,以哈尔滨为铁路中枢的滨绥、滨洲铁路大动脉,经满洲里、绥芬河直通俄罗斯,铁路营业里程8 784 km,内河航线达5 057 km,公路通车里程达49 928 km,民用航空线达28条。电信事业也在迅速发展,光缆和数字微波构成了全省的电信网络,实现了国家、市、县、镇(乡)四级自动程控联网通信,构成了对周边乃至世界各国的路陆、海运、航运立体贸易通道。1999年,与黑龙江省建立对外贸易关系的国家和地区达到140多个,进出口总额达30多亿美元。

（六）规模生产优势

黑龙江省耕地面积大且集中度高,适合规模化生产、集约化经营;地势平坦,土地肥沃,适于使用大型农机具作业,拥有实现农业机械化得天独厚的条件。据有关数据统计,全省农机保有量、田间作业综合机械化程度位居全国之首,农机装备在全国领先。特别是近年来,新型农机装备制造业快速发展,具备了研发生产大型农机装备的能力,并通过组建农机专业合作社,以农机合作社为龙头,引领农业机械化发展。已建成的近800个现代农机合作社,促进了绿色食品资源规模化经营、标准化生产、社会化服务的有机统一,加快了农业科技的应用,提高了绿色农作物的产出率,将农民从繁重的体力劳动中逐步解放出来,大大提高了劳动生产率和资源利用率。黑龙江省农业机械化的快速发展,使农业生产方式发生了根本性的变化,形成了国内耕地规模最大、机械化水平最高、综合生产能力最强的国有农场群,农业机械化、标准化、规模化和产业化走在全国前列,粮食生产达到世界先进水平。黑龙江省所具备的农机装备与规模生产优势势必加快全省绿色农业的发展,依靠绿色提高农产品附加值,增加农民收入。

目前,黑龙江省已成为全国最大的绿色食品资源生产基地,认证面积达6 430万亩,原料产量2 160万t,规模和总量均居全国第一位。充足优质原料为大力发展绿色食品资源奠定了坚实的基础。

（七）加工优势

黑龙江省绿色(有机)食品资源加工企业达550家,其中产值超过亿元的有65家,形成了绿色玉米、大豆、水稻、乳品、肉类、山产品、饮品和特色产品八大产品生产加工体系。黑龙江省作为全国最早开发绿色食品资源的省份,经过20多年的努力,特别是近10年的快速发展,基地面积、认证数量、实物总量等六项发展指标均居全国首位,已成为全国最大的绿色食品资源生产基地。

二、黑龙江省绿色优势食品资源的种类

黑龙江省已开发的绿色食品资源产品涵盖黑龙江省农产品分类标准中的七大类、29个分类,包括粮油、果品、畜禽蛋奶、水海产品、饮料类等,其中初级产品约占30%,加工产品约占70%。近年来,黑龙江省绿色食品资源和农产品加工业快速发展,其中水稻、玉米、大豆、

马铃薯、肉制品、饮料、乳制品、山特产品等优势产业发展势头强劲,发展潜力巨大。下面介绍黑龙江省绿色优势食品资源的主要种类。

1. 稻米加工业

2012 年,黑龙江省水稻种植面积为 5 300 万亩,产量达 2 362 万 t。目前,黑龙江省水稻加工日处理原料能力达到 6.5 万 t,全省现有水稻加工企业 445 户,其中日处理原料 200 t 以上的企业就有 90 家。米、糠、油加工生产企业 20 多家,围绕松嫩、三江两大平原,五常、庆安、方正、宁安等 37 个水稻主产区,依托北大荒米业、响水米业、五常大米等一批龙头企业,重点发展精制米、米糠油、米糠蛋白、谷维素、稻壳块燃料等产品及生物质发电。

2. 玉米加工业

2012 年,黑龙江省玉米实际播种面积为 9 000 万亩,玉米产量约为 550 亿 t。目前,已建成各类玉米加工企业 1 326 家,年玉米加工能力达 1 417 万 t。围绕哈尔滨、绥化、齐齐哈尔、大庆等主产区,依托中粮生化(肇东)、龙凤玉米、大庆展华等龙头企业,重点发展以玉米淀粉为原料的精深加工,延长产业链;推进中西部玉米加工产业带建设,适度发展东部玉米深加工。结合我省玉米产业实际,将淀粉糖、变性淀粉、生物发酵、休闲绿色食品资源等作为玉米深加工产业的主攻方向。

3. 大豆加工业

黑龙江是大豆主产区,大豆种植面积占全国的 37% ~ 44%,总产量占全国的 38% ~ 46%,商品率在 80% 以上。目前,有规模以上加工企业 67 家,其中日处理量在 1 000 t 以上的有 16 家,大豆蛋白加工企业 10 家,该省拥有国内唯一的国家级大豆工程技术研究中心,大豆组织蛋白国内市场占有率已达 45%,大豆分离蛋白国内市场占有率达 25%。今后将重点发展大豆分离蛋白、大豆功能性蛋白、大豆组织蛋白、大豆胚芽、异黄酮、卵磷脂、低聚糖、皂甙、维生素 E 等精深加工和高附加值产品。

4. 乳制品加工业

黑龙江省现有奶牛存栏量 197.8 万头,鲜奶和奶粉产量居全国第一。近几年,黑龙江省奶源基地建设规模不断扩大,乳制品工业得到了快速发展,涌现出完达山、飞鹤、龙丹、摇篮、大庆乳品等一大批知名企业和名牌产品。同时伊利、蒙牛、光明、惠佳贝、贝茵美、雅士利等一批省外著名企业慕名来我省投资办厂,得到了很好的发展。2012 年,全省 65 户规模以上乳制品企业实现主营业务收入为 309 亿元,同比增长 12%,居全国第二位。目前,国人每喝五杯牛奶中,就有一杯来自黑龙江省。今后,将进一步依靠先进技术,研发各种风味的奶酪、各种风味和口感的酸奶及乳清粉等产品。

5. 马铃薯加工业

目前,马铃薯加工能力达 596 万 t,2012 年,实际加工总量为 278 万 t,占全国加工总量的 25%。全省马铃薯加工企业 1 486 家,其中国家级龙头企业一户(北薯),省级龙头企业三户(嵩天、港进、丽雪)。黑龙江省重点发展马铃薯精制淀粉、雪花全粉、变性淀粉等深加工产品,兼顾开发薯渣、薯汁综合利用产品。

6. 肉类加工业

2012 年,全省肉类加工总产量为 303.3 万 t,其中,猪肉 120 万 t、牛肉 40 万 t、禽肉

31 万 t。省内现有屠宰企业 624 户，生产加工企业 72 户。重点是加工冷却肉、分割肉、熟肉制品等；扩大低温肉制品、功能性肉制品的生产，积极推进中式肉制品工业化生产步伐；广泛开展畜禽骨、血、皮、内脏、腺体等副产品的综合开发利用，开发生产各种生物制品。

7. 酒类加工业

2012 年全省饮料酒总产量 2.519×10^9 L。目前，规模以上白酒加工企业 39 户，白酒总产量 3.8×10^8 L，全国排第十位；规模以上酒精制造企业 14 户，总产量 1.137×10^9 L，全国排第三位。重点发展白酒、啤酒、果露酒、酒精等，筹建白酒研发技术中心，组织有发展潜力的白酒企业成立酒业联盟，进一步建立全省白酒窖池微生态资源信息平台。

8. 山特产品加工业

黑龙江省广大的山区、森林地带繁衍着种类繁多的野生动植物和山林特产。其中，具有经济价值的野生动植物有 1 000 多种，人参、鹿茸、麝香、党参、刺五加、五味子、防风、龙胆草等北方林区独具特色的名贵药材 400 多种。黑龙江有着发展山特产品独特的生态优势和资源优势，近年来，大小兴安岭形成了以蓝莓加工为主导，其他林下产品为辅的山特产品加工业发展格局，许多品种已具有相当规模。全省野生蓝莓面积超过 270 万亩，常年蕴藏量在 30 万 t 左右，占全国总蕴藏量的 90%。全省蓝莓加工企业 40 多家，其中，规模以上加工企业 18 家，主要生产蓝莓果酒、果汁饮料、罐头、果酱、干果、烘焙绿色食品资源等九大系列，100 多个品种，年加工量达到 2.9 万 t 以上，年加工产值近 3 亿元。企业生产的果酒、饮料等产品销往国内各大中城市，速冻果、花青素及部分产品出口到日本、美国、韩国等国家。2012 年，栽培黑木耳 10 亿多袋、干品产量达 3 万 t、山野菜采集量 2 万 t、山野果 6 000 t、养殖林蛙 9.8 亿只、养鹿 2.7 万头、养兔 87 万只、养貂 3.2 万只、养狐 2 万只，涌现出大兴安岭超越野生浆果加工有限责任公司、百盛蓝莓有限责任公司、北极冰蓝莓酒业有限公司、大兴安岭富林山珍科技有限公司、长乐山大果沙棘、兴安有机绿色食品资源有限公司、林格贝和伊春兴安红酒业有限公司、鑫野实业有限公司、忠芝大山王酒业有限公司、大兴安岭绿源蜂业有限公司、伊春四宝生物科技开发有限公司、大兴安岭韩家园鹿业科技开发有限公司等一大批具有一定生产能力的山特产品加工企业；开发了具有黑龙江特色的有机野生蓝莓酒、蓝莓果干及饮品、有机蜂蜜、蜂王浆、黑蜂四宝液、林蛙油及其系列产品、鹿茸酒及鹿茸系列产品、鹿心血系列产品等。

三、黑龙江省绿色食品资源的发展趋势

"十二五"期间，黑龙江省将充分利用绿色、有机的资源优势，大力发展市场覆盖面大、贴近大众消费的民生绿色食品资源产业；强化粮油绿色食品资源加工和畜品加工两大支柱产业；重点建设水稻、大豆、玉米、马铃薯四个加工产业链；力争 2015 年全省绿色食品资源工业实现主营业务收入 4 500 亿元，年均增长 20%，利税达到 350 亿元，年均增长 20%。

(一)黑龙江省工信委"十二五"时期绿色食品资源发展规划

从黑龙江省工信委了解到，"十二五"时期，黑龙江省将在全省范围内打造 5 ~ 10 个大型绿色食品资源工业园区和 5 ~ 10 个绿色食品资源行业循环经济产业集中区；重点发展精制米、米糠油、米糠蛋白、非转基因精制大豆油、变性淀粉、婴幼儿配方奶粉、灭菌奶、奶酪等产品，着力打造乳制品和肉制品两个产业基地；力争 2015 年绿色食品资源行业基本实现由

粗放向集约、初加工向精深加工的升级。

1. 保护、开发和有效利用黑龙江省的绿色食品资源原料基地

进一步抓好水稻基地、非转基因大豆基地、玉米基地、马铃薯基地、奶源基地、畜禽养殖基地等优势原料基地建设,保证绿色食品资源工业发展的原料需求。鼓励企业和社会力量加大对原料基地的科技支撑和资金投入。按照市场经济的需求,采取企业＋基地＋农户等多种组织形式,逐步建立企业与农户利益共享、风险共担的机制,使农民得实惠,投资者有收益。

2. 通过大项目建设促进绿色食品资源产业提档升级

"十二五"期间,黑龙江省绿色食品资源工业初步规划重点项目39项,总投资204.21亿元。这些项目涵盖水稻加工、玉米加工、乳制品加工、大豆加工、肉制品加工、饮料加工等领域。项目可实现新增销售收入554.22亿元,成为绿色食品资源行业新的经济增长点。

3. 特色产业园区将成为绿色食品资源工业发展的一大亮点

目前,黑龙江省初步规划重点建设产业园区10个,规划面积达1 700万 m^2,预计2015年建成后实现主营收入2 000亿元。其中肇东开发区、双城开发区重点发展玉米、畜禽、乳制品;宝泉岭开发区重点发展玉米、肉、大豆制品;九三开发区重点发展大豆制品;宾西开发区重点发展肉、大豆、玉米等。产业园区将成为绿色食品资源工业集群发展的重要载体。"十二五"期间,黑龙江省重点发展一批产业链和产业集群,其中水稻以中粮集团、北大荒米业等企业为依托,建立一批30万t、60万t、100万t以上加工能力的企业,发展特等米、免淘米、高精度米及米糠、稻壳等综合利用精深加工,延伸产业链条;玉米以龙凤玉米、大庆展华、环宇格林等企业为依托,重点发展玉米淀粉糖、蛋白粉、化工醇、有机酸等产品,在玉米主产区建立玉米加工产业园;大豆以九三油脂等企业为依托,发展科技含量高、市场潜力大的豆奶粉、浓缩蛋白等产品,围绕大豆磷脂、大豆纤维、异黄酮等开发功能型和营养型绿色食品资源,形成一批品牌产品;乳制品以完达山、飞鹤、摇篮、龙丹等企业为依托,重点发展系列乳粉、各种乳蛋白基料制品和液态乳制品,拉伸产业链条,增强企业竞争力。

4. 培育品牌,争创名牌,做大做强骨干企业

结合实施名牌带动战略,加快规模经济发展步伐,着力转换企业经营机制,加快企业"关、停、并、转"力度,培育一批有自主知识产权、产业关联度大、带动能力强、有国际竞争力的绿色食品资源企业集团,到2015年建成约五个产值超百亿的绿色食品资源工业大企业集团。

(二)绿色食品资源将成为黑龙江省最大支柱产业

黑龙江省发展改革委主任王冬光认为,未来一段时期,黑龙江省绿色食品资源产业布局和发展的重点有以下几方面:

黑龙江省生态环境优良,原料充足优质,质量体系完善,劳动力和土地供应充裕且成本低,能源、运输保障条件好,这些都是发展绿色食品资源产业得天独厚的优势和条件。

黑龙江省将依托优势农产品生产基地,优化绿色食品资源产业布局,重点发展水稻、玉米、大豆、马铃薯、乳品、肉类和山特产品加工业。

水稻加工业方面,重点建设年处理30万t以上水稻精深加工综合利用全产业链项目和年处理30万t以上水稻的加工产业园区,重点发展精制大米、米糠加工、米糠精炼油和碎米深加工。

玉米加工业方面,围绕优质高淀粉玉米生产带,发展玉米精深加工产业,重点支持建设一批60万t以上的玉米深加工项目。

大豆加工业方面,围绕高产、高油和高蛋白优质非转基因大豆生产带,重点发展小包装食用油、植物奶及传统豆制品等。

马铃薯加工业方面,发展马铃薯精深加工业和马铃薯休闲绿色食品资源加工业,重点发展淀粉和变性淀粉系列、传统粉丝系列及营养休闲系列产品。

乳品加工业方面,围绕奶牛产业带,新建、改扩建一批30万t以上鲜奶深加工项目,培育一批重点乳品加工企业,重点发展高端婴幼儿配方奶粉等产品。

肉类加工业方面,围绕生猪生产带以及肉牛生产带,新建或改造一批屠宰及综合利用精深加工项目,重点发展熟食、速食肉制品、肉灌制品、餐厨用肉制品和分割冷鲜肉等产品。

四、黑龙江省绿色食品资源的重要地位

黑龙江省具备发展绿色食品资源产业的基础和一些重要条件。绿色食品资源种植面积全国领先。2012年,全省绿色食品资源种植面积达到6 720万亩,占全国的20%;全省国家级绿色食品资源标准化生产基地144个,面积达5 390万亩,占全国的50%,发展绿色食品资源产业有很好的基础和突出的优势。过去10年,黑龙江省绿色食品资源加工工业年均增幅超过20%,比全部工业增加值增速高11%,既说明我们努力的结果,也说明市场力量对这个产业的选择。绿色食品资源加工工业已经成为除石油、天然气开采业外全省第二大工业产业。

黑龙江省具有非常好的发展绿色食品资源产业的条件:一是生态条件,森林面积占全省土地面积的45%,水、空气质量等综合生态条件为农作物、特别是绿色食品资源生长提供了天然保障的条件;二是土地资源,黑龙江地处世界三大黑土带之一,黑土面积占全国黑土面积的67%,黑土微量元素和有机质含量是一般黄土和红土的10倍,有很强的竞争优势;三是由于高纬度的条件,冬天寒冷,土地处于半年休耕状态,为病虫害防治提供了天然屏障,化肥使用量为全国平均水平的1/3;四是企业聚集程度,目前全省绿色食品资源加工规模以上企业990家,具有一定的集中度。各市地发展绿色食品资源加工工业不仅有丰富的粮食资源,也有生产条件,各市地十几个绿色食品资源工业园区可利用的土地面积达60~70 km²,水资源、电力资源、基本物流条件保障充分。从全省农业基础、绿色食品资源产业发展速度和成长性、进一步发展绿色食品资源产业的天然保障以及产业聚集情况分析,黑龙江省政府决定在过去十大产业的基础上,全力以赴地推动绿色食品资源产业进一步发展。

此外,黑龙江省作为绿色食品资源的发祥地,经过20多年的不懈努力,已经成为黑龙江省最大的绿色食品资源生产加工基地,经济总量、认证面积、实物总量等多项指标连续多年居全国首位。绿色食品资源产业的崛起,促进了农业经济发展,提升了黑龙江省的农业大省地位。①培植了经济发展的新优势。通过开发绿色食品资源,把黑龙江省的区位边远、气候寒冷和开发较晚等不利因素转化为一种后发优势,一些国内外知名企业到黑龙江省投资建厂主要就是看好了黑龙江省绿色食品资源这块"金字招牌"。如新加坡益海集团、山东龙凤集团和吉林皓月集团等企业纷纷落户黑龙江省。"十一五"期间,依托绿色食品资源基地引进农产品加工企业60多家,总投资210多亿元。2012年,全省绿色(有机)食品资源生产企业发展到531家,其中产值亿元以上的有65家;完成绿色食品资源加工总量910万t,实现销售收入435亿元。②扩大了黑龙江省的影响力。通过不懈的培育和推介,黑龙江省绿色

食品资源的知名度和美誉度越来越高,许多南方和国外消费者就是通过绿色食品资源了解和熟悉了黑龙江。在由农业部和黑龙江省政府组织举办的一系列展销活动中,黑龙江省绿色食品资源总是能够引起轰动,各新闻媒体也常用"火爆""抢购""震撼"来形容黑龙江绿色食品资源受消费者青睐的场景。黑龙江绿色食品资源已成为与"冰雪旅游"并驾的靓丽"名片"。③促进了黑龙江省农业现代化建设。通过发展绿色食品资源使黑龙江省种植结构向优质、高效方向发展,提升了黑龙江省农业标准化水平,加大了农业科技含量,提高了农民科学种田整体水平。全省绿色食品资源认证面积已超过全省粮食播种面积的1/4。目前,已建立省级绿色食品资源科技示范园区 29 个,制定绿色食品资源生产技术标准 100 多项,基本涵盖了农业生产的各个领域。年培训农户达 20 多万人次,标准入户率达到 90% 以上,到位率达到 85% 以上。④提高了农户收入。绿色食品资源发展已成为农民发家致富,增加收入的有效途径。2012 年,全省农民人均绿色食品资源收入占总收入的 22%,有 17 个县(市、区)绿色食品资源收入占总收入的 30% 以上。⑤改善了农业生态环境。绿色食品资源开发把发展经济与保护环境有机结合,每建设一个绿色食品资源基地,就改善和保护了一片生态环境。全省绿色食品资源基地农家肥使用量高出全省平均水平 41.9%,化肥用量减少 43.8%;基地主要土壤、环境指标和江河水质均优于周边地区,大气环境达到国家一级水平,为农业可持续发展闯出了一条新路。

第三节　黑龙江省绿色食品资源开发保护及其监管的必要性

一、黑龙江省绿色食品资源开发的必要性

人类赖以生存的自然环境、自然资源,经过 5 000 多年的开发,特别是近代和现代掠夺式开发和利用,以及大量石化产品在农业中不科学、不理智的使用,使其遭到严重破坏;同时也打破了人与自然的和谐关系,人类越来越多地受到各种自然灾害和食物安全的威胁。面对这些现象的不断发生,人类的明智在于汲取了教训,又经过长期的探索,逐渐清楚了人与自然保持和谐关系的重要性。基于这种认识,在维护人类生存权利、保证不断提高生存质量、保持自然生态平衡上,寻找到了一条可持续发展的道路、一种可行的生产方式,这就是我们现在极力倡导的绿色农业。绿色农业的发展具体表现为绿色食品资源产业的发展。

人类在发展,科学在进步。许多先进的生产方式代替了过去许多落后的生产方式,各类产品应有尽有,样式不断翻新,品种越来越全,性能也越来越适应现代化建设的需要。但是,随着科学技术的发展与进步,很多化工产品进入生产与生活领域,即给人们带来了美的享受,促进了各类生产的发展,但随之而来的也给人们带来了一些相应的危害,而我们的衣食住行又都离不开它们。例如,农业生产的发展,过去几十年乃至几百年,我们祖先及历代人民都是对农田进行辛勤耕作一天又一天,一年又一年,一遍又一遍长年累月重复的耕耘,洒出去的种子,浇满了农家肥,倾注了劳动人民辛勤的汗水,收回了丰硕的成果,所得到的果实是用大量的付出换来的。而现在,大部分地区都由先进的生产力取代了艰辛的劳作;生产机械化,就农业来讲,采用播种机、除草机、收割机,以至脱粒、磨米等机械,使劳动强度减弱、产品数量增加。但是,最促进农作物生长的农药和化肥却给人们带来了许多对健康不利的因素和危害,也是这些化学药品的使用,既给人们提高了生产力,提高了农作物的产量,又是

给人们带来了许多疾病的根源,同时也给自然环境带来了污染和危害,降低了人类常用绿色食品资源的营养成分。个人文明的前提,就是要有一个健康的体魄,而健康的体魄又要来源于健康的、无污染的绿色食品资源,而许多绿色食品资源又来源于净化人间的深山林区。所以,加强森林资源管护是非常重要的,人们追求绿色食品资源也是必然的。

为发展安全优质农产品,增进消费者身体健康,保护农业生态环境,从 20 世纪 90 年代初,农业部启动了绿色食品资源事业。绿色食品资源的本质内涵是"安全、优质、环保",其产品质量是在国家标准的基础上,规定了更高的卫生安全指标要求,总体上达到国际先进的质量安全水平,管理上实行产品认证与使用证明商标相结合的基本制度。

黑龙江省地处北纬 45°,是世界三大寒地黑土带之一、世界黄金牧场和奶牛饲养带、世界黄金玉米种植带。黑龙江省作为一个具有生态环境优势与农产资源优势的农业大省,要加速农村经济产业化的发展,就必须站在绿色食品资源产业化发展的前列,发挥自己的绿色食品资源的优势,把绿色食品资源产业作为本省经济发展的核心,对绿色食品资源的开发、保护、流通、消费等环节都要做到安全监管,从而制定与实施绿色食品资源发展战略,以实现全省经济的全面增长。

二、黑龙江省绿色食品资源保护的必要性

1. 当前黑龙江省保护绿色食品资源产业具有很好的机会和潜力

(1)具有中国绿色食品资源产业发展的总需求增长的广阔空间。农业部经济研究中心公布数据显示,当前发达国家农产品加工转换率为 80% 左右,黑龙江省为 50%;发达国家农产品加工业产值与农业产值的比值为 2:1,黑龙江省为 0.4:1;发达国家加工绿色食品资源占饮食总消费比例为 90%,黑龙江省为 25%。这说明,随着黑龙江省现代化进程的加快推进,经济发展水平的不断提高,加工绿色食品资源在饮食消费中将占更大比重,总需求的增加为绿色食品资源工业的发展创造了重要机遇,为新加入绿色食品资源加工业的企业发展创造了条件。

(2)随着生活水平的提高,我国消费者对绿色食品资源的消费产品的关注会越来越集中在品质上,为绿色有机绿色食品资源的总需求上升创造了条件,而黑龙江省的绿色食品资源在全国有着很好的信用。

(3)黑龙江省绿色食品资源产业发展与绿色食品资源产业整体发展水平存在差距,这是发展绿色食品资源产业的重要潜力。当前绿色食品资源产业发展具有安全性、健康性趋势和时尚性、娱乐性倾向。安全的绿色食品资源体系具有三个角度的信用,即天然的保障、市场体系中企业和品牌的信用以及政府监管的信用。黑龙江省在天然保障方面具有得天独厚的条件,要做的是在市场体系当中如何进一步识别我们的产品信用,要更多地通过企业实现充分识别,把天然信用转化成市场体系中可识别的企业信用或产品品牌信用。

(4)结合产品品牌和企业信用建设营销体系通道,让龙江绿色食品资源得到更广泛的认同。

2. 假冒绿色食品资源在全省并非个别现象

假冒绿色食品资源有两类:一是,非绿色食品资源企业非法使用绿色食品资源商标;二是,企业违规或超期使用商标。获准使用这些标志即表明产品属无公害、无污染绿色食品资

源,因此,其认证程序应十分严格。使用标志的期限为三年,期满未续报属超期使用;绿色食品资源生产的环境质量、生产技术、产品包装储运等必须符合规定标准,违反这些标准,产品的内在品质就不再"绿色"。

3. 从市场看,随着人民生活水平的提高,追求纯天然、无污染绿色食品资源已成潮流

国际市场自 20 世纪 90 年代以来,有机绿色食品资源销售额每年增速都在 20% 以上。绿色食品资源的广阔前景带来巨大商机,也带来鱼目混珠、滥竽充数。假冒绿色食品资源破坏了绿色食品资源在消费者心中的形象,影响了绿色食品资源开发者的信心和热情。某权威机构对北京消费者的一项调查表明,四成消费者选购绿色食品资源时不再关注它是否是绿色食品资源,近半数消费者难以识别绿色食品资源"哪个是真,哪个是假"。营口市一生产绿色大米企业的经理向记者抱怨,许多未经"绿色"认证企业生产的大米,包装袋上也赫然印着"绿色食品资源"标志,因为价格低,消费者不知底细,结果销路却好于绿色大米。绿色食品资源认证十分严格,对生产技术条件、产品包装储运都有严格要求,这使得开发生产绿色食品资源的成本高于生产一般食品资源;同时,由于对使用化肥、农药或兽药、饲料的严格限制,绿色食品资源(原料)的产量要低许多。如果绿色食品资源在市场上达不到能体现其价值的价格,谁还有兴趣生产它。

总之,为切实保护绿色食品资源,促进其优化发展,必须进一步加强其保护。也正因为如此,黑龙江省工商局和省农业厅已多次联合开展打击侵犯"绿色食品资源"证明商标专用权专项行动,促使绿色食品资源保护步入法制化的轨道。

三、黑龙江省绿色食品资源监管的必要性

当今社会,"民以食为天,食以安为先",绿色食品资源安全得到了国内外政府和民众的广泛关切,在消费者对安全优质放心绿色食品资源需求日益增大的新形势下,黑龙江省作为全国最大的绿色食品资源基地,又有了新的发展机遇,同时,又面临着各省(市、区)加速绿色食品资源开发和抢占市场的严峻挑战。对此,我们要研究对策,抢抓机遇,在推进现代化大农业发展战略、加快绿色食品资源产业发展中,既要建设国家可靠的"大粮仓",也要成为全国人民安全、放心的"大厨房"。其必要性表现为以下几个方面。

1. 迅速推进"大基地"建设的需要

基地是绿色食品资源产业健康、快速发展的基础。要采取"政府主导、企业拉动、产业化经营、标准化生产"的运行机制,进一步推进基地建设,扩大基地总量和规模,确保绿色食品资源企业加工原料的需求。要大力推广新品种、新技术和新标准,切实提高基地生产科技含量和农民科学种田水平,切实发挥农户、企业在基地建设中的主体作用,严格规范基地生产技术标准,确保绿色食品资源基地质量。要积极鼓励和引导农民专业合作社发展绿色食品资源,带动农村土地流转,发展适度规模经营,切实提高基地建设的组织化程度。要进一步提升绿色食品资源基地机械化水平,黑龙江省新组建的现代农机专业合作社,重点要向绿色食品资源玉米、马铃薯、水稻基地倾斜,加快推进绿色水稻、玉米、大豆、小麦、马铃薯等基地全程机械化。

2. 拓展大市场的需要

市场是带动和引领绿色食品资源产业发展的动力。要根据绿色食品资源的市场定位,

重点在京、津、长三角、珠三角等区域中心城市建立一批窗口市场,逐步形成具有辐射全国及港、澳、台地区和国外的黑龙江绿色食品资源销售网络;要加快黑龙江绿色食品资源专营市场建设,建立一批绿色食品资源标准化专营示范中心(店),实现连锁经营,逐步形成具有黑龙江特色绿色食品资源专营网络;要加大国内外有影响力的重大经贸会展活动的组织力度,积极推介黑龙江绿色食品资源品牌,不断拓展销售市场;要实施"走出去"战略,积极在国内外举办有黑龙江绿色食品资源特色的展销活动;要建立黑龙江绿色食品资源电子商务平台,逐步形成展示直销、物流配送、内外贸易、电子商务为一体的绿色食品资源销售体系,拓宽市场,提升黑龙江绿色食品资源的影响力和竞争力等。

3.发展"大加工"的需要

加工企业是拉动绿色食品资源产业发展的主导。要按照大规模、高科技、外向型、新机制的原则,大力培育和发展绿色食品资源骨干加工企业。重点是引导支持大型农产品加工企业开发绿色食品资源,同时鼓励已认证的企业扩大认证数量,提高绿色食品资源产品的比重,扩大总量。要引导企业技术创新,加大研发力度,鼓励企业与大专院校及科研院所相互合作,发展技术创新合作体。要积极应用新技术,加快产品更新换代步伐,开发精深产品,增加产品的科技含量,延长产业链条,保持产品的持续生命力,充分发挥加工企业的龙头带动作用,促进绿色食品资源产业持续、快速、健康的发展。

4.叫响大品牌的需要

品牌是衡量企业竞争力的重要标尺,要精心打造和培育品牌,充分发挥黑龙江省地理、生态、历史和文化资源优势,引导企业准确定位目标市场,科学规划绿色食品资源品牌,将企业的经营理念、文化内涵、产品性能融合到品牌设计之中,充分体现黑龙江省绿色食品资源独特的品质和文化,不断提高黑龙江省绿色食品资源的公信力和市场竞争力。引导大型企业在地域相近、生产条件和特征相似的同类别产品企业之间,通过整合、兼并、重组、融合等方式统一品牌,实现同类产品逐步向优势品牌集中,形成具有黑龙江特色的知名品牌,发展有地域特色的绿色食品资源品牌。加大黑龙江省区域优势品牌和绿色食品资源产品品牌宣传力度,在省内外主流媒体全方位、立体式开展绿色食品资源品牌宣传推介活动,利用各类大型展会推介,打造黑龙江省绿色食品资源品牌,在国内外叫响黑龙江省绿色食品资源品牌,实现绿色食品资源从规模化、产业化向品牌化、国际化发展。进一步提高企业打造、培育和维护品牌的意识,综合运用经济、行政、法律等手段,切实加大对品牌的保护力度,严厉打击各种侵权、假冒伪劣产品及违法行为。

5.推行"大监管"的需要

质量安全是绿色食品资源的生命。要积极推动由部门监管向社会监管拓展,由"证后"监管向全程监管延伸,积极构建"大监管"格局,杜绝绿色食品资源质量安全事故。切实强化监管手段,进一步提高产品抽检频率,及时消除安全隐患。切实强化全程监管,变定期监管为常态监管,终端检测为过程控制,实现"从土地到餐桌"的全程质量监管。积极推进质量追溯体系建设,力争五年内使黑龙江省绿色食品资源生产企业全部实现"生产有记录、流向可追踪、信息可查询、质量可追溯"。建立和完善产品公示和退出机制,实行动态管理,定期向社会公布,确保绿色食品资源质量安全,不断提升绿色食品资源公信力。

第四节　黑龙江省绿色食品资源开发保护及其监管的重要性

一、黑龙江省开发、保护绿色优势食品资源的重要意义

（一）开发绿色食品资源能有效地解决环境和发展的矛盾

现代大工业以及城市的发展进步，一方面为社会创造了巨大的财富，另一方面也带来了环境的污染。随着环境污染的加剧，绿色食品资源遭受的污染也越来越严重，对人体健康构成极大威胁的"餐桌污染"，引起人们的高度重视。绿色食品资源污染源主要来自三个方面：一是工业废弃物污染农田、水源和大气，导致有害物质在农产品中聚积；二是随着农业生产中化学肥料、化学农药等化学产品使用量的增加，一些有害的化学物质残留在农产品中；三是绿色食品资源加工过程中，一些化学色素、化学添加剂的不适当使用，使绿色食品资源中的有害物质增加。目前，黑龙江省农业环境遭受污染的范围比较广泛，局部地区已很严重。农业环境污染和生态环境被破坏已成为阻碍农业持续发展和影响人体健康的重要因素。据调查，黑龙江省遭受"三废"工业危害的农田面积已达到 1 亿亩。由于环境问题的产生，政府和公众迫切要求企业生产无污染绿色食品资源。我国作为一个发展中国家，不能再走以牺牲环境和损耗资源为代价发展经济的老路，而必须把经济和社会发展建立在资源和环境可持续利用的基础之上，特别是要建立和发展确保农业和绿色食品资源工业可持续发展的生产方式。因此，绿色食品资源基地环境技术条件要求我们在选定绿色食品资源基地时，首先是将具有良好生态环境的地方选为绿色食品资源基地，同时对基地的生态环境加以建设和保护；其次是对那些暂不具备绿色食品资源生产条件的地方加以改造、整治和建设，使其逐步达到绿色食品资源基地的环境技术条件。发展无污染、无公害绿色食品资源，调动企业内部动力，把环境保护与生产发展紧密结合起来。发展绿色食品资源是保护环境、治理污染的重要措施之一。

总之，通过开发绿色食品资源带动农户和企业走可持续发展的道路，是促进黑龙江省农业可持续发展的最好方法。走可持续发展的道路不仅是中国的一项基本国策，而且也是当今世界各国的共同承诺。在农业领域，龙头企业可以通过发展生态农业、建设绿色食品资源原料生产基地，探索可持续发展的方式和途径。由此可知，无论是迎接"入世"带来的挑战，还是迎接国内掀起的环境保护热潮和科技创新高潮，我们都必须紧紧抓住"绿色食品资源"的发展趋势，以适应国内外消费者对绿色食品资源的需求。

（二）运用绿色食品资源的生产技术有利于防止环境与绿色食品资源的污染

绿色食品资源的生产过程是无公害的生产过程。通过系统的绿色食品资源技术的实施，环境的监测与控制，实现了绿色食品资源生产过程对环境的无公害，保护和改善了产地生态环境，保证了农业生产的生态可持续性。绿色食品资源生产技术的运用、监控也保证了绿色食品资源产品的无公害性和食用的安全性，这是绿色食品资源生产"从土地到餐桌"全程质量监控的必然结果。因此，运用绿色食品资源生产技术是防止环境与绿色食品资源污染的有效措施。

（三）发展绿色食品资源有利于实施农业产业结构的战略性调整

实施农业结构的战略性调整，首要的是全面改进和提高农产品质量，而绿色食品资源具有安全、优质、营养的特征，极大地提高了农产品的市场竞争力，是当前农业增效和农民增收的重要途径。因而发展绿色食品资源是实施农业结构战略性调整的具体行动和重大措施，通过发展绿色食品资源带动农业产业结构的调整，改善农业的经济结构。

（四）发展绿色食品资源是应对 WTO 竞争的一项重要措施

WTO 在要求全面降低关税和取消非关税壁垒的同时，正在筑高食物安全性的绿色壁垒。如果在加入 WTO 后不迅速提高农产品及其绿色食品资源的安全性，农产品就会在国际市场上丧失竞争力，同时国外的农产品就会长驱直入，对黑龙江省的农业产生强大的冲击。发展绿色食品资源是打通食物安全性的绿色壁垒、建设国际市场绿色通道的战略措施，绿色食品资源标志将是未来国内外市场农产品和绿色食品资源贸易的优先通行证。

（五）进行绿色食品资源生产有利于推进农业产业化，成为农业经济新的增长点

农业产业化的基础是产品，没有产品，农业产业化就是一句空话，没有名牌产品，农业产业化就不能快速发展。在农业产业化的企业开发绿色食品资源，有利于提高产品质量，提高企业产品的名牌效应，提高市场竞争力，树立企业的良好形象，从而提高企业的经济效益。通过培植龙头型的农业产业化的企业成为绿色食品资源企业，带动基地和农业生产的发展，推进农业产业化的进程，提高农业经济效益。

二、黑龙江省对绿色优势食品资源进行开发、保护的重要意义

对于黑龙江省这样一个开发较晚、气候寒冷的边疆省份来讲，开发绿色食品资源还有更多深层次的意义。这就是开发绿色食品资源引发了一场发展理念的革命，一些劣势可以变成发展的优势，不利条件可以变成有利条件。黑龙江省在由计划经济向市场经济转轨过程中，发展步伐相对放缓，在全国发展位次逐步后移，原因是多方面的，但重要的一点是黑龙江省地处边疆，处于交通末梢，气候寒冷，发展成本相对较高，影响各类资本和要素向黑龙江省流动。开发绿色食品资源将区位、气候等不利因素转化为有利因素，是变劣势为优势的一次成功实践。黑龙江省的一些边疆县（市）经济发展先天优势不足，但生态环境好，发展绿色食品资源得天独厚，这些地方就是抓住这一优势，逆向思维，大力发展绿色食品资源，思路变成生产力，县域经济发展得到了较快发展。

（一）要解决好绿色食品资源产业发展中的"小规模、大群体"问题

目前黑龙江省有 305 个绿色食品资源加工企业，只有 12% 左右的企业规模较大，更多的是小型企业，它们也拥有很多的精品，非常受国内外市场和消费者的欢迎。但是在各类展销会上，在与商家签订合同时，大多由于不能满足大批量持续供应而流产。精品大米、大豆制品、蜂产品、山特产品等都存在着此类现象，类似这样的企业也就很难达到预期的经济收益，这种现象在今后的绿色食品资源开发中必须给予高度关注。由大企业组成的大群体很好地克服了这些制约因素，比如完达山、龙丹、红星以及外省的伊利、光明等大型乳品加工业，金玉、龙凤等大型玉米深加工企业，嘉峰食用菌加工企业集团等，投入产出比远远高于同类的中小型企业。由此不难看出，只有大规模、大群体、大产业才能保证有效供应，才可获取

更大的经济效益、社会效益和生态效益。在绿色、有机绿色食品资源基地建设上也存在着同样的问题，尤其是家庭承包，土地经营零星分散，给大型基地建设带来的制约。这是在绿色食品资源产业提档升级中不容忽视而必须解决的问题。

（二）解决好知名品牌、著名品牌和驰名品牌打造问题

有品牌才会有效益。目前黑龙江省绿色食品资源、有机绿色食品资源、无公害农产品被认定为黑龙江省名牌产品有65个，中国名牌产品有8个，黑龙江省著名商标有8个，中国驰名商标有2个，如人们所熟知的完达山、红星、龙丹、金星乳业、五常大米、丽雪淀粉、九三油脂、绿山川水饺、希波肉串、绿金机榨油、哈啤、北奇神等产品。同样的产品，原料、工艺、包装都是一样的，品牌与非品牌产品的价格相距甚远。产品市场又非常清楚地告诉我们这样一个道理，品牌总是属于大企业、大集团，比如年产值10亿元以上的大型绿色食品资源加工企业，如完达山、九三油脂、黑乳（龙丹、金星）、华润等集团，都有自己的驰名或著名品牌。所以说绿色食品资源产业向规模化、集团化整合迈进，这是不容怀疑的发展方向，也是绿色食品资源产业提档升级的重要标志。综上所述，黑龙江省绿色食品资源产业发展，使我们对自然、社会认知程度不断加深，今后要集各学科、各领域之大成，共同努力发展绿色食品资源产业、夯实绿色农业基础，给经济发展和人类的生态健康带来一片生机，实现可持续发展。

三、黑龙江省对绿色优势食品资源进行安全监管的重要意义

黑龙江省绿色食品资源已建立企业年检制度、产品抽检制度、市场监察、产品公告制度、绿色食品资源质量安全预警制度以及企业内检员工工作制度六道质量安全监管防线，以保障绿色食品资源安全，抓好产品质量，打造放心品牌和环境。

随着黑龙江省农业发展进入新的历史时期，农产品质量安全问题受到各级政府的高度重视，并日益引起社会各界的普遍关注。农产品质量安全，已经成为现阶段和未来黑龙江省实施农业和农村经济结构战略性调整，提高农产品的国际竞争力，不断满足人们对健康日益增长的需要，必须着力解决的关键问题。

强化对绿色食品资源的监管意识，加强监管力度，是新形势下保证绿色食品资源稳健可持续发展的关键。绿色食品资源管理机构应注重开展调查研究，深入查找认证监管工作中存在的薄弱环节，积极寻求解决问题的途径和对策。绿色食品资源发展规模越大，品牌知名度越高，越需要加强监管。因此，依法完善绿色食品资源监管体系，实现绿色食品资源监管的法治化、标准化、程序化，已经成为保障绿色食品资源安全工作的重中之重。

构建绿色食品资源安全监管体系、标准体系、检测体系和信用体系。通过严格的监管机制，保证绿色食品资源行业的质量安全，对黑龙江省所有的特色产品，加强标准的制定，统一规范绿色食品资源质量。对绿色食品资源的全程监管，是各级绿色农产品办公室（中心），根据事业发展和进一步加强标志监管工作的要求，做出的又一项基本制度安排。其主要拥有三项任务：一是规范绿色食品资源标志及产品编号的使用；二是查处假冒绿色食品资源的案件；三是实施绿色食品资源产品质量年度抽样检验。绿色食品资源监管工作是绿色食品资源系统贯彻落实农产品质量安全监管的一项重要措施，对于进一步加强标志管理工作，进一步落实以人为本，提高广大人民的健康水平，维护和保护广大消费者的根本利益，具有重要的现实意义和深远的历史意义。

(一)要不断加大质量监管力度

针对黑龙江省绿色食品资源开发、保护的现状，要切实加强绿色食品资源生产和经营者诚信建设，通过构建以企业信誉、产品品牌、信用记录、失信惩罚为重点的绿色食品资源信用基础，确保各个环节都能够严格按照绿色食品资源标准生产和经营。要强化绿色食品资源打假，通过不断加大行政执法力度，规范绿色食品资源标志使用，依法严厉查处假冒、伪劣等违法行为，切实提高黑龙江省绿色食品资源的信誉度。要处理好数量和质量的关系，在确保数量安全的同时，更应注意在质量安全上提档升级。绿色食品资源质量安全是农产品质量安全水平高层次的体现，是巨大的无形资产，更是绿色食品资源永恒发展的关键所在。必须坚持宁缺毋滥的原则，决不放松质量标准，决不降低准入门槛，决不能因为一时忽视质量而毁掉黑龙江这张绿色品牌。

(二)统一标准是强化绿色食品资源监管的基本前提

黑龙江省从统一标准入手，着力规范绿色食品资源基地生产，为绿色食品资源质量监管提供依据。遵循国家相关技术文件规定，结合黑龙江省实际，协同黑龙江省农业技术推广中心、畜牧技术中心，通过技术整理、调查研究，共同制定了种植业、畜牧业等绿色食品资源基地生产技术操作规程，并以文件汇编的形式印发给各市、县严格执行。县、乡两级也编发了绿色食品资源基地生产技术方案，进一步完善了技术操作规程，形成了国家、省、市、县、乡自上而下，配套的基地生产标准体系。在绿色食品资源技术培训和宣传推介工作中做到了培训有教材、学习有课本、宣传有讲义，使指导、监管和档案建设工作有据可依，规范运作。实践证明，凡是按标准指导、技术到位率高的地方，如龙江县七棵树镇的玉米原料基地、克山县西联乡的大豆原料基地等，其产品质量从根本上得以保证。

(三)建立完善制度是强化绿色食品资源监管的有效保障

针对绿色食品资源的生产、加工、销售等生产经营环节有针对性地建立健全并执行了相应的监管制度，为有效监管绿色食品资源质量提供了制度保障。市、县两级主要建立健全了原料基地管理办法、投入品管理办法、基地生产经营者培训制度、"五统一"生产管理制度、生产者联保制度、经营投入品备案制度、企业产品质量承诺制度、假冒产品举报制度、企业年检制度、档案管理制度以及监督管理工作责任制、相关部门联检责任制等制度，通过严格执行这些管理制度，形成了按制度干事、管事、管人的科学工作局面，使监管工作无死角、漏洞少，有章可循，有序进行。

(四)建立完善的绿色食品资源指导、检查、监督及管理体系

政府的绿色食品资源标准在某些方面需要进一步优化完善，尽快实现与国际绿色食品资源标准的真正接轨。尤其需要关注的是，绿色食品资源标准的宏观监管体制尚待优化与健全；已有的绿色食品资源标准监管机构对绿色食品资源质量的检测、监管工作尚未达到应有的力度，有待进一步严把准入市场关，做到防患于未然，形成一个在生产经营过程中确保绿色食品资源达标的系统工程体系。

各级政府本着有利于综合协调和指导的原则，积极建立绿色食品资源办公室。绿色食品资源办公室要全面负责绿色食品资源发展的综合协调指导、有关政策法规的制定、绿色食品资源的委托认证、开发项目论证和实施、产品生产过程的监控人员培训等。绿色食品资源

办公室要组织协调技术监督、环保、工商等有关部门切实加强对绿色食品资源生产的全程监控，建立完备的环境监测、产品质检和市场监督管理体系。加强对原料基地环境、生产资料选择及使用的监控和绿色食品资源加工企业的生产技术标准、生产过程、产品包装、储运、保鲜等方面的监控，确保绿色食品资源生产的标准和质量。有关部门要尽快制定统一、科学、实用的绿色食品资源生产技术规程、技术标准和《黑龙江省绿色食品资源法》《黑龙江省绿色食品资源名牌标志保护条例》，保证绿色食品资源生产向规范化、标准化、科技化、法制化的方向发展。

第二章 黑龙江省绿色优势食品资源开发
保护及安全监管现状

第一节 我国绿色优势食品资源开发现状

一、我国绿色食品资源开发现状及前景

(一)我国绿色食品资源开发现状

我国于 1989 年提出绿色食品资源的概念,1990 年 5 月 15 日正式宣布开始发展绿色食品资源,设立了绿色食品资源管理机构——中国绿色食品资源发展中心,逐步开展了绿色食品资源基地建设、标准的制定以及对外出口等工作。我国绿色食品资源事业经历了以下发展过程:提出绿色食品资源的科学概念→建立绿色食品资源生产体系和管理体系→系统组织绿色食品资源工程建设实施→稳步向社会化、产业化、市场化、国际化方向推进。

第一阶段:从农垦系统启动的基础建设阶段(1990~1993 年)。

1990 年,绿色食品资源工程在农垦系统正式实施。在绿色食品资源工程实施的三年中,完成了一系列基础建设工作,主要包括:在农业部设立绿色食品资源专门机构,并在全国省级农垦管理部门成立了相应的机构;以农垦系统产品质量监测机构为依托,建立起绿色食品资源产品质量监测系统;制定了一系列技术标准;制定并颁布了《绿色食品资源标志管理办法》等有关管理规定;对绿色食品资源标志进行商标注册;加入了"有机农业运动国际联盟"组织。与此同时,绿色食品资源开发也在一些农场快速起步,并不断取得进展。1990 年,绿色食品资源工程实施的当年,全国就有 127 个产品获得绿色食品资源标志商标使用权。1993 年,中国绿色食品资源发展中心加入了有机农业运动国际联盟(IFOAM),开始与国际相关行业交流与接触。同年,全国绿色食品资源发展出现第一个高峰,当年新增产品数量达到 217 个。

第二阶段:向全社会推进的加速发展阶段(1994~1996 年)。

1996 年,中国绿色食品资源发展中心在中国国家工商行政管理局(2001 年 4 月改为国家工商行政管理总局)完成了绿色食品资源标志图形、中英文及图形、文字组合四种形式在九大类商品上共 33 件证明商标的注册工作;中国农业部制定并颁布了《绿色食品资源标志管理办法》,标志着绿色食品资源作为一项拥有自主知识产权的产业在我国的形成,同时也表明我国绿色食品资源开发和管理步入了法制化、规范化的轨道。

这一阶段绿色食品资源发展呈现出五个特点:

(1)产品数量连续两年高增长。1995 年新增产品达到 263 个,超过 1993 年最高水平 1.07 倍;1996 年继续保持快速增长势头,新增产品 289 个,增长9.9%。

(2)农业种植规模迅速扩大。1995 年绿色食品资源农业种植面积达到 1 700 万亩,比

1994 年扩大 3.6 倍,1996 年扩大到 3 200 万亩,增长 88.2%。

（3）产量增长超过产品个数增长。1995 年主要产品产量达到 210 万 t,比上年增加 203.8%,超过产品个数增长率 4.9 个百分点;1996 年达到 360 万 t,增长 71.4%,超过产品个数增长率 61.5 个百分点,表明绿色食品资源企业规模在不断扩大。

（4）产品结构趋向居民日常消费结构。与 1995 年相比,1996 年粮油类产品比重上升53.3%,水产类产品上升 35.3%,饮料类产品上升 20.8%,畜、禽、蛋、奶类产品上升 12.4%。

（5）县域开发逐步展开。全国许多县（市）依托本地资源,在全县范围内组织绿色食品资源开发和建立绿色食品资源生产基地,使绿色食品资源开发成为县域经济发展富有特色和活力的增长点。

第三阶段:向社会化、市场化、国际化全面推进阶段（1997 年至今）。

绿色食品资源社会化进程加快主要表现在:我国许多地方政府和部门进一步重视绿色食品资源的发展;广大消费者对绿色食品资源认知程度越来越高;新闻媒体主动宣传、报道绿色食品资源;理论界和学术界也日益重视对绿色食品资源的探讨。

绿色食品资源市场化进程加快主要表现在:随着一些大型企业宣传力度的加大,绿色食品资源市场环境越来越好,市场覆盖面越来越大,广大消费者对绿色食品资源的需求日益增长,而且通过市场的带动作用,产品开发的规模进一步扩大。绿色食品资源国际市场潜力逐步显示出来,一些地区绿色食品资源生产企业生产的产品陆续出口到日本、美国、欧洲等国家和地区,显示出了绿色食品资源在国际市场上的强大竞争力。

绿色食品资源国际化进程加快主要表现在:对外交流与合作深度和层次逐步提高,绿色食品资源与国际接轨工作也迅速启动。为了扩大绿色食品资源标志商标产权保护的领域和范围,绿色食品资源标志商标相继在日本和我国的香港地区开展注册;为了扩大绿色食品资源出口创汇,我国绿色食品资源发展中心参照有机农业国际标准,结合我国国情,制定了AA 级绿色食品资源标准,这套标准不仅直接与国际接轨,而且具有较强的科学性、权威性和可操作性。另外,通过各种形式的对外交流与合作,以及一大批绿色食品资源进入国际市场,我国绿色食品资源在国际社会引起了日益广泛的关注。

（二）广阔的国内市场发展前景

我国绿色食品资源发展中心现已在全国 31 个省、市、自治区委托了 38 个分支管理机构、56 个定点委托绿色食品资源产地环境监测机构、9 个绿色食品资源产品质量检测机构,从而形成了一个覆盖全国的绿色食品资源认证管理、技术服务和质量监督网络。参照有机农业运动国际联盟（IFOAM）有机农业及生产加工基本标准、欧盟有机农业 2092/91 号标准以及世界绿色食品资源法典委员会（Codex）有机生产标准,结合我国国情制定了《绿色食品资源产地环境标准》、肥料、农药、兽药、水产养殖用药、绿色食品资源添加剂、饲料添加剂等生产资料使用准则、全国七大地理区域、72 种农作物绿色食品资源生产技术规程、一批绿色食品资源产品标准以及 AA 级绿色食品资源认证准则等,绿色食品资源"从土地到餐桌"全程质量控制标准体系已初步建立和完善。

1990～2012 年,绿色食品资源每年以大约 20% 的速度增长,实现了快速发展和规模持续扩大。经过多年的努力,绿色食品资源从无到有、从小到大、从农业扩展到绿色食品资源加工业、从单一品种到多品种相互配套,已形成多个绿色食品资源生产、加工基地。

随着我国经济的发展,人民生活水平的提高,国内外市场对农产品质量标准要求越来越高,消费者不仅要求农产品无污染,而且要求高营养,因此,消费者会自觉倾向于购买绿色品牌农产品,而且对高质量绿色农产品的需求量会越来越大,有利于农产品生产者依据优质优价的原则,获取较高的附加价值。这就使绿色品牌农产品面临较大的市场机遇。发展绿色食品资源,不仅有利于保护我国的生态环境,促进农业可持续发展,而且有利于增加农民收入,提高企业的经济效益,扩大农产品的出口创汇。

(三)绿色食品资源产业适应我国农业发展的战略转变

我国农产品供求格局的变化引发了农业和农村经济结构的战略性调整,开发绿色食品资源已成为结构调整的一个重要部分。今后一个时期,我国农业发展在保证供给总量的同时,重点将是全面提高农产品质量和安全性,优化农业产业结构,实现农业的可持续发展。特别是我国加入 WTO 后,许多不占比较优势的农产品面临从根本上提高质量、降低成本、增强竞争力的严峻挑战。把发展绿色食品资源与当地农业和农村经济结构战略性调整紧密结合起来,对促进各地优质安全农产品基地建设、农产品精深加工、增加农民收入以及区域经济发展将发挥积极作用。近年来,许多省都将发展绿色食品资源作为农业结构调整的重点,绿色食品资源已处于不断增长的发展态势。可见,发展绿色食品资源是一项利国利民的大好事。尽管相对于整个农产品和绿色食品资源总量来说,绿色食品资源的开发规模还很小,但这一产业已经显示出重要的意义和广阔的前景。

二、我国绿色食品资源开发过程中存在的主要问题

(一)产品结构不合理,区域发展不平衡

从绿色食品资源产品结构上看,目前我国绿色食品资源的产品主要集中在农林产品及其加工品,其次为所占比例相对较小的畜加工产品及饮料类产品(主要指茶叶及酒类产品)。市场需求较大的畜禽肉类产品、水海产品所占比例极小;从绿色食品资源产品区域结构上看,山东、黑龙江为我国主要绿色食品资源生产地,福建、辽宁、新疆、江西、广东、吉林、黑龙江等省份相对比较好,其他省份稍次。我国绿色食品资源区域发展不平衡。

(二)绿色食品资源生产的一些关键技术跟不上发展的要求

绿色食品资源的技术支撑体系仍未完整建立起来。绿色食品资源的技术支撑体系主要包括生产技术体系、产品加工技术体系、产后储运与保鲜技术体系、经营管理技术体系等。绿色食品资源生产技术体系需要解决的关键技术,如品种改良、化肥农药的替代、土壤生态培肥、病虫害生物防治、废弃物的处理与资源化利用等技术还未能全面突破。绿色食品资源产品加工与保鲜方面的新技术也未能有全面突破,技术储备少。由于在绿色食品资源生产过程中要求禁用或限用农药和化肥等化学合成物质,因而势必要求较高的生产技术与之配套。目前,在绿色食品资源生产过程中还有许多关键技术尚需解决,主要包括病虫草害综合防治技术、环境污染控制与综合治理技术、废弃物的资源化利用技术以及绿色食品资源的加工、包装、运输与贮藏保鲜技术等。如病虫草害综合防治是绿色食品资源生产的重要环节,对产品的产量和质量有很大影响。病虫草害综合防治要求从作物－病虫草害等整个生态系统出发,根据作物不同生育期病虫草害发生危害情况,合理调整作物－病虫草害－天敌－环境之间的相互依存、相互制约关系,充分发挥自然控制因素的作用和使用生物防治技术,不用或少用化学合成农药,从而创造不利于病虫害孳生而有利于天敌繁衍的环境条件,保持农

业生态系统的平衡和生物多样性,减少绿色食品资源中的农药污染。这一完整的综合防治系统,虽说进行了多年的研究,但至今仍没有突破性进展。

(三)缺少符合绿色食品资源生产需要的生产资料,制约了绿色食品资源大规模发展

缺少既符合绿色食品资源生产要求,又与传统化肥、农药等功效相当的生产资料,是目前绿色食品资源生产、特别是一些挂牌绿色食品资源生产基地违规生产的主要原因。我国目前生产中的主要生产资料如化肥、农药、杀虫剂、除草剂、饲料添加剂等,绿色食品资源加工过程中的保鲜剂、人工色素等,完全能符合绿色食品资源生产要求的产品种类不多,即使有,不是因为价格问题,就是因为功效问题等原因而不能在生产中广泛推广应用,从而制约了我国绿色食品资源生产大规模的发展。

(四)绿色食品资源质量保证体系仍不健全

我国绿色食品资源的质量保证体系仍不健全,主要表现为:一是部分绿色食品资源生产企业仅仅是通过认证了事,而没有在提高质量和加强管理方面下工夫,产品质量良莠不齐;二是我国在绿色食品资源认证后对企业生产过程的全程检查监督和对产品质量的长期检查监督方面力度不够;三是虽然建立了较为完善的绿色食品资源生产程序及质量标准体系,但执行力度不够;四是对不合格产品、侵权行为、假冒伪劣产品的依法打击力度不够。

(五)对绿色食品资源生产缺少必要的扶植

绿色食品资源是一类无污染、安全、优质绿色食品资源,在国外,其价格一般比普通产品价格高50%~200%,生产者的利益能得到保证,因而也有极大的生产积极性。但在我国,由于多方面的原因,许多绿色食品资源根本不可能有如此高的价格优势,致使绿色食品资源的经济效益与普通产品没有明显差异。此外,在绿色食品资源生产过程中,一方面要符合绿色食品资源生产要求而不用或少用化肥农药,在一定程度上影响了产品的产量;另一方面,在生产过程中要投入更多劳动时间进行精耕细作,生产成本相对比普通产品要高。这样,绿色食品资源生产在价格上没有明显优势,成本却要高于普通产品,从而使绿色食品资源生产者的利益没有得到保证,必然影响到生产者的积极性,最终将影响我国绿色食品资源的发展。因此,从中央到地方的各级政府部门要高度重视绿色食品资源生产,并采取实际的政策措施,从资金倾斜、科技投入、价格保护等方面扶植绿色食品资源发展。

(六)绿色食品资源产品定价缺乏科学指导

绿色食品资源在从生产到餐桌的过程中,一是对生产环境要求严格;二是限制或者禁止使用农药、化肥、激素、抗生素、添加剂等人工合成物质以及转基因材料等;三是在产品运输、加工、储藏、检验、包装等环节都有特殊规定;四是认证过程和管理成本较高。这些都会增加绿色食品资源成本,造成绿色食品资源比普通绿色食品资源定价要高。目前,绿色食品资源的定价都是企业行为,虽然符合市场经济规则,但由于缺乏科学指导,有些产品定价太高,不利于产品的推广。

第二节　黑龙江省绿色食品资源开发现状

一、黑龙江省绿色食品资源开发的主要阶段

自 1990 年 5 月农业部成立中国绿色食品资源发展中心后,黑龙江省率先开发绿色食品资源,经过 20 年多的发展,黑龙江省已成为全国绿色食品资源发展最快、规模最大的省份,从认识绿色食品资源、开发绿色食品资源,到系统地组织绿色食品资源高速发展的过程,使黑龙江经济发生了重大的战略转移,绿色农业正向着专业化、产业化、市场化、国际化的方向发展。其发展大致经历三个阶段。

第一阶段:转变观念与全面发展阶段(1990～1999 年)。

进入 20 世纪 90 年代后,黑龙江省粮食产量稳定在 300 亿 kg 左右,为实施农业结构调整奠定了基础。同时,黑龙江人在深刻的思考,为什么我省农业大而不强,粮食多而不富。从 1990 年起,随着山东省率先进行农业结构调查,黑龙江省也开始了农业结构调整和进行农业产业化经营,并且提出了发展"两高一优"农业,基本上扭转了只抓产量,不求效益的观念。但对绿色食品资源增值增效的作用还处于认识和摸索阶段。黑龙江垦区一些农场和部分县率先打出绿色品牌的旗帜,发展了绿色食品资源,初步尝到了甜头。如庆安县的"七河源"牌绿色大米、完达山牌绿色奶粉,讷河的马铃薯,桦南的南瓜粉等,创出品牌,收到可观的经济效益,起到推进绿色食品资源发展的轰动效应。与此同时,黑龙江省农垦成立了绿色办公室,并受农业部委托负责全省绿色食品资源产品开发和标志管理等工作,又逐步发展了质量监测、产品检验、商标注册等一系列基础性建设。从 1994 年开始,黑龙江省各地相继开始了绿色食品资源生产和经营,从品种结构和规划上都有了相当的发展。开始从特色农业生产转向了绿色农业生产。品种上从粮油发展到了畜产品,从种植业发展到养殖业、山产业,从普通绿色食品资源发展到中药材保健绿色食品资源。并相继创出名牌,如肇源县的古龙贡米,牡丹江的响水大米,宝清县的红小豆,东宁的黑木耳,饶河、虎林的黑蜂蜜等,绿色食品资源遍地开花。1996 年,黑龙江省水稻播种面积已上升到占总播种面积的 12.4%,经济作物增加到 12.1%,畜牧业占整个农业总产值的 26.8%。同时,黑龙江垦区 1996 年组建了黑龙江绿色食品资源集团,建立了绿色食品资源人才培训基地和哈尔滨绿色食品资源专卖商场。1997 年以来,黑龙江省各级政府和生产者经过沉痛的反思,针对"农业大而不强""粮食多而不富",农民收入连续几年增长缓慢现象,深刻认识到要发展质量效益型农业,依托黑龙江资源,走特色的绿色产品之路,在农垦绿办基础上,1997 年成立了黑龙江省绿色食品资源办公室,省政府加大了绿色食品资源开发力度,13 个市(地)、54 个县(市)也都相继成立了绿色食品资源管理机构。1999 年省政府提出"开发建设绿色食品资源基地,推动质量效益型农业发展",制定并下发了《黑龙江省 2001～2010 年绿色食品资源发展规划》。到 1999 年末,全省绿色食品资源种植面积 296 万亩,生产总量达到 106 万 t,绿色食品资源产值 35.6 亿元,绿色食品资源加工产业实现销售收入 11.1 亿元,获得绿色食品资源认证产品 126 个。

第二阶段:绿色食品资源产业的持续高速发展阶段(2000～2004 年)。

2000 年黑龙江省委、省政府制定下发了《黑龙江省绿色食品资源产业发展实施方案》,

明确提出了"打绿色牌,走特色路"的发展战略。绿色食品资源产业的发展速度进一步加快,综合实力进一步增强。2001 年 4 月,黑龙江农垦系统制订了《黑龙江垦区绿色食品资源产业"十五"发展计划》,2001 年 8 月,黑龙江省制定了《黑龙江省绿色食品资源管理条例》,从而使绿色食品资源开发走上了规范化、法制化的管理轨道。到 2004 年年末,全省绿色食品资源种植面积已扩大到 2 380 万亩,比 1999 年增长 7 倍多;生产总量达到 1 110 万 t 以上,比 1999 年增长 9.5 倍;绿色食品资源产值 327 亿元,比 1999 年增长 8 倍。绿色食品资源加工业实现销售收入 132 亿元,增长 10.9 倍;加工量达 468 万 t,增长 5.8 倍。

第三阶段:绿色食品资源产业的速度和效益同步提升的发展阶段(2005 年至今)。

自 2005 年以来,全省上下深入学习和实践科学发展观,不断加快发展速度,提升产业经济效益,实现了又快又好发展。近年来,黑龙江省依托农副产品资源优势,加大了绿色食品资源工业发展力度,绿色食品资源工业发展态势总体较好,企业规模逐步壮大,品牌战略稳步推进,投资热情不断激发,产业集聚优势逐步显现,市场空间进一步拓展,为全省工业结构调整和产业升级奠定了坚实的基础。

绿色食品资源产业发展基础较好。2012 年,黑龙江省绿色食品资源种植面积为 6 720 万亩,占全国的 1/5;国家级绿色食品资源标准化生产基地 144 个,面积为 5 390 万亩,占全国的 1/2;全省绿色食品资源总产量达到 3 150 万 t,绿色(有机)食品资源产品产量 910 万 t,占全国的 18%;全省绿色(有机)食品资源和无公害农产品认证数量达到 10 807 个。

绿色食品资源产业经济总量增长较快。2012 年,黑龙江省绿色食品资源工业增加值 330.9 亿元,同比增长 19.3%,主营业务收入 1 706.5 亿元,同比增长 18.8%,利税 108.1 亿元,利润 68 亿元,绿色食品资源工业在黑龙江省四大支柱产业中增长最快。黑龙江省的绿色食品资源工业主要产品产量大,增速快,其中大米 832.4 万 t,同比增长 26%,液体乳 68.7 万 t,成品糖 11.4 万 t,啤酒 1.235×10^9 L,除液体乳外,其他四类产品产量有不同幅度的增长,黑龙江省从农产品资源大省向加工强省转变的步伐加快。

品牌特色日益显现。截至 2012 年,全省拥有 10 个中国名牌产品,18 个中华老字号,138 个黑龙江省名牌产品;全省"三品一标"认证总数 10 807 个,其中绿色食品资源认证 1 310 个,有机绿色食品资源认证 330 个,无公害农产品认证 9 099 个,农产品地理标志登记数量 68 个。全国每八个有效使用绿色(有机)和无公害农产品标志的产品中就有一个是黑龙江的产品。

绿色食品资源产业逐渐形成。经过近几年的发展,黑龙江省绿色食品资源产业在资源、品牌、基地、市场等方面的优势日益明显,初步形成了以九三粮油、哈高科大豆公司等企业为龙头的大豆精深加工业;以中粮生化能源肇东公司、龙凤玉米公司、大庆展华、环宇格林开发公司等为龙头的玉米加工业;以北大荒薯业、大兴安岭丽雪为龙头的土豆精淀粉加工业;以完达山、飞鹤、龙丹等乳制品企业为龙头的一批全国名牌产品,并以此为基础形成的乳品加工业;以哈尔滨、鹤岗、绥化、佳木斯、牡丹江、鸡西等水稻主产区为龙头的无公害米、绿色稻谷和有机米加工业;以双汇北大荒肉业、大庄园肉业等企业为龙头的肉制品加工业。

二、黑龙江省绿色食品资源产业开发现状

1.绿色食品资源基地建设状况

经过 20 多年的发展,黑龙江省已成为全国最大的绿色食品资源生产加工基地,到 2012

年,绿色食品资源认证面积发展到 6 430 万亩,占全国的 23.2%,国家级绿色食品资源原料生产基地面积为 5 100 万亩,占全国总面积的 50%,而且全省绿色食品资源经济总量位居全国第一,2012 年绿色食品资源总产值实现了 1 020 亿元,占全国的 16.7%,实物总量达 2 950 万 t,占全国的 18.9%。已有 190 多个绿色食品资源产品获得省著名商标,农产品地理标志产品已达 62 个,居全国领先地位。绿色食品资源生产基地的建设是绿色食品资源产业发展的物质基础,加强和巩固了黑龙江省农业大省的地位。

2. 绿色食品资源加工企业发展状况

随着黑龙江省绿色食品资源加工企业的实力不断增强,年产值超过亿元的企业已经发展到了 60 多家,开发产品 1 500 多种,形成了绿色玉米、大豆、水稻、乳品、肉类、山产品、饮品和特色产品八大类产品生产加工体系。很多企业如完达山乳业股份有限公司、北大荒麦业集团、九三油脂股份有限公司、哈啤和新三星等已经进入省级龙头企业和国家级龙头企业的行列,形成了一批国内外驰名的绿色食品资源品牌,能够带动黑龙江省绿色食品资源产业更快更好发展。

3. 绿色食品资源营销网络状况

黑龙江省绿色食品资源市场体系建设效果显著,省外销售市场不断扩大,2012 年,绿色食品资源省外销售额达 470 亿元,同比增长 54.8%,创历史新高。国内外绿色食品资源专营市场网点已发展到了 1 500 多家,形成了以珠三角、长三角和京津地区等沿海发达城市为重点,辐射全国并远销欧美、东南亚等 40 个国家和地区的销售网络。2013 年市场建设继续推进,被确定为"绿色食品资源市场品牌年",加强品牌培育力度。举办农交会、绿博会和哈洽会等展销活动拓展销售网络。在第 24 届哈洽会上,绿色食品资源签订 24 个合作项目,约 31.5 亿元。同时,黑龙江省绿色食品资源也在积极发展电子商务网络建设,构建网络营销平台以提升销量和影响力。

三、黑龙江省绿色食品资源发展过程中存在的主要问题

(一)绿色食品资源规模小,基地分散,产品结构不合理,品种单一

黑龙江省绿色食品资源生产虽然有了快速发展,但是没有形成规模化、专业化、集约化,与生产基地和品种齐全的成熟市场要求还有很大差距。黑龙江省可进行绿色食品资源生产的基地面积广阔,但是其中生产绿色食品资源不到普通农产品的 10%,绝大部分土地在进行传统的农业方式生产。此外,黑龙江省绿色食品资源品种单一,结构不尽合理,也无法满足消费者多样化的市场要求。有资料显示,在黑龙江省的绿色食品资源中,绝大多数是粮食作物及粮油产品。而蔬菜、水果、鸡蛋、奶等绿色食品资源的比重不足 30%,而群众较为关心的水产品、畜禽类更是少之又少。而且黑龙江省绿色食品资源的种植基地过于分散,虽然在全省各地几乎都有绿色食品资源种植地,但每块种植地的面积都较小,各个种植地又不能有效连接,从而缺乏规模效应。

(二)生产者及消费者均缺乏生态意识和绿色观念,致使绿色产业发展缓慢

黑龙江省绿色食品资源观念滞后体现在两方面:一是生产者观念滞后。相当多的农村干部、群众对绿色食品资源的经济及环保效益所知甚少,市场观念淡薄,市场信息贫乏,习惯于耕种传统作物,对绿色食品资源认识不足。此外,环保意识不强,在开发农作物的同时往

往破坏原有的生态农业环境,造成不可挽回的损失。而生产者科技素质低,只习惯利用化肥、农药来增产增收,致使环境恶化,资源枯竭,产品残留有毒物质,农民自身也处于增产不增收的境地。二是体现在消费者身上。由于黑龙江省对绿色食品资源建设起步较晚,规模相对较小,且宣传力度不够,致使许多消费者对绿色食品资源的了解还很少。对于消费者来说,往往对一种产品有了相当的认知程度,才会产生持久稳定的购买行为。

(三)绿色市场开发较晚,市场体系不健全,绿色营销手段落后

黑龙江省虽然在绿色食品资源的生产上拥有一定优势,但在绿色食品资源的市场开发、市场营销上却起步较晚。一方面,由于经营分散,使绿色食品资源不能形成统一健全的营销网络和市场体系。由于绿色食品资源对产地和环境都有特殊要求,黑龙江省的绿色食品资源大多分布在边远地区,如兴凯湖、大兴安岭、建三江等地区,交通都比较落后。而绿色食品资源的主要消费者又集中在大中城市,这就给绿色食品资源市场的扩展造成了困难,造成物流、资金流、信息流不畅。除了一些易运送的绿色食品资源外,大多数水果、蔬菜和农副产品由于运输困难,保存期短,并且包装、储藏、运输手段落后,而造成产供销脱节,影响了黑龙江省绿色食品资源市场的发展。另一方面,生产绿色食品资源的企业缺乏市场观念,一些企业存在着"轻市场、重申报"或"轻零售、重批发"或过分依赖政府行为等现象。绿色食品资源一般只能在一些大型超市才能买到,且零散、种类少,价格比普通绿色食品资源高 1~10 倍。当然这一问题不仅是黑龙江省所特有的问题,也是全国绿色食品资源市场所面临的问题,绿色营销的滞后,也使绿色食品资源市场的发展受到阻碍。

(四)绿色食品资源假冒品牌比较多,打击力度不够,执法不严

绿色食品资源商标标识是由国家工商行政管理总局注册的质量证明商标,任何企业和个人不得仿制、挪用,可一些企业法律意识淡薄,而假冒绿色食品资源又有利可图,因此市场上假冒现象时有发生。此外,个别生产企业使用过期的商标,或以次充好,利用不合格的绿色食品资源来冒充合格绿色食品资源。这些行为极大地损害了绿色食品资源的信誉。在某种程度上,绿色食品资源本身因易与普通绿色食品资源混杂,消费者很难辨其真伪,致使消费者不敢也不愿高价购买,绿色食品资源与消费者之间存在着"信任"危机,再有一些假冒伪劣产品,更影响了消费者的购买积极性,扰乱了绿色食品的市场秩序。

(五)科技含量低,生产加工技术落后,"原"字号产品多

黑龙江省绿色食品资源及产品大多数是大陆货,粮油多,蔬菜、瓜果类少,中药保健类、山特产品更少,科技含量低。在品种、品质上并不都是优良品种。优质米、优质麦、优质大豆、优质蔬菜、瓜果所占的比重少。因加工手段也落后,"原"字号产品多,如红豆、绿豆、花生、葵花子、白瓜子几乎都是原料出售,增值不多。在生产技术上,还是用老一套耕作技术和化肥、农药,致使粮食还残留有害物质,同时加工手段、仓储、包装上大多数不符合绿色产品标签规定,绿色产品以粗、劣、差的形象出现,大大降低了产品的经济效益。在市场出售标有"绿牌"中,80% 以上用的是发泡塑料托盘或包装膜,达不到绿色包装。绿色包装是指对环境和人体健康无害的、无污染、能循环和再生利用的、可促进持续发展的包装。绿色食品资源配套产业发展滞后,这样将得不到国际绿色标志制度认证,而且,产品包装的设计档次不高,有的非常粗糙,有的仅用聚氯乙烯塑料袋简单的包装,更没有消毒、灭菌措施,存在绿色食品资源不"绿"的现象。

（六）发展绿色食品资源的环境条件、生产资料保障等出现制约绿色食品资源的瓶颈问题

黑龙江省由于连年争高产，一些地区大量使用化肥、农药，致使土地板结、质量下降、化肥农药残留量大。工业"三废"排放，使耕地遭到严重污染，使生产绿色食品资源受到影响。同时，由于生产 AA 级绿色食品资源不能使用任何化学合成农药、化肥和有害的绿色食品资源添加剂，因此，必须研制、开发无毒无害的肥料、农药。生产 A 级绿色食品资源可限量应用部分低毒低残留化学合成农药和允许使用部分无害绿色食品资源添加剂。而实际上，黑龙江省绝大多数农民没有认识到它的危害性。据哈尔滨市质量技术监督局对市场上出售的蔬菜质量进行监督抽查，有五成蔬菜有毒物质超过国家标准，抽样合格率仅为 50%。有些蔬菜如韭菜其抽样六个批次，合格率为零，一些农民为消灭蔬菜害虫，使用较多农药，甚至国家明令禁止使用的农药，致使人们食后慢性中毒。现在，一些研究部门和企业正在开发绿色肥料、绿色农药，但生产量少，且价格贵，一些农民和生产者买不起、用不上，以致生产的产品不合格。

（七）财政、金融及信贷支持不够，缺乏有效的支撑保护系统

黑龙江省制定了 2001～2010 年绿色食品资源发展规划，各级政府都纷纷制定本地区发展规划，农民和企业都认识到要发展绿色食品资源。然而，绿色食品资源发展是大的系统工程，从育种、生产到加工、仓储、运销等一系列问题需要一定财力支持，而由于绿色食品资源从种子、肥料、农药及育种、栽培、耕作等工艺较繁琐，成本较高，只靠农民自身投入是不够的。就近几年农民收入而言，黑龙江省 2001 年农民人均纯收入 2 280 元，除去一年生活费，仅剩几百元，生产只能在原有的规模上进行，困难很大。绿色食品资源加工也需要先进的工艺和设备，现在多数乡镇企业设备陈旧，工艺落后，也无大量资金投入，加之农业和其相关产业比较效益低，更吸引不了金融、信贷的支持。而且，黑龙江省大多县是吃财政饭，更无力拿出支持绿色产品发展的资金。

（八）农业产业化发展缓慢，龙头企业牵动力弱

黑龙江省绿色食品资源及农产品基地相对全国而言，还是多而分散，加之加工、仓储、运销的龙头企业都很滞后，其主导产品单一、雷同，规模小，竞争力差，牵动能力弱，创汇龙头企业更少，给农民回报率低。黑龙江省年产值超过 5 000 万元的龙头企业只有 46 家，超过亿元的企业很少，而且，在省级龙头企业中只有 22 个企业利税超千万元，其余多数企业处于微利和亏损状态，已有 27 户企业处于停产和半停产中。且大部分企业与农户联结是松散型，缺少风险共担、利益共享，让利于农的经济利益共同体，尤其是大型农、工、商，产加销企业更少，乡村集体企业在逐年减少，致使农民生产的产品加工不了，销售不出去。而绿色食品资源及产品要求具有加工能力强、技术先进、经济实力大的企业牵动。因此，更谈不上创名牌、绿色新品牌了。黑龙江省知名品牌少，绿色食品资源被国家工商行政管理总局评为驰名品牌，只有完达山乳业一家，被省工商局评为名品牌的仅有 24 个，不足全省的 13%，难以形成在全国市场上较强的竞争优势。

四、开发绿色食品资源促进黑龙江省经济增长

2000 年黑龙江省政府审时度势确立了"打绿色牌,走特色路",建设绿色食品资源大省、强省发展战略。其核心就是扩大绿色食品资源开发,发展绿色食品资源产业,走特色之路,重新确立经济发展优势。绿色食品资源产业不提倡简单地回归自然,而应追求传统农艺与现代先进技术的有机结合;生产质量安全管理强调特殊性与普遍性的关系,既对资源环境条件有所选择,又注重生产过程关键点的控制,同时也注重对最终产品的标准检验。

目前,黑龙江省拥有国家级绿色食品资源原料生产基地 144 个,面积为 5 390 万亩,占全国的近 50%。黑龙江省绿色食品资源基地规模普遍较大,平均面积为 503.1 万亩,百万亩以上的占 20%。

黑龙江省发展绿色食品资源产业具有得天独厚的优势,经过 20 多年的快速发展,现已成为重要的支柱产业,有效地带动了现代农业、绿色食品资源工业的发展,国家安全绿色食品资源生产基地建设和绿色食品资源产业加工园区建设也初具规模。2010 年,绿色食品资源被列为全省重点发展和推进的"十大产业"之首,产品的竞争力、公信力大幅度提升。2012 年,全省绿色食品资源总产值 1 330 亿元,占全国的 1/6;实物总量首次突破 3 000 万 t,占全国的 1/5;全省有效使用绿色(有机)和无公害农产品标识的产品数量 10 807 个,全国每八个产品中就有一个黑龙江产品;绿色食品资源认证面积 6 720 万亩,超过全国认证总面积的 1/4;国家级绿色食品资源原料标准化生产基地 5 390 万亩,为全国总面积的 1/2。黑龙江已经成为全国最大、最可靠的安全"大粮仓",而且也将成为最大、最优质的"绿色大厨房"。

截至 2012 年底,黑龙江省绿色食品资源企业增加到 550 家,其中年产值超亿元的企业发展到 65 家;被评为国家级农业产业化龙头企业有 37 家、省级农业产业化龙头企业有 133 家。贸工农、产加销相联结的绿色水稻、大豆、玉米、乳品、肉类、山产品、饮品和特色产品八个产品加工体系不断完善。2012 年,全省绿色食品资源加工企业完成加工总量 1 020 万 t,实现销售收入 650 亿元,均处于全国领先位置。黑龙江省已经成为全国最大、最安全的绿色食品资源原料基地,多项发展主要评价指标连续多年居全国之首。

黑龙江省凭借其土地肥沃、相对良好的生态环境、资源优势以及政府的有力支持,已成为绿色食品资源大省。虽然黑龙江绿色食品资源的发展有着强劲的势头,但也存在一些问题。例如,品牌杂,知名品牌少,竞争力弱;经营销售方式落后;高端产品比重偏低;监管力度不够;市场假冒绿色食品资源的现象比较多,绿色食品资源安全等诸多问题也都日益突出,因此必须采取相应的监管措施解决这些问题,将黑龙江省由绿色食品资源生产大省打造成全国绿色食品资源强省,促进全省绿色食品资源产业的进一步发展。

为进一步优化绿色食品资源产业布局,根据黑龙江省绿色食品资源产业发展规划,重点发展水稻、玉米、大豆、马铃薯、乳品、肉类等六大产业带。水稻加工业以中西部、东部和南部局部的 40 个县(市、区)和农垦六个管理局构建的水稻生产带;玉米加工业围绕中西部、东部局部的 41 个县(市、区)和农垦八个管理局构成的优质高淀粉玉米生产带,发展玉米精深加工产业;大豆加工业围绕东部、中北部的 30 个县(市、区)和农垦五个管理局构成的高产、高油和高蛋白优质非转基因大豆生产带,新建小包装食用油生产线和大豆制品及深加工产品项目;马铃薯加工业推进中北部和西部马铃薯加工产业带建设,重点围绕齐齐哈尔地区和

巴彦、嫩江、望奎、海伦等县(市、区)和农垦两个管理局,发展马铃薯精深加工业和马铃薯休闲绿色食品资源加工业;乳品加工业围绕中西部的 31 个奶牛主产县(市、区)和农垦六个管理局构成的奶牛产业带,新建、改扩建一批 30 万 t 以上鲜奶深加工项目,培育一批重点乳品加工企业,重点发展高端婴幼儿配方奶粉;肉类加工业围绕 22 个产粮大县(市、区)和农垦三个管理局构建的生猪生产带,以及以东西部为主的 20 个县(市、区)和农垦红兴隆管理局构建的肉牛生产带,新建或改造一批屠宰及综合利用精深加工项目。

第三节　黑龙江省绿色优势食品资源保护现状

黑龙江省具有发展绿色资源的天然优势:耕地面积广阔;水资源丰富;气候四季分明,昼夜温差适宜农作物积累营养、提高产量;地处世界三大黑土带之一,拥有世界上最珍贵的耕作土壤资源,这是大自然给龙江人民的丰厚馈赠。莽莽林海、绿水青山蕴藏着多少奇珍,清朝时黑龙江的飞龙、鲟鳇鱼、蜂蜜、松子等山珍美味就因名头响亮而成为朝廷的贡品。收获时节,稻谷香、玉米黄、山珍美、水鱼鲜、瓜果甜。我们希望这片沃土生产的甘甜与营养不仅受益于龙江人,还受益于全国的家庭。

一、绿色食品资源标志保护现状

绿色食品资源是一种无污染绿色食品资源或称无公害绿色食品资源。绿色食品资源工程是黑龙江省发展生态农业,实现农业现代化的战略措施之一。开发推广绿色食品资源,对于保护农业生态环境,提高农产品和绿色食品资源质量,提高全民族的环保意识,增进人民群众身体健康,造福子孙后代,都具有十分重要的意义和深远的影响。绿色食品资源标志是一种特定质量标志,它专为证明出自良好生态环境、无污染、无公害、安全营养绿色食品资源之用,现已作为证明商标,经国家工商行政管理总局商标局核准注册,其商标专用权受《中华人民共和国商标法》保护。农业部统一负责"绿色食品资源"标志的颁发和使用管理。凡从事绿色食品资源生产、加工的企业,需要在某项产品上使用"绿色食品资源"标志的,必须依照《农业部绿色食品资源标志管理暂行办法》的有关规定提出申请,经审查符合标准的,授予"绿色食品资源证书"及专用编号,准其使用,企业方可在该项指定的产品上使用绿色食品资源标志。由农业部定期将准许使用绿色食品资源标志企业名单报国家工商行政管理总局商标局备案。已获准使用"绿色食品资源"标志的企业,必须严格依照《中华人民共和国商标法》及农业部有关《绿色食品资源管理办法》使用标志,并接受农业部指定的环保监测及绿色食品资源监测部门的监督检查,保证使用标志产品的质量,维护绿色食品资源标志的商标信誉。

任何单位或个人,未经农业部准许,擅自印制、使用绿色食品资源标志,或经销假冒绿色食品资源的,皆属于侵犯商标专用权或假冒商标行为,由工商行政管理机关、司法机关依《中华人民共和国商标法》予以查处。

二、黑龙江省绿色食品资源标志保护现状

为贯彻落实《农产品质量安全法》,加大对农产品质量标志的保护力度,维护绿色食品资源标志的权威性和公信力,切实保障绿色食品资源企业和绿色食品资源消费者的合法权

益,为了贯彻落实《农产品质量安全法》和《绿色食品资源安全法》,加大对农产品质量标志的保护力度,进一步净化绿色食品资源市场,加强监管,加大打击假冒绿色食品资源的力度,维护绿色食品资源企业和消费者的合法权益,确保绿色食品资源事业持续健康发展,按照黑龙江省绿色食品资源发展中心关于开展《2011 年保护绿色食品资源标志打假专项活动》的通知要求,黑龙江省开展了多次的针对在包装标识上标称"绿色食品资源"的粮食、豆油、蔬菜、水果、水产品、乳制品、禽蛋类等农产品进行了全面细致的检查。整治活动的重点内容是:擅自改变特殊标志文字、图形的;许可他人使用特殊标志,未签订使用合同,或者使用人在规定期限内未报国务院工商行政管理部门备案或未报所在地县级以上人民政府工商行政管理机关存查的;超出核准登记的商品或者服务范围使用的;擅自使用与所有人的特殊标志相同或者近似的文字、图形或者其组合的;未经特殊标志所有人许可,擅自制造、销售其特殊标志或者将其特殊标志用于商业活动的;给特殊标志所有人造成经济损失的其他行为。通过这些专项活动,进一步加大了绿色食品资源宣传力度,规范了生产者和经营者的行为,打击了假冒伪劣现象,维护了消费者的合法权益。

三、黑龙江省绿色食品资源品牌保护现状

从黑龙江省绿色食品资源行业来看,能在全国范围内叫得响、大众认知率高的品牌并不是很多。2012 年中国绿色食品资源博览会组委会、中国商业联合会、中国轻工业联合会,根据企业经营规模、品牌影响力和绿色食品资源安全满意度推选出的"2012 中国绿色食品资源百强企业"中,黑龙江企业只有四家。这说明我们在品牌宣传力度以及品牌打造上面做的还不到位,不能以"酒香不怕巷子深"的态度对待我们的产品,而是要把产品的品牌高高捧起来。要让品牌叫得更响,还要学习先进的品牌塑造理念与方法:一是要对相似品牌进行整合;二是要提升品牌内涵;三是要用品牌将龙江特色通过舌尖传递出去。这需要以品牌效应塑造全省绿色食品资源产业形象,在宣传与打造的同时应突出地方特点。例如,五常稻花香品牌大米在市场上打响了知名度,使全国消费者提高了对黑龙江稻米整体的好感和认同,使龙江大米飘香在全国各地的餐桌上。

目前,黑龙江省绿色食品资源基地的建设还有些薄弱,产品种类虽多,但是产品的科技含量及加工工艺还有待于提高。绿色食品资源不但应该是绿色的,还应该是精品,要通过小小一粒米、一滴油,展现出绿色食品资源生产上的高端理念、科技水平。我们的绿色产品产业起步较早,已经有相当的技术积累和加工优势,但是在绿色食品资源工业上的科技投入还不够,与绿色食品资源大省的身份有所差距,与我们的绿色厨房梦还有距离。虽然我们的产品已具有一定的特色与优势,但是要想在市场上走得更远,就必须要有更高的品位支撑与科技价值,否则难以做到在同类产品中出类拔萃。我们甚至应该做到在品质与营养方面进行创新与突破,在绿色食品资源的精细加工上做文章,在产品的安全标准、质量标准上要求严,这样才能真正地抓住国人的胃,百姓的厨房才能被龙江的绿色食品资源所占领。另外,绿色厨房更是安全大厨房。要步步把关、层层监督,从地头到厨房让人吃的放心,这才是真正的精品。只有绿色食品资源在品质与安全上实现了双保证,才能振奋消费者在绿色食品资源方面的信心,所以我们要付出更多的努力和坚持。

四、加快黑龙江省绿色食品资源开发保护应注意的问题

黑龙江省在发展现代农业的过程中,以开发绿色食品资源为中心,走优质高效农业之路,就更要正确处理好绿色食品资源开发与生态环境保护的关系,努力实现绿色农业可持续发展。绿色食品资源是绿色食品资源产业发展的基础,在确保可持续发展利用的前提下科学合理地开发,争取以较少的资源消耗获得较高的生产效益,就必须牢固树立绿色食品资源保护意识,建立激励绿色食品资源合理利用和保护的机制,在发展中保护,在保护中开发,实现经济效益、社会效益和环境效益的统一,实现当前利益和长远利益的统一;必须严格控制化肥、农药的施用量,推广使用有机肥,坚持有机肥与化肥合理匹配,推广测土配方施肥技术进行科学施肥,搞好有机肥综合利用与无害化处理,加快高效、低毒、低残留农药新品种的研发与推广应用,多层次利用生物有机质,废弃物资源化,物质循环再生化,回收农用塑料薄膜,减轻农业面源污染,以减少对绿色食品资源环境的污染,凡是破坏生态、污染环境的项目应不予批准,加大资金投入用于山、水、林、田、路综合治理,进行自然环境保护,积极采取封山育林、退耕还林、植树造林与扩大绿草植被等措施,营造一个蓝天、碧水、青山、鸟语花香的生态优化区域,建立绿色食品资源开发自然保护区,为开发绿色食品资源创造良好的生态环境;必须提高绿色食品资源开发与保护各级相关人员的综合素质,倡导文明的生产和生活方式,改革与完善涉农教育与培训,重视学以致用,增强其自我创新与技能发展能力,大力加强科学知识普及,增加实用技术培训,提高其接受和运用科技成果、保护农业生态环境和合理开发利用农业资源的能力,加强农村思想道德教育,正确引导农村消费结构升级,形成有利于节约资源和保护环境的文明生活方式;必须增加绿色食品资源开发科研投入,建立多渠道、多元化的绿色食品资源开发与保护的科技投入体系,重视科技引进、开发、创新与推广工作,强化科学技术对绿色食品资源业的渗透,健全绿色食品资源业科技体系,提高科技成果的推广和应用水平,改善绿色食品资源生产条件,以提高绿色食品资源利用率;必须加强国内外绿色食品资源开发保护合作,利用地缘优势,进一步加强黑龙江省与俄罗斯绿色食品资源开发与保护的区域合作,在稳步发展境外粮食种植合作的同时,充分利用自身绿色食品资源加工技术和设备优势,组织企业走出去,到俄罗斯远东地区和内陆地区投资,或与俄方政府和企业合作,发展大豆、玉米、水稻等粮食精深加工,开发符合俄罗斯市场需求的绿色食品资源。

第四节　黑龙江省绿色优势食品资源安全监管现状

一、绿色食品资源监管的含义

绿色食品资源监管是绿色食品资源管理的重要组成部分,是以绿色食品资源标准为依据,对绿色食品资源生产的全程与标志使用的监督管理。绿色食品资源监管的内容包括对绿色食品资源的质量监管和标志使用监管两个方面。

绿色食品资源质量监管是对绿色食品资源产地的环境(水、大气、土壤)、生产过程、产品质量等环节是否符合绿色食品资源相关标准的监督管理。只有按标准进行生产、加工、储藏、运输等,检测合格的产品方能以绿色食品资源的品牌进入市场。绿色食品资源标志使用

监管,是对绿色食品资源商标标志使用是否规范的监督管理。只有正确使用绿色食品资源标志和生产质量合格的绿色食品资源,才能真正体现绿色食品资源的精品形象,才能保障消费者的合法权益。

2012年10月1日开始实施的《绿色食品资源标志管理办法》对绿色食品资源标志审核和发证做出了更加严格的规定。除了对申请人的资质条件和产品受理条件提出明确要求外,这一办法还特别规定:申请使用绿色食品资源标志的生产单位前三年内无质量安全事故和不良诚信记录,在使用绿色食品资源标志期间,因检查监管不合格被取消标志使用权的,三年内不再受理其申请,情节严重的,永久不再受理其申请。

二、黑龙江省绿色食品资源安全监管工作现状

(一)黑龙江省绿色食品资源管理机构现状

经过30年的发展,绿色食品资源已经占据了约5%的市场份额。由于各地方的绿色食品资源管理机构成立时间不一,加之各地绿色食品资源发展不平衡,各地对绿色食品资源的管理也不一样,但都大同小异。一般是绿色食品资源管理机构工作人员既认证又监管。在这两项工作中,一方面由于受人员限制(主要是市、县级的机构人员编制少),在人员相对偏少的状况下,各地工作普遍侧重于认证,对通过认证后的管理,则显得力不从心。即重认证,轻监管。另一方面,各地绿色食品资源管理机构在业务上都接受农业部绿色食品资源办公室和中国绿色食品资源发展中心的指导,都对本地绿色食品资源不同程度地存在保护倾向,加之管理机构之间还互有来往,相互之间存在照顾情面的情况,致使绿色食品资源市场较混乱。假冒绿色食品资源,超期使用、超范围使用、冒用绿色食品资源标识等违规、违法现象时有发生,给绿色食品资源带来了一定的负面影响。再者,绿色食品资源管理机构没有列入农业行政部门内设机构之中,绝大多数是农业行政部门所属事业单位,法律地位决定了其没有行政处罚权,因此,多头管理绿色食品资源标志现象时有发生,监管工作难以到位。

(二)绿色食品资源安全监督管理的法律和条例逐步完善

随着科学技术的发展,人们生活水平的提高,绿色食品资源日益受到社会各界的高度重视。中国绿色食品资源发展中心于2002年专门成立了标准管理处,负责绿色食品资源的监管工作。先后出台了《关于启用绿色食品资源标志商标使用许可合同的通知》《关于印发绿色食品资源标志监管员注册管理办法的通知》等文件;2004年,配合改革收费制度和完善年检制度,分别印发了《绿色食品资源认证及标志使用收费管理办法实施意见》《绿色食品资源产品质量年度抽检工作管理办法》《绿色食品资源企业年度检查工作规范》和《绿色食品资源标志管理公告、通报实施办法》;2006年4月29日第十届全国人民代表大会常务委员会第二十一次会议通过《中华人民共和国农产品质量安全法》;2007年随着监管工作的深入,又印发了《绿色食品资源标志市场监察实施办法》;2009年2月出台了"三品"专项整治行动实施方案等。但是,目前还没有比较有权威的绿色食品资源监督管理的法律和条例,没有一系列相关的硬措施,没有形成全社会的共识和氛围。为进一步加强绿色食品资源监测体系建设,满足绿色食品资源事业持续快速发展的需求,根据《绿色食品资源检测机构管理办法》相关要求,中国绿色食品资源发展中心按照"统筹规划、合理布局、择优委托"的原则,对省级绿色食品资源工作机构推荐的检测机构进行了相关考核,并且出台了《绿色食品资

源检测机构管理办法》。

(三)绿色食品资源建立了六道质量安全监管防线

黑龙江省绿色食品资源已建立企业年检制度、产品抽检制度、市场监察、产品公告制度、绿色食品资源质量安全预警制度以及企业内检员工工作制度六道质量安全监管防线,以保障绿色食品资源安全,抓好产品质量,打造放心品牌和环境。

(1)企业年检制度。地方绿色食品资源工作机构监管员每年都要深入企业开展绿色食品资源企业年检。

(2)产品抽检制度。中国绿色食品资源发展中心和地方绿色食品资源工作机构每年都要对获证绿色食品资源开展产品抽检工作,2011年绿色食品资源的产品抽检比例达到27.5%。

(3)市场监察。该中心每年都要同地方绿色食品资源工作机构对全国90~100个大中城市的超市进行绿色食品资源拉网式检查,主要检查产品的标志使用情况。

(4)产品公告制度。每年该中心都会在多家媒体和网站对获证产品以及被取消用标产品进行公告和通报。

(5)绿色食品资源质量安全预警制度。该中心在各地绿色食品资源工作机构和产品质量监测机构系统中建立了质量安全预警信息员队伍,对行业中的风险和潜规则开展信息收集和报告工作。

(6)新建立的企业内检员工作制度。该中心用了三年的时间,在全国范围内培训了9 261名绿色食品资源企业内检员,实现了每家企业至少保证一名绿色食品资源企业内检员的工作目标。

自2010年在全国推行企业内部检查员制度以来,内检员成为绿色食品资源证后监管的裁判员、绿色食品资源生产与管理制度宣传的教练员、绿色食品资源标准实施的运动员,有效地发挥了"千条线一根针"的作用,有力地保证了绿色食品资源的各项监管制度贯穿于认证前、中、后整个过程,解决了绿色食品资源证后跟踪检查管理体系中生产企业缺位的问题,确保了绿色食品资源质量安全水平保持稳定,更加让消费者吃得放心、吃得安心、吃得舒心。

(四)绿色食品资源要进行质量监督管理

(1)强化绿色食品资源监管,既要靠各级绿色食品资源管理机构,也要整合农业部门的力量,形成一支坚强的监管队伍。

(2)加强绿色食品资源营销市场的管理,帮助他们把住进场关,实行绿标进场备案制度,对监管能起到事半功倍的作用。

(3)加大绿色食品资源相关知识培训,提高经销人员识别真假绿色食品资源的能力,是管理部门必须延伸的一项重要工作。

此外,还要进行年检和年度抽检工作。年检是指中国绿色食品资源发展中心及中心委托省、市、自治区管理机构对获得绿色食品资源标志使用权的企业在一个标志使用年度内的绿色食品资源生产经营活动、产品质量及标志使用行为实施的监督、检查、考核、评定等。

1.年检的主要内容

(1)检查企业的产品质量及控制体系状况。

(2)检查企业规范使用绿色食品资源标志情况。

（3）检查企业按规定缴纳标志使用费情况。

（4）其他应检查的主要内容。

2.企业年检自查需要提交的材料

（1）核准证书申请表。

（2）企业年检自评表（种植业、畜牧业、水产业、加工业）。

（3）标志使用费汇款回执复印件。

（4）绿色食品资源证书原件（中文版）。

3.年检

未办理年检并在证书上盖年审章的绿色食品资源证书为无效证书。

年度抽检是指中国绿色食品资源发展中心对已获得绿色食品资源标志使用权的产品采取的监督性检查检验，是企业年度检查工作的重要组成部分。

中国绿色食品资源发展中心每年分上半年和下半年两次下达抽检计划，绿色食品资源委托定点监测中心派人赴企业抽样或直接由市场购买绿色食品资源产品进行检测。检验报告直接寄到中国绿色食品资源发展中心，副本寄省绿办。抽检不合格的产品取消标志使用权。

三、黑龙江省绿色食品资源安全监管中存在的主要问题

黑龙江省现阶段在绿色食品资源的安全监管工作，无论是监管意识、监管法规、监管标准、监管程序，还是责权划分及处罚力度等方面，都存在着诸多问题。

（一）监管的法律法规滞后

绿色食品资源监管意识不强，责任不清。重认证轻管理、重年检轻日常监管的现象比较普遍。尤其是关于绿色食品资源监管的配套法律、法规、规章等不甚完善，监管工作无法可依，力度严重不足，有效性有待增强。同时，与工商、质检等其他部门配合协调难度较大，信息交流不畅。

（二）监管力量相对薄弱

各级绿色食品资源监管机构还没有全部建立健全，未形成监管网络，监管盲区大，编制人员少，监管范围广。绿色食品资源生产企业比较分散，年检工作量非常大，要完成所有企业的实地年检难度很高，存在着监管瓶颈和薄弱环节。同时，政府对监管的投入不足，没有专门专项的年检经费，从资金上很难保证年检的落实。另外，在监管方面投入的力量远小于在认证方面的投入，也客观地反映了当前监管力量的薄弱。

（三）监管成本越来越高

全国绿色食品资源产品的抽检频率和覆盖率仍然很低。每年抽检的产品不足 1/6，抽检频率也只能为一年 1～2 次。绿色食品资源的监管存在着一定的责任风险。随着绿色食品资源产品的增多，每年实地年检产品抽检和市场监察采样的费用会越来越高。另外，绿色食品资源的种类繁多，品种不同，质量要求也不同，质量安全的风险系数也就不同，检测的程序和手段也会不同，这些都为监管提出了更高的要求。

（四）监管的手段不够

绿色食品资源监管很难适应实践发展的需要。"形式试验＋抽批检验＋体系检查"是

国际上通行的监管方法。这是从工业企业认证监管长期的经验中总结发展起来的。目前的绿色食品资源认证体系也是从这里延伸借鉴过来的,但这些方法远远不能适应绿色食品资源尤其是绿色农产品的特点和需要。一是绿色农产品的生产环节多,出现问题的可能性和不确定因素多,要从"土地到餐桌"全程保证农产品的质量,就会涉及很多环节,如环境条件、农业投入品、生产、加工、储运、销售等环节。二是农业具有极其显著的特殊性,就是受自然因素的影响比工业、商业都大,给绿色农产品的生产、加工、储藏、运输等带来了一系列的不稳定因数。三是农产品各个环节的监管不是由一个部门主管,而是涉及农业、环保、质检、工商、卫生、食药、商务等多个部门,认证监管只是一个方面。执法和监管很难能形成合力,为质量监管造成很大的难度。四是农产品生产分散规模小,基础条件差,农业标准化和管理水平参差不齐,也增加了监管的难度。

(五)生产企业和营销商自律性差

在市场经济发展的初始阶段,某些缺乏社会效益、经济效益与人类安全意识的绿色食品资源生产、经营者,为了谋取最大收益,而无视国家的绿色食品资源标准的规定与人们的人身安全,肆意采取不利于绿色食品资源安全的生产加工方法与配料技术,生产出不同程度的有害绿色食品资源商品;并在流通与销售经营过程中,不计对绿色食品资源商品的污染,采用欺诈性的营销策略,将无绿化与绿化程度很低的绿色食品资源商品大批量地推向国内外消费者。这不仅影响到国内外城乡居民的人身安全,而且引起了国际绿色壁垒的阻挡,严重损害了我国绿色食品资源商品在国际市场的声誉与地位,甚至导致国家间关系的恶化。社会诚信体系的不健全,市场发育的不成熟,绿色食品资源的生产企业和营销商的自律意识及能力不强,导致产品的质量认知出现诚信危机,这都为绿色食品资源的监管提出了新的难题。

四、黑龙江省绿色食品资源安全监管工作现状

(一)黑龙江省绿色食品资源管理机构的设置

黑龙江省1993年成立黑龙江省农垦绿色食品资源办公室,1997年成立黑龙江省绿色食品资源办公室,设在黑龙江省农牧渔业厅。为适应绿色食品资源大省强省建设,2000年省政府印发《2000~2010年全省绿色食品资源产业发展规划》,提出"打绿色牌,走特色路",努力把黑龙江省建设成绿色食品资源大省,促进全省经济的迅速发展。同年,黑龙江省政府批准成立黑龙江省绿色食品资源开发领导小组,其办公室设在黑龙江省农委;同时批准成立黑龙江省绿色食品资源发展中心,专门负责全省绿色食品资源、有机绿色食品资源、无公害农产品和地理标志农产品开发与管理,一跃成为全国最大规模的省级绿色食品资源管理机构。相继全省83个市(地)县(市)局的绿色食品资源管理机构也应运而生。

至2012年,全省各地市(农垦总局、森工总局)全部设置了绿色食品资源工作机构,其中正处级机构八个;64个县(市)和部分市辖区也都设置了绿色食品资源工作机构。其中庆安县、宝清县、龙江县等10多个县(市)为独立设置机构,占全省县级工作机构的15.4%。乡镇和村也明确了责任人。全省负责绿色食品资源开发和管理的专兼职工作人员总数达到1 200多人,其中专职人员600人,初步形成了上下贯通的产业开发和管理队伍。

(二)制定黑龙江省绿色食品资源管理条例等相关政策

从2000年开始,黑龙江省在开展广泛调查研究,多行业、多部门通力协作基础上,2001

年6月8日黑龙江省第九届人民代表大会常务委员会第二十三次会议通过了《黑龙江省绿色食品资源管理条例》（以下简称《条例》）。于2001年7月经黑龙江省人大审议通过，作为地方法规颁布实施。这也是全国第一部绿色食品资源地方法规，该《条例》对绿色食品资源基地建设、生产、加工、包装、销售、产业政策扶持及违规处罚等都做了严格界定。《条例》实施以来，切实起到了为绿色食品资源产业健康有序发展保驾护航的作用；促进了绿色食品资源工程省级重点学科建设。绿色食品资源产业作为新兴产业，技术资源整合，后备专业人才培养，基础理论和应用技术研究，理论体系、技术体系的形成和完善，都要通过学科建设来完成。

《条例》第五条明确黑龙江省绿色食品资源安全监管的管理主体体系及其职能是：黑龙江省人民政府农业行政主管部门负责全省绿色食品资源监督管理工作，并组织实施本条例；市（地）、县（市）农业行政主管部门，负责本辖区内绿色食品资源监督管理工作。黑龙江省农垦、森工管理部门具体负责本系统绿色食品资源管理工作，接受黑龙江省农业行政主管部门的指导和监督；各级工商行政管理、质量技术监督、环境保护、卫生行政等部门，在各自职责范围内，负责绿色食品资源监督管理工作。

黑龙江省政府制定实施的政策对该省绿色食品资源的监管工作起到了重要的意义。第一，建立健全工作体制，为绿色食品资源安全工作开展提供有力保障；第二，强化制度建设，进一步完善绿色食品资源安全监管机制；第三，加强绿色食品资源安全风险与舆论监测，构建完善绿色食品资源安全监管监测体系；第四，严厉打击违法行为，突出抓好重点品种的综合治理；第五，立足社会经济发展，加快推进绿色食品资源工业诚信体系建设；第六，大力开展绿色食品资源安全宣传教育工作，营造良好绿色食品资源安全氛围。

（三）建立完善的绿色食品资源的质量监管体系

为确保绿色食品资源的质量，黑龙江省在全国率先制定并推广实施《绿色食品资源生产管理手册》，覆盖率已达60%，对绿色食品资源基地的生产资料实行全程监管，"三品"抽检合格率达到99%以上，居全国之首。为扩大绿色食品资源监管范围，对绿色食品资源标志市场的监管由省会向地市推进，又建立绿色食品资源标志"固定监察点"制度，不断完善绿色食品资源的质量监管体系。绿色食品资源质量规范标准与国际接轨，实施了近百个绿色食品资源生产操作规程，建立了从田间到餐桌全过程绿色食品资源质量检测控制体系，全省一半左右的省级以上绿色食品资源龙头企业建立了研发中心，拥有全国唯一的国家级大豆、乳品工程技术研究中心。

（四）黑龙江省绿色食品资源安全监管存在的主要问题

黑龙江省绿色食品资源安全管理体制可概括为"全省统一领导，地方政府负责，部门主动协调，各方联合行动"，依据《国务院关于进一步加强绿色食品资源安全工作的决定》与中央编办的《关于进一步明确绿色食品资源安全监管职责分工有关问题的通知》，黑龙江省绿色食品资源安全监管存在的问题有：第一，事前计划不充分，组织分工不明确，部分县市财政资金不到位，监管机制不到位，专有人才缺乏；第二，事中监管无重点，产销信息链条断裂，未形成绿色产品产业集群；第三，事后监管的宣传力度不够，教育手段单一，政府对消费者的引导不够。

很多地区绿色食品资源监管责任意识不够强、责权不清的问题比较突出，部分地区还存在着重认证轻管理、重年检轻日常监管的现象比较严重。绿色食品资源监管的配套法规、规章不甚完善,监管工作的规范性和有效性有待增强。监管部门与工商、质检等其他部门配合协调不够,信息交流也不够通畅。在此种情况下,监管系统的优化显得尤为重要。随着绿色食品资源的发展规模的不断扩大,生产加工绿色食品资源的队伍不断壮大,监管人员少,监管范围广,绿色食品资源生产企业相对分散,年检工作量大,可想而知,要完成所有企业的实地年检难度的确很高,此时监管力量的薄弱问题也日益凸显。目前黑龙江省运用国际上通行的监管方法"形式试验+抽批检验+体系检查"远远不能适应绿色食品资源尤其是绿色农产品的特点和需要。绿色农产品的生产环节多,出现问题的可能性和不确定因素多,要从"土地到餐桌"全程保证绿色食品资源的质量,就会涉及很多环节,如环境条件、农业投入品、生产、加工、储运、销售等环节。层层把关难度较大,抽检方式的使用使得监管力度相对减弱。

绿色食品资源各个环节的监管不是由一个部门主管,涉及农业、环保、质检、工商、卫生、食药、商务等多个部门,认证监管只是一个方面。执法和监管很难形成合力,为质量监管造成很大的难度。而农产品生产规模、基础条件、农业标准化和管理水平参差不齐,也造成了监管的难度。为把黑龙江省打造成全国绿色食品资源第一大省,黑龙江省食品安全监督协调办公室按照"打造黑龙江省绿色食品资源生产大省,绿色食品资源安全监管要先行"的理念,坚持监管与服务并重,采取抓源头、强追溯,抓治理、强打击,抓服务、强管理的"三抓、三强"的做法来实现绿色食品资源生产和"销售来源可溯、流向可追、质量可控、责任可查",从而进一步提高绿色食品资源的知名度。"民以食为天,食以安为先",绿色食品资源安全是重大的基本民生问题。今后,黑龙江省将进一步加强绿色食品资源安全监管,转变管理理念,创新管理方式,建立和完善绿色食品资源药品安全监管制度,建立生产经营者主体责任制,强化监管执法检查,加强绿色食品资源安全风险预警,严密防范区域性、系统性绿色食品资源安全风险。按照国务院的要求和《黑龙江省绿色食品资源安全条例》规定,合理划分绿色食品资源药品监管部门和农业部门的监管边界,切实做好食用农产品产地准出管理与批发市场准入管理的衔接。同时,工商部门也将依靠科技手段在绿色食品资源流通环节加强安全监管,并逐步实现绿色食品资源生产企业与绿色食品资源批发企业主体信息及绿色食品资源合格信息共享、绿色食品资源批发企业绿色食品资源入市备案信息与绿色食品资源零售户共享、全省工商系统绿色食品资源安全监管信息共享,搭建起政府监管、企业自律、群众监督的信息化电子平台,切实实现"从田间到餐桌"全过程质量监管,确保全省人民吃得更安全、更放心。

五、加强省政府对绿色食品资源标准进行监管的对策措施

(1)进一步优化完善对绿色食品资源质量标准监管机构体系,形成一个自省到地市县的监管机构系统;同时,强化其监管职能,明确其职责任务;优化完善其监管机制,包括约束、惩治、奖励机制;严格执法,消除懈怠、松管、包容状态,杜绝放纵、暗扶、合作等营私舞弊、违法乱纪的现象,确实提高监管质量与水平。

(2)在坚持国家绿色食品资源质量标准的基础上,要根据本省的实际情况,制定一个更详细的实施细则与切实有效的管理办法,并突出重点,切实解决所面临的要害问题,如当前的假冒伪劣、掺杂使假等危害人们生命安全的风潮。要通过严管的具体管理办法与执法行

动,把绿色食品资源质量的法定标准贯彻落实于绿色食品资源生产经营过程之中,并进而建立从土地到饭桌的绿色食品资源运行规程。要树立绿色食品资源质量的"统管"理念,而不仅限于绿色食品资源质量在产出后的检测、准出的"末尾"认证管理模式。

(3)通过多种媒体传播及采取多种教育方式,大大提升全体人民对维护与提升绿色食品资源标准重要性的认识。把维护与不断提升绿色食品资源绿化质量以保证绿色食品资源安全,从而保证人们的生命安全,变成全体人民的共同责任与行动。特别要加强对绿色食品资源生产、经营企业主管人员的宣传教育力度,必要时要进行绿色食品资源绿化标准与监管法规知识的专项培训活动与资质认证,使其强化绿色食品资源安全意识与绿色食品资源绿化质量的自我管理或自律。更值得重视的是,要对生产经营出口绿色食品资源的企业进行重点宣传教育,使其充分认识保持绿色食品资源标准并切实与国际绿色食品资源标准接轨,对开拓黑龙江省绿色食品资源市场与其他产品市场的重要性。它涉及黑龙江省开发国际市场的大局,关系到黑龙江省以经贸大国崛起世界战略目标的实现问题。同时,要提升绿色食品资源消费者的自我保护意识,大大提升对绿色食品资源绿化程度的辨别能力,从而采取相应的抵制行动,以需限供、限销不达标而危害人们生命安全的绿色食品资源进入市场与消费领域,从而使全民把绿色食品资源绿化提升到绿色文明的高度去认识与扩展。

(4)进一步优化与完善绿色食品资源环境监测和产品质量监测、检查的机构体系,监测、检查的科学方法体系以及法制化的质量标准执行与管理体系,确保黑龙江省绿色食品资源的监测、检查体系及工作质量达到国内先进水平甚至国际先进水平。为此,必须认识到绿色食品资源产品质量是一个全面的质量概念,既包括绿色食品资源产品实体的理化质量,也包括绿色食品资源产品的包装质量与其储藏保管设施等质量,但其产品实体质量是质量检测的核心与重点。质量检测的标准是绿色食品资源的达标规定,主要是产品污染程度的检测。由专业的绿色产品质量检测机构,根据政府所制定的绿色食品资源产品标准与有关部门所颁布的法规而进行的检测,包括检查与测定两个部分。作为检查,既包括对企业申报的绿色食品资源产品的检查审定,也包括对企业创新的绿色食品资源产品的检查审定等;作为测定,既包括利用先进的仪器设备所进行的理化性能的测定,也包括利用感官进行的直观测定。同时,还要采取多形式监督、多内容的监督,并形成一种较为完善的全面监督管理。为了进一步优化完善绿色食品资源产品检测与监督体系,必须构建与完善以下体系:①设立包括对绿色食品资源产品生产经营企业所处地理位置环境、所用土地及水资源、所用种子及原材料与辅助材料、所用生产工艺技术等要素进行全面合格审查认定,然后准予进行企业登记并正式进行开业的检测和审查认定体系;②设立生产经营企业申请绿色食品资源产品"名录排名"及进行绿色食品资源产品广告的检测、审查、批准监管体系;③在各级政府所属商品质量检验机构体系及进出口商品检验机构体系内,设立相对独立的、专职于绿色食品资源产品"绿色质量"的检测机构体系;④强化绿色食品资源产业的行业组织体系,审查其制定的《产品质量自我监督条例与办法》;⑤创建相关管理机构所组成的"绿色食品资源质量监督委员会"体系,用以做出对绿色食品资源生产经营企业及其产品的停止、限制、改进、奖罚的有关监管决定。在当前,为了充分发挥其质量检测与监督体系的职能作用,需重点抓好以下几个方面的工作:①由相应机构定期与不定期地开展"绿色食品资源万里行"活动与"质量月"活动,以杜绝假冒伪劣绿色食品资源产品的生产经营,推动绿色食品资源产品经营企业提高绿色食品资源产品的绿色标准与内在质量,并发动广大群众对绿色食品资源产品质量进行有效的监督。②优化现代化绿色食品资源产品质量检测设备,完善质量检测的现代化手段体系及质量检测队伍的组成结构,快速提高质量检测的工作质量。③在大中城市重点建立与完善绿色水果、蔬菜类绿色食品资源的快速检测监督体系,实施先检测后上市的管理措施,以确保达到"绿标",尽快消除广泛影响人身安全的有害因素的扩展。④强化与扩展对绿色食品资源产品市场经营活动的监管措施,消除在市场销售过程中对绿色食品资源商品的各种污染;审查对绿色食品资源"绿色标志"使用的合法性;完善消费者对绿色食品资源商品市场违规行为进行投诉的受理与处理机构,强化其市场的群众性监督;实施绿色食品资源产品经营企业的信用系统工程,对其进行信用企业评定与发证工作,以形成企业的内外约束机制,等等。

总之,为了快速发展黑龙江省绿色经济与提升绿色文明程度,确保人身安全,必须深入准确地分析当前影响绿色食品资源绿化质量提升的主要因素,尤其是监管体系中所存在的主要问题,并采取有效的系统对策措施,迅速提高绿色食品资源产品的质量,使其"达标",成为绿色食品资源产品大省,从而快速扩展其省内外、国内外市场,促进黑龙江省快速崛起于世界。

第三章　黑龙江省绿色食品资源开发保护及其安全监管优化发展的影响因素与发展趋势

前面已经对黑龙江省绿色优势食品资源开发、保护及安全监管的意义和现状进行了分析,本章重点研究黑龙江省绿色优势食品资源开发、保护及安全监管中存在的主要问题。经过对相关资料的查询,大多将绿色食品资源看作绿色食品资源产业发展一个重要影响因素,而将绿色食品资源单独作为研究对象的资料很少,仅有的资料也是以定性描述的方式提出绿色食品资源发展过程中的主要问题,定量研究成果不足,结论说服力不强,因此本章提出的研究思路以绿色食品资源发展定量分析、技术路线为主,先对前人研究成果进行转化,分别提出开发、保护、安全监管三个环节的内在逻辑关系,其次,构建开发、保护、安全监管三个环节的影响因素指标体系,再次,加入定量数理统计方法构成实证评价模型,对黑龙江省绿色优势食品资源开发、保护及安全监管进行评价,在此基础上找到存在的问题,增加研究成果的准确性。研究方法为数理统计分析方法,结合 Spss 软件。

第一节　黑龙江省绿色食品资源开发优势发展的影响因素与发展趋势

一、黑龙江省绿色食品资源开发优化发展的影响因素

(一)黑龙江省绿色优势食品资源开发优化发展的影响因素提取

1.资源开发方式、手段的影响

近几年,黑龙江省绿色食品资源数量增长中,绝大多数为 A 级产品与国际有机绿色食品资源接轨,代表绿色食品资源最高水平的 AA 级产品数量太低,制约了向海外市场的拓展。因加工手段原始,"原"字号产品多,红豆、绿豆、白瓜子等几乎都是原料出售,附加值低,初级产品的数量占到了绿色食品资源的 30% 以上,远高于国外绿色食品资源生产结构中初级产品所占比重。以玉米为例,美国深加工玉米量占玉米加工量的 20% 左右,品种超过 2 000 种;而黑龙江省玉米深加工量不足总量的 9%,品种只有近 100 种。从绿色食品资源工业总值与农业总值的比例来看,黑龙江省绿色食品资源工业总值与农业总值之比只有 0.5:1,而发达国家是 3:1,这说明黑龙江省绿色食品资源工业的加工程度较低,多半仍是以初级农产品的形态销售。

在技术水平和工业化程度的对比中,发达国家绿色食品资源工业的增加值一般可达农产品原料价格的 3 倍,而黑龙江省只有 1.6 倍。黑龙江省企业技术开发投入占全社会投入的比重低于 30%,有限的科技投入主要靠国家,企业销售收入中用于技术开发的比重还不

到1%。低于2%的研发费用比例,在国外企业界看来,企业只是"维持"。现今黑龙江省农业产业化龙头企业普遍缺乏产品的研发能力,使得产品更新慢,严重影响了与国外产品的竞争。

专业技术力量薄弱,产品研发资金短缺,产品附加值极低,开发绿色食品资源需以现代科学技术作保障,客观上要求以现代科学技术创新及其成果推广应用来提升产品内在品质。在绿色食品资源生产领域,低化学投入是一个关键的要求,生物农药、生物肥、有机肥、优质复混肥、天然绿色食品资源添加剂、天然饲料添加剂、环保型包装材料、绿色消毒液等生产资料的开发,以及各种防腐技术、包装技术等关键技术的开发,都直接影响着绿色食品资源的质量。

综上可知,黑龙江省还没有进行系统的研究。就全省研发队伍看,缺乏开发绿色食品资源所需的高精尖技术人才,缺乏有效的技术创新体制和技术推广模式,从而导致绿色食品资源企业技术力量弱,储存、运输、加工、分级、包装等环节的处理能力差,不能满足开发高质量绿色食品资源的需要。

2. 资源开发主体结构的影响

2013年,在黑龙江省绿色食品资源产品结构中,粮油类产品占28%,蔬菜类占17%,饮料类占15%,而消费者最关心的和市场需求较大的畜禽类产品、水产品所占比例极小。由于绿色产品规模小、结构不尽合理,无法形成独特的绿色食品资源市场。按商业标准,商店经营的绿色食品资源品种一般应有15~20个$/m^2$,规模为100 m^2的商店,其经营的品种至少要达到1 500~2 000个。

而黑龙江省绿色食品资源产品数2008年仅有1 018个,目前也仅有1 831个,包括蔬菜、水果、粮食、水产、畜禽蛋奶等14类,其中农林产品及其加工产品所占比重超过半数以上,而畜禽类和水产类所占重比较小,不能满足巨大的消费市场的需求,还有一些日常消费量大的食物没有认证产品,这种产品结构不合理,部分是由于陈旧的生产观念造成的,人们存在生产的盲目性、跟风种植,导致部分地区只发展一种产业,虽然气候、土壤等自然因素存在差异。除了水果、蔬菜等鲜活农产品及一些由于地区消费习惯、口味原因只适合本地区销售的产品外,真正能跨地区经营的产品还不到1 000个。如此少的产品无法进行绿色食品资源专营,也无法形成独特的绿色食品资源市场。

另外,绿色食品资源养殖基地没有形成规模优势也是原因之一,畜牧业产值占黑龙江省绿色食品资源总产值较低。针对这种情况,应该以畜牧水产、粮食和蔬菜等作为重点来发展,根据地区特点和现有分布状况,科学地规划区域,使生产布局合理化、专业化、规模化。

2009年,绿色食品资源粮油产量仅占全省普通粮油产量的2.44%,饮料类产品仅占普通饮料类产量3.01%,粮油作物的种植面积仅占普通粮油作物面积的0.61%,蔬菜种植面积仅占普通蔬菜种植面积的1.59%。

黑龙江省绿色食品资源经过10年的发展,产品数由2000年的127个增加到2009年的1 353个,实物产量由2000年35万t增加到2009年1 105.8万t,环境监测面积由2000年15万m^2增加到2009年的337.6万m^2。但是,与普通绿色食品资源相比,绿色食品资源生产规模太小,绿色食品资源实物年产量还不到全省普通绿色食品资源年产量的1%,即使发展较多的粮油、饮料、蔬菜产品,所占比例也很小。

3. 绿色优势食品资源开发市场体系的影响

（1）营销观念影响。

黑龙江省绿色食品资源企业的营销观念在曾一度停留突出产量、成本和利润等短期目标上，而对于品牌效应、产品的顾客满意度、忠诚度和巩固率等长期目标来说重视不够。近年来，绿色食品资源市场环境发生了巨大变化，国际上，西方国家在保护本国农业利益中多半采取绿色贸易壁垒手段；在国内，江苏、山东、湖北、辽宁等省的绿色食品资源企业发展势头强劲，黑龙江省绿色食品资源企业的先发优势正在逐渐减弱，环境变化是理念变化的客观要求，面对日益激烈的竞争市场，没有现代市场营销理念，就难以取得市场竞争优势。黑龙江省的绿色食品资源开发，在一定程度上虽有生产优势，但在营销体系建设方面不够完善。首先是对绿色优势食品资源开发的宣传力度不够，没有给出或附加名品的"绿牌"效应，消费者的购买认知度或购买"绿牌"欲望没有被充分唤起，其次是市场潜力虽然大，但并没有真正形成购买行为。应该充分利用电视等媒体普及绿色食品资源的知识，通过广告进行宣传，让绿色食品资源成为人们的饮食新目标。

（2）分销渠道影响。

绿色食品资源是安全、无污染的绿色食品资源，原料生产对空气、土壤及水源等都有严格的要求。首先，黑龙江省的原料产地主要分布在偏远农村及山区，加工地多在附近，而绿色食品资源消费者主要是经济发达地区的高收入人群，这使得绿色食品资源的产地与绿色食品资源消费地距离相对很远，造成黑龙江省绿色食品资源分销渠道不畅。其次，绿色优势食品资源开发产销脱节，绿色食品资源由于对生长条件要求较高，所以大部分被种植在边远地区，而消费主要集中在大中城市，生产地与消费地的远距离造成了信息流、资金流、物流的不畅，加之生产企业与营销企业没有形成链条式的合作关系，以致产、供、销的通道受阻。应该建立一级中心批发市场和区域批发市场，并且加快网络建设以保障信息流畅通，加强产销协作促进销售。

（3）资源开发品牌影响。

在统计中的黑龙江省490家绿色食品资源企业中，知名品牌比较少，由于知名品牌少，黑龙江省的绿色食品资源企业缺乏整体优势，许多绿色食品资源没有注册品牌或者缺乏品牌优势。虽然产品的品质优良，但因产品的知名度有限，市场占有率低，造成绿色产品附加值不高，没有形成市场竞争优势和价格优势。同时，产地就是品牌的形式似乎约定俗成，事实上，同一产地的产品质量往往差别很大，倘若优质产品与一般产品混杂，使消费者无所适从，极不利于保护优质产品经营者和生产者的利益。此外，品牌杂乱未形成品牌整合平台。

目前，黑龙江的奶制品、木耳、猴头等山特产产品、粮食产品、都柿产品的品牌既多又杂，同类产品多个品牌，而产品的质量看不出有多大的差别，由于单个品牌缺少必要实力，没有在市场上讨价、要价的资本。尽管产量扩大，但企业收入增长缓慢。

（4）优势资源竞争影响。

首先，核心产品不强，大多数归属绿色食品资源类别的达不到国际有机绿色食品资源的质量标准，AA级绿色食品资源接近国际公认的有机绿色食品资源，而AA级绿色食品资源的累加数量只占到绿色食品资源总数的20%；其次，产品包装普通化，没有凸现出黑龙江省绿色食品资源的特色优势；第三，对"绿牌"产品服务提供较少，包括绿色环保；理念的宣传、绿色食品资源应用与效益的介绍、绿色食品资源质检环节，以及为鼓励消费绿色食品资源而提供的附加利益等；第四，国际市场开发力度不够，竞争力不强，导致外贸出口量小，额度少，

❖ 这些是制约绿色食品资源市场发展的栓塞,应该有效革除,进而提升绿色食品资源质量,生产标准与国际接轨,提高产品的竞争力。

4.绿色优势食品资源开发认证体系影响

绿色食品资源商标是经国家工商行政管理总局注册的质量证明商标,其商标专用权受商标法保护。绿色食品资源商标标志包括绿色食品资源中文、绿色食品资源英文(Green Food)、绿色食品资源标志图形及三者的组合体,任何企业和个人使用绿色商标标志,必须经注册人许可。但是黑龙江省绿色优势食品资源开发的部分企业法律意识淡薄,绿色食品资源的侵权行为和假冒绿色食品资源事件时有发生。黑龙江省部分绿色食品资源生产经营企业擅自扩大绿色食品资源使用范围,或超期使用绿色食品资源标志,更有一些不法之徒假冒绿色食品资源商标,欺骗消费者,严重损害了绿色食品资源市场的整体形象。绿色食品资源的高价格吸引了一些厂商生产、销售假冒伪劣绿色食品资源,扰乱了市场秩序。曾有不法分子利用消费者认为绿色食品资源就是绿颜色的绿色食品资源这一对绿色食品资源认识的误区,将大米涂成绿色,以"绿色大米"的名义对外销售;有的产品冒用绿色食品资源标志,随意贴注绿色食品资源标签;有的绿色食品资源本是绿色食品资源,但超过三年有效期后没有续报或企业年检不合格被取消了绿色食品资源标志,还继续使用绿色食品资源的标志;有的企业的一个产品获得了绿色食品资源认证,其他没有经过认证的产品也使用绿色食品资源标志,任意扩大使用范围;有的企业虽然获得了绿标,但不能完全按照绿色食品资源的生产技术规程操作,甚至违规使用高毒高残留的农药。这些都严重损害了绿色食品资源的品牌形象,造成绿色食品资源的信任危机。据对某果品批发市场的调查显示,在市场批发的果品中,有近20%的产品包装上印有"绿色食品资源"字样,其中近80%的"绿色食品资源"系假冒产品。面对绿色食品资源的假冒伪劣现象,消费者由于缺乏绿色食品资源内在质量信息,仅依据绿色食品资源的外观是很难辨别质量高低的,在与销售者的博弈中处于不利的地位。现在各地市场虽然加强了对绿色食品资源的检测和监督,但对于劣质农产品打击不够,使它们仍然能够在市场上销售。一方面,由于大多数农产品是由生产者直接销售,每个销售者销售的产品数量少,进行质量检测工作量大,不可能全面检测,许多农产品销售具有流动性,能避开检测人员的监测,使劣质农产品得以进入市场。另一方面,在批发市场上,由于批发市场交易量大、交易时间集中,也不可能对所有的产品进行检测。同时,在市场之间激烈竞争的情况下,如果检测严格,可能使产品流向其他市场,影响到自己的经济效益。市场检测人员出于自身利益的考虑,常常放松对产品质量的要求。市场秩序的不规范还体现在企业的无序竞争上,由于营销能力和技术水平的不足,争夺市场只靠竞相压价,有的甚至低于成本销售,人为地压缩了绿色食品资源的利润空间,给绿色食品资源的健康持续发展带来了不利影响。无序竞争还导致企业互争资源原料,使一些绿色食品资源企业开工不足,无法保证正常的生产。

(二)黑龙江省绿色优势食品资源开发影响因素

基于以上观点,绿色食品资源开发过程一般涉及以下三个环节:第一个环节是资源投入环节,即资源供应环节,资源的投入是资源开发的基础,包含各种资源(人、财、物)的投入,对现存未开发绿色资源研究;第二个环节是资源的转化环节,即资源价格环节,资源的转化是资源开发的核心,主要是通过大中小型绿色食品资源或农产品生产、加工企业来实现;第三个环节是资源的产出环节,即产品销售环节,资源的产出是资源开发的目标,主要是通过各种类型的绿色食品资源流通来实现,根据 C^2R 模型(投入产出模型),将以上三个环节合并成一个完整的系统,如图3.1所示,同时包括政府对绿色食品资源开发的相关政策的支持。

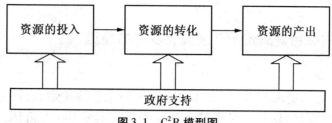

图3.1 C^2R 模型图

(三)黑龙江省绿色优势食品资源开发能力影响因素三层级指标体系

为了更加准确地评价绿色食品资源开发能力,找出绿色食品资源开发过程中存在的问题,将绿色食品资源开发影响因素系统细分为三层级的指标体系(表3.1)。

表3.1 绿色食品资源开发影响因素系统

第一层	第二层	第三层
资源投入能力 (供应)X_1	绿色食品资源种植资源投入	绿色食品资源种植面积 X_{11}
	绿色食品资源养殖资源投入	绿色食品资源养殖牵动农户数量 X_{12}
	天然绿色食品资源投入	天然绿色食品资源采集产量 X_{13}
	绿色食品资源财务资源投入	绿色食品资源基地投资额 X_{14}
资源转化能力 (加工)X_2	绿色食品资源研发能力	绿色食品资源研发人员数量 X_{21}
	绿色食品资源加工能力	绿色食品资源加工企业数量 X_{22}
		绿色食品资源加工企业产量 X_{23}
	绿色食品资源营销能力	绿色食品资源订单数量 X_{24}
资源产出能力 (销售)X_3	绿色食品资源初级产品产量	绿色食品资源种植业产量 X_{31}
		绿色食品资源养殖业产量 X_{32}
	绿色食品资源深加工产品价值	绿色食品资源加工企业销售收入 X_{33}
	农户收入	农村人口纯收入 X_{34}
	财政收入	绿色食品资源加工企业利税 X_{35}
政府支持 能力 X_4	财政支持	绿色食品资源加工企业国家投资额 X_{41}
	税收优惠	绿色食品资源企业减免税费总额 X_{42}
	基础设施	水利设施投资额 X_{43}
	政策支持	高科技人才引进数量 X_{44}

第一层指标解释:根据绿色食品资源开发影响因素系统框架设计而成。

第二层指标解释:资源投入划分为人工培育资源投入和天然资源投入;资源转化按照转化过程分为研发、生产和营销;资源产出分为产品产量和产品产生的价值;政府支持主要是财税支持和基础设施建设。

第三层指标解释:根据《黑龙江省统计年鉴》第十一章农业统计中的绿色食品资源统计指标设计,用可以定量的数据统计指标来说明第二层指标,但具有定量分析数据指标不足的局限性。

二、黑龙江省绿色食品资源开发优化发展的趋势

1. 资源开发趋势

(1)通过绿色食品资源开发,黑龙江省农业经济总量持续增长,产业结构得到优化。2010 年,全省绿色(有机)绿色食品资源认证面积发展到 6 100 万亩,实物生产总量达到 2 750 万 t,分别比 2005 年增长 74.8% 和 83.3%;绿色(有机)、无公害农产品认证数量达到 10 550 个,比 2005 年增长 6.8 倍,绿色食品资源认证数量、种植面积和产业经济总量继续位列全国之首。以绿色食品资源为主的农产品加工业主营收入 1 200 亿元,牵动基地面积 8 600万亩,带动农户 270 万户,分别比 2005 年增长 118.2%,53.6% 和 58.8%。

(2)通过绿色食品资源开发,黑龙江省农民收入保持稳定增长,农村生活水平迈上新台阶。2010 年,全省农民人均纯收入达到 6 210.72 元,首次突破 6 000 元大关,比全国平均水平高 291.7 元,年平均增长 14%;转移农村劳动力 520 万人次,实现劳务收入 356 亿元,分别比 2005 年增长 29.6% 和 176%;农村人均住房面积为 20.8 m^3,农村恩格尔系数为 33.8%,比 2005 年下降 7.1 个百分点。

(3)通过绿色食品资源开发,黑龙江省农业科技支撑作用明显,社会化服务体系逐步健全。2010 年,全省拥有农业科研院所及大学 41 所,科技和推广人员 4.7 万名。深入实施良种化工程,选育推广粮食作物新品种 396 个,良种覆盖率稳定在 98% 以上。粮食作物标准化率达到 90%,比 2005 年增加 20 个百分点。农业生产科技贡献率达 59.5%,比"十五"末期增长了 5 个百分点。农产品质量安全、基层农技推广、农机服务、防灾减灾、市场流通体系逐步健全,服务水平明显提高。

2. 资源开发趋势评价

关于发展趋势的分析模型统计学中一般采用同比和环比发展指标进行分析,依据《黑龙江省统计年鉴》2007~2011 年发布的关于绿色食品资源的统计数据,根据以上的能力影响因素体系,采用时间序列的水平指标分析法对黑龙江省绿色食品资源开发能力进行评价。模型为:

发展能力水平 $a_0, a_1, a_2, \cdots, a_{n-1}, a_n$。其中,$a_0$ 为基期水平;a_n 为报告期水平。

$$发展速度 = \frac{报告期水平}{基期水平}$$

环比发展速度:$\frac{a_1}{a_0}, \frac{a_2}{a_1}, \frac{a_n}{a_{n-1}}$;定基发展速度:$\frac{a_1}{a_0}, \frac{a_2}{a_0}, \frac{a_n}{a_0}$。

$$增长速度 = \frac{报告期水平 - 基期水平}{基期水平}$$

环比增长速度:$\frac{a_1}{a_0} - 1, \frac{a_2}{a_1} - 1, \frac{a_n}{a_{n-1}} - 1$;定基增长速度:$\frac{a_1}{a_0} - 1, \frac{a_2}{a_0} - 1, \frac{a_n}{a_0} - 1$。

以下数据统计分析均以 2007 年为基期,2008~2011 年为报告期,

①资源投入分析,2007~2011 年资源投入情况见表 3.2。

表 3.2 2007～2011 年资源投入情况

因素 \ 年份/年	2007	2008	2009	2010	2011
绿色食品资源种植面积 X_{11}/万亩	273.6	321.3	357.7	378.7	398.7
绿色食品资源养殖牵动农户数量 X_{12}	131 468	148 618	131 383	144 556	145 149/万亩
天然绿色食品资源采集产量 X_{13}/万吨	2.6	2.5	3.1	3.9	4.4
绿色食品资源基地投资额 X_{14}/亿元	12.1	15.3	17.6	19.8	21.0

由数据统计计算看出,资源投入水平一直在提高,因素 X_{11}～X_{14} 报告期环比发展速度均大于1,定基发展速度在2011年达到1.45～1.75,说明发展速度较快,与国家绿色食品资源产业发展水平一致,环比增长速度平均保持在8%以上,定基增长速度超过40%,说明资源投入增长速度较快。

②资源转化分析,2007～2011 年资源转化情况见表 3.3。

表 3.3 2007～2011 年资源转化情况

因素 \ 年份/年	2007	2008	2009	2010	2011
绿色食品资源研发人员数量(X_{21})/万人	1.7	2.1	2.2	2.1	2.7
绿色食品资源加工企业数量(X_{22})/个	489	492	500	521	530
绿色食品资源加工企业产量(X_{23})/万 t	853.7	730.0	768.0	800.0	910.0
绿色食品资源订单数量(X_{24})/万 t	278.1	291.0	306.9	310.4	380.7

由数据统计计算看出,在资源转化发展水平方面,呈现增长趋势,因素 X_{21}～X_{24} 报告期环比发展速度均大于1,定基发展速度在2011年达到1.36～1.58,说明发展速度较快,与国家发展水平一致,环比增长速度保持在8%以上,定基增长速度超过20%,说明在资源转化方面增长速度较快,加工企业数量和产量均增长较快。

③资源产出分析,2007～2011 年资源产出情况见表 2.4。

表 3.4 2007～2011 年资源产出情况

因素 \ 年份	2007	2008	2009	2010	2011
绿色食品资源种植业产量 A 类(X_{31})/万 t	1 833.0	1 607.6	1 774.5	1 952.2	2 059.0
绿色食品资源加工企业销售收入 X_{32}/万元	235.9	232.6	241.4	300.4	435.0
农村人口纯收入 X_{33}/万元	4 132.3	4 855.6	5 206.8	6 210.7	7 590.7
绿色食品资源加工企业利税 X_{34}/万元	22.6	31.4	32.6	35.3	42.9

根据以上数据看出,在资源转化发展水平方面,呈现增长趋势,因素 X_{31}～X_{34} 报告期环比发展速度均大于1,定基发展速度在2011年达到1.83～1.89,说明发展速度较快,与国

家发展水平一致,环比增长速度保持在10%以上,定基增长速度超过50%,说明资源产出增长速度较快。企业、个人、当地政府收入均增长速度较快。

④政府政策支持分析,2007~2011年政府政策支持情况见表3.5。

表3.5 2007~2011年政府政策支持情况

因素 \ 年份/年	2007	2008	2009	2010	2011
绿色食品资源加工企业国家投资额 X_{41}/亿元	4.5	5.1	5.1	3.5	1.7
绿色食品资源企业享受减免税费总额 X_{42}/万元	8.4	10.8	9.5	13.1	11.2
水利设施投资额 X_{43}/亿元	2.1	4.6	3.3	6.0	5.8
高科技人才引进数量 X_{44}/位	100	130	150	100	120

根据以上数据看出,在资源转化发展水平方面,呈现增长趋势,因素 X_{41} 报告期环比发展速度小于1,定基发展速度也均小于1,说明国家投资逐年减少,环比增长速度为负,定基增长速度为负,国家对绿色食品资源投资力度逐年降低。因素 X_{42} 报告期环比发展速度发生波动,说明政策起伏较大,X_{43},X_{44} 均呈现正增长,说明产业支持政策增长较快。

3.黑龙江省绿色食品资源开发优化发展趋势调研评价

(1)对绿色优势食品资源开发认识观念滞后。

黑龙江省绿色优势食品资源开发观念滞后体现在两个方面。一是生产者观念滞后。现阶段黑龙江省文化知识普及、科技下乡等工程虽已开展,但农民整体素质依然普遍不高。大部分的农民群众甚至很多农村干部对绿色优势食品资源开发的经济及环保效益知之甚少,市场信息缺乏,市场观念淡薄,面对绿色优势食品资源开发潮显得有些无所适从。甚至有少数农村干部依旧把农业产量当作"加官晋爵"的必要条件,许多生产者环保知识不强,在开发农作物的同时往往破坏原有的生态农业环境,造成不可挽回的损失,或是生产者科技素质低,习惯利用化肥、农药来增产增收,致使环境恶化,资源枯竭,农民本身也处于增产不增收的境地。

绿色优势食品资源开发观念滞后的另一体现是在消费者身上。黑龙江省对绿色优势食品资源开发认识和起步都比较晚,许多消费者对绿色优势食品资源开发普遍了解不够,同时存在较低的绿色消费意识,甚至许多绿色食品资源的购买者不明白绿色食品资源和普通绿色食品资源的主要区别。据统计,市民对"绿色食品资源"这个名词的认知度较高,但对绿色食品资源缺乏进一步的了解。在调查人群中,有78.5%的人听说"绿色食品资源"这个名词,其中有24.1%的人未听说过"绿色食品资源有识别标志",而具备识别标志能力的人只有21.9%。在购买过绿色食品资源的人群中对"无污染、安全"是绿色食品资源的这一主要特征,也只有48.8%的人意识到这一点,而62.4%的人对绿色食品资源缺乏正确的认识。在未购买绿色食品资源的被调查人中,有相当部分的人对绿色食品资源不甚了解,以为纯天然绿色食品资源就是绿色食品资源,还有人认为保健绿色食品资源就是绿色食品资源。

黑龙江省绿色优势食品资源开发虽然有了快速发展,但是距离大规模、集中化、多品种的成熟市场要求还有很大差距。大部分的绿色优势食品资源开发基本上处于规模小,单打独斗状态,没有形成合力,自然没有竞争力。而且"轻市场,重申报"或"轻零售,重批发"或过分依赖政府行为等现象较为明显。目前,社会诚信体系不健全,市场发育不成熟,企业的自律意识和能力不强,导致产品的质量出现诚信危机,市场逐渐出现的假冒绿色食品资源的现象比较多,也在一定程度上影响了绿色食品资源的信誉。虽然黑龙江省的优质农副产品闻名国内外,但却没有几个特别叫得响的品牌。

(2)绿色优势食品资源开发生产经营发展极不平衡。

按黑龙江省 8 大经济区地带划分,2009 年东部 12 市绿色食品资源产品数为 572 个,占全省总数的绿色食品资源总数的 42%;中部 9 个产品数为 533 个,占全省总数的39%;而西部 10 个市产品数为 248 个,占全省总数的 19 %。由于对产地环境的特殊要求,绿色食品资源产地主要分布在辽阔的农村和边远山区。在 2009 年统计的 1 069 家绿色食品资源生产企业中,有 75% 的企业分布在经济落后、交通闭塞的边远地区。国内市场需求不足,要大力发展外向型绿色食品资源产业,目前,黑龙江省绿色食品资源发展受到人均国民收入水平的限制,国内市场相对国际市场的需求不足,省内市场相对全国 50 多个大城市的有效需求不足,现阶段黑龙江省城镇居民人均工资处于全国的后位,按绿色食品资源发展规律考察,国际绿色食品资源发展先产生于欧美高收入国家,然后逐步向低收入国家发展。基于此,若发展内向型绿色食品资源,坚持国际标准生产,不以省外、国外为市场导向,则发展受损;若发展外向型绿色食品资源产业,则市场广阔,市场占有率高。

第二节　黑龙江省绿色食品资源保护优化发展的影响因素及发展趋势

一、黑龙江省绿色食品资源保护优化发展的影响因素

1.黑龙江省绿色食品资源保护优化发展的影响因素分析

由于诸多因素的影响,使得黑龙江省绿色食品资源的开发与绿色食品资源的保护无法实现统一,有时会有相悖现象的发生。虽然一系列的保护措施已经提出并实施,但仍旧存在一些问题,所以黑龙江省绿色食品资源保护不但要保护正在开发的绿色食品资源,还要保护已经开发和未经开发的绿色食品资源,同时,还应加大保护与绿色食品资源相关的其他社会等资源,这是因为整个物质世界是一个庞大的关系网,我们不应该厚此薄彼,而应力争做到:开发中进行保护,保护为了更好地开发。

就资源保护而言,不是说不允许人为地干预才是最理想的保护形式,而是应当给予适当的开发和保护,这对于资源本身来说就是有益的一面。当前,绿色食品资源开发方面存在的主要问题是:有限的资源面临着绿色食品资源市场迅速扩张的巨大压力。而重复建设和盲目粗放式开发更加重了资源供需失衡;经济高速增长与僵化陈旧体制并存,开发机制有待转换,管理水平有待提高。最为显著的现象有以下两种:

①为保护而保护。这是消极的,已是被实践所否认的。为保护而保护,这是文物部门的职责,而不是地方政府的目的,特别不是绿色食品资源产业的目的。

②为开发而开发。这是盲目的,是小农意识。就像农民在水乡养猪、河里养点鱼一样,养大了卖出去,取得个人利益,而对水体造成的污染则全然不顾。为的就是卖出去换点钱,根本不考虑环境效益和可持续发展,实际上是毁了聚宝盆去讨饭。

黑龙江省直到17世纪还是只有少数狩猎游牧部落活动的原始森林和草原,在清政府封禁期只在局部地区有小面积的农垦。在19世纪中叶以后,清政府实行了"移民实边、放荒垦地"的政策,开始进行农业开发,并一直延续到清王朝覆灭后的民国初年。由于破坏时间短,土壤、水质、大气所受污染较少,纯洁度较高,全省广大地区多数仍然山清水秀,土净田洁,自然净化能力强,非常适宜绿色食品资源原料的生长。丰富的自然资源,肥沃的黑土地,优良的生态环境,为黑龙江省发展绿色食品资源产业提供了得天独厚的自然条件。

黑龙江省是世界上仅有的三大黑土带之一,有机质含量为3%～8%,土质肥沃,化肥用量仅为全国平均值的一半。全省绿色食品资源丰富,有各种农作物、蔬菜、瓜果、山特产品等2 200余种,家禽、鸟兽类400余种,鱼类100余种。

黑龙江省是一个自然资源十分丰富的省份,具有发展绿色食品资源的先天优越条件。全省耕地面积达11.78万km²,约占全国耕地面积的9%,居全国第一位。境内河流纵横,以松花江、嫩江、黑龙江为主干,流域面积在50 km²以上的大小江河1 918条,500 km²以上的河流26条,1 000 km²以上的河流18条。全省森林面积已达1 905万hm²,居全国第一位。森林蓄积达15.6亿m³,森林覆盖率达41.9%。

2.资源保护重点

基于以上内容分析,资源保护应从两个维度出发:一是存在已开发或未开发绿色食品资源;二是应为提供绿色食品资源生长和可持续发展的自然资源。

(1)对黑龙江省绿色野生绿色食品资源未开发或已开发现存资源保护。

据了解,黑龙江省仅仅针对"黑龙江省天然林资源保护工程"内的附属绿色天然绿色食品资源,《黑龙江省野生药材资源保护管理条例》中的附属绿色天然绿色食品资源,《黑龙江省芦苇资源保护管理暂行条例》中的附属绿色天然绿色食品资源,提出了保护的意见,而对其他绿色野生绿色食品资源未开发或已开发现存资源均未提到保护。

(2)对黑龙江省绿色食品资源生产起到支撑作用的自然资源保护。

黑龙江土资源现状堪忧,近几十年来,由于水土流失、建设压占、环境污染、土壤板结等生态环境问题的出现,黑土层厚度由过去的60～80 cm减少到20～30 cm。一些地区为发展地方经济,招商引资发展工业,引来许多印刷厂、木材加工厂等高污染和淘汰产业,这些企业占用了大片地方政府免费提供的优质土地资源,严重威胁了土地安全,让人感到非常痛心。据测算,黑龙江省黑土资源正以每年10万亩左右的速度递减,存在的问题非常严重。长期以来,黑土资源保护和耕地质量建设投入严重不足,由于历史欠账多,耕地质量在不断下降。黑龙江省近五成的粮食产量是由只占耕地面积31.0%的高产田生产的,玉米、水稻等品种高低产田单产差异甚至可达500斤。随着国家"千亿斤粮食产能工程""千万吨奶战略工程""五千万生猪规模化养殖战略工程"的实施,畜禽粪便、作物秸秆、残留农膜等农业废弃物大量增加。目前,黑龙江省农业生产所形成的面源污染,已经向立体空间发展,污染了土壤、农产品、地表水、地下水和大气环境,严重制约了龙江农业的可持续发展。

2010～2012年,黑龙江省农委先后在肇源、宁安、双城、海伦、富锦、龙江等28个地区实施国家土壤有机质提升补贴项目,增加有机物料还田量,取得良好效果。2012年全省农村土壤有机质平均含量达到3.45%,高于全国2.51%的水平,年均下降0.04个百分点,与2007年相比下降速率减少55.6%,部分地块出现恢复性增长。垦区将秸秆还田作为培肥地力、改善土壤结构、增强土壤有机质的重要手段,每年秸秆还田比例占耕地总面积的70%左右,基本实现2~3年全面积秸秆还田一遍,秸秆综合利用率已达到91%。通过长期连续秸秆还田,增加了土壤水分,秸秆还田相当于施用化肥投放养分量的50%,近10年来耕地土壤肥力连续回升,目前土壤有机质含量在4%~7%。

3.黑龙江省绿色食品资源保护优化发展的影响因素提取

黑龙江省重点保护提供绿色食品资源生长的自然环境资源的影响因素从政治、经济、社会、技术四个角度进行提取。

(1)政治因素细分。

要将绿色食品资源的开发和保护与政府的监管职能结合起来。考核的具体部门一定要由上级人民政府即黑龙江省人民政府相关部门(如黑龙江省绿色食品资源办公室)组织定期考核,如果存在绿色食品资源的破坏和过度开发,则对相应责任人予以行政处理。要严肃相关绿色食品资源的开发管理和保护的相关法规。《黑龙江省绿色食品资源标志管理办法》中规定,因为"生产环境不符合绿色食品资源环境质量标准"可以导致"标志使用人依照前款规定被取消标志使用权的,三年内黑龙江省绿色食品资源发展中心不再受理其申请;情节严重的,永久不再受理其申请"。但是结合政府的监管职能,造成此类后果的相关行政人员承担的行政责任或者处分也应该在法规制度中予以体现。另外,这条法规也反映了对于绿色食品资源开发保护的行政力量还很薄弱。"三年内黑龙江省绿色食品资源发展中心不再受理其申请"并不能很好地威慑其标志寻租行为。而比较严厉的"情节严重的,永久不再受理其申请"又没有对情节严重做出具体的规定。因而从保护绿色食品资源出发,严格的法规(如规定"只要是取消了绿色食品资源标志使用权,则永久不受理申请")才能相对较好地保护绿色食品资源,政府应大力推进环境保护工作。绿色食品资源对于环境的要求很高。如果有了较少的污染和良好的自然环境,则适宜生产绿色食品资源的资源就会增多;反之,如果工业污染非常严重,造成环境破坏很严重,则适宜生产绿色食品资源的资源就会减少。所以,从这个角度说,保护环境就是保护绿色食品资源。

(2)经济因素。

对绿色食品资源产品种类的开发也是保护绿色食品资源的重要手段。在黑龙江省的绿色食品资源商务网上,粮、油、山、特、菜等非深加工产品占据了大多数。而拓展绿色食品资源产品线,也是对绿色食品资源的一种保护。例如,作为绿色食品资源的黄豆,可以制作豆酱、豆馅、豆浆、豆腐等一系列产品。如果在相关的专卖店实现现场加工,所取得的经济效益将不是单纯地卖出黄豆所能比拟的。而将其加工成衍生产品,则可以满足更多人的需求,这也在一定程度上保护了绿色食品资源。

(3)社会因素。

首先是对消费者进行宣传教育。这样能够迅速增加绿色食品资源在消费者心中的认可度,从而增加销量,还可以对消费者进行知识普及,使消费者具有很强的绿色食品资源鉴别能力。这样就在某种程度上保护绿色食品资源不受破坏。其次是对绿色食品资源的生产厂商或者种植农户进行普法教育。通过普法,向其宣传国家关于绿色食品资源保护的决心和意志,然后定期、定点对厂商和农户进行有关绿色食品资源生产以及绿色食品资源保护方面的知识普及,并且定期进行绿色食品资源生产从业资格认证和考核。

(4)科技因素。

首先,科学技术能够有效地保护绿色食品资源。黑龙江省农业主管部门下发的《绿色食品资源产地环境质量标准》对相关绿色食品资源生产的资源包括土壤、空气、灌溉水以及肥力进行了严格的规定。而规定的具体标准以及测量手段,并非一个农户就可以掌握的。所以,在对绿色食品资源进行保护的同时,还应该建立一个有效的实时监控环境的系统。这个系统是由一系列传感器、网络服务器、网络辅件以及相应的信息系统构成的一个物联网的感知系统。这个感知系统可以随时感知空气、土壤以及水中的化学变化或者温度变化,对绿色食品资源的维护起到了积极的作用。其次是采用更好的低空飞机以及高空卫星测绘遥感技术,对相应的绿色食品资源进行精确的量和质的评测。这个评测结果将作为对该地区绿色食品资源保护工作的评估以及考核的直接依据。这样就可以对绿色食品资源保护形成有力的支撑。

二、构建黑龙江省绿色优势食品资源保护影响因素指标体系

基于以上影响因素指标体系理论的内涵,结合定量研究目的,构建如表 3.6 所示的影响因素指标体系,并且对个别二级指标进行替换和修正。

表 3.6　影响因素指标体系

一级因素	二级因素指标	二级因素指标定量替换	二级指标定量指标替换、修正及解释
政治因素	物力投入	绿色食品资源保护部门	绿色食品资源保护部门数量
			绿色食品资源保护职能交叉部门数量
		绿色食品资源保护相关法规	绿色食品资源保护(已立法)相关法规数量
			绿色食品资源保护(待立法)相关法规数量
	人力投入	绿色食品资源保护工作从业人数	绿色食品资源保护工作从业人数
	财力投入	政府资源保护投入	财政预算中资源保护投入比例和固定资产数额
经济因素	拓展绿色食品资源产品线	天然绿色食品资源加工企业数量	
		人工培育(研发)绿色食品资源加工企业数量	
		绿色食品资源加工辅助性企业数量	包括包装、仓储及运输
		绿色食品资源销售额	包括流通中的销售收入
	反哺绿色食品资源保护的实际投入	保护经费占纳税额的比例	
		企业实际投入资源保护的费用	
		农户实际投入资源保护的费用	

续表 3.6

一级因素	二级因素指标	二级因素指标定量替换	二级指标定量指标替换、修正及解释
社会因素	绿色食品资源保护的思维与意识	对种植农户进行普法教育	
		对绿色食品资源的生产厂商教育	
		对消费者进行宣传教育普及保护方面的知识	
	绿色食品资源保护的行为	绿色食品资源从业资格	
科技因素	物联网的感知系统	建设及使用数量	由一系列传感器、网络服务器、网络辅件以及相应的信息系统构成的一个物联网的感知系统
	测绘遥感技术对绿色食品资源进行精确的量和质的评测	建设及使用数量,普及的地域范围	

三、黑龙江省绿色食品资源保护优化发展的趋势

1. 资源保护主体

黑龙江省政府农业主管部门,在政府严格规划的前提下以企业为主体进行开发。有些项目规划好以后,可以将项目 30 年的经营权公开拍卖,国有资产就可以实现最大化,而且是一次性收入,而后由业主们自行招商,精心策划开发。这就是政府对项目的所有权垄断,经营权放开。

2. 畜禽遗传资源保护

黑龙江省野生畜禽遗传资源保护,畜禽遗传资源的保存是根据保种规划,对现有的资源进行调查,同时要挖掘新的遗传资源,做出种质鉴定并评价其利用前景,有计划地对畜禽遗传资源实施保存和利用。

黑龙江省一直贯彻《畜牧法》,落实畜禽地方遗传资源保护的各项措施,加强各级政府主管部门在地方遗传资源保护方面的主导作用,增加工作经费和适当经济补贴,引导社会力量参与,逐渐形成市场经济运作方式。根据《种畜禽管理条例》和《种畜禽管理条例实施细则》强制淘汰劣质种畜禽,提高种畜禽品质,以促进黑龙江省畜牧业可持续发展。

在世界经济一体化不断深化的今天,世界各国都在积极寻找适合本国的畜牧业经济发展模式。在这一历史背景下,黑龙江省畜牧业与地方品种既面临挑战,同时也是开创新局面的机遇。这一新机遇也可能给黑龙江省畜牧业走向世界开创新的出路。国内外多年来对保种工作的实践经验表明,要正确处理引入高产品种与本国地方品种的关系,通过保种的各种手段,保护畜禽遗传资源与遗传基础的多样性,开发与利用黑龙江省地方品种特有的性能,将保种与开发相结合,走开发性保种和主动保种的道路,既起到保种的作用,又可开发独具特色的黑龙江省畜禽产品,利用此类畜产品在国际畜产品市场上的相对优势,推动黑龙江省畜牧业的发展。

3.黑龙江省森林资源保护

黑龙江省通过创新森林防火机制,狠抓林下资源保护,使森林及林下资源得到有效恢复;通过培育龙头、建设基地,森林绿色食品资源产业迅速兴起。截至目前,已拥有森林绿色食品资源产业龙头企业 1 个、生产加工基地 10 个,年产值 1.12 亿元,从业人员 8 801 人,人均年收入 6 249 元。森林绿色食品资源产业已成为该局经济转型过程中的兴局富民产业。

黑龙江省开发建设较晚,加之后来的有效保护,森林资源相对丰富。在国家要生态、企业要发展、职工要致富的现状下,黑龙江省坚持"在保护中发展、在发展中保护"的原则,端好保护森林资源的碗,吃上开发森林绿色食品资源的饭,高起点发展森林绿色食品资源产业,兴局富民。

加大对黑龙江省小兴安岭珍稀食用菌公司的扶持力度,为其提供 200 万元原料收购流动资金,在各林场(所)建立黑木耳种植基地,提供原料支持,积极出谋划策帮助销售产品。2013年,该企业实现销售收入 1 050 万元,安置就业126 人。

投资 2 394 万元辟建榛子、刺五加、五味子、红松果实、笃斯、梅花鹿、食用菌、人参、山野菜、绿色食品资源等 10 个生产、加工基地,总面积达 20 万 hm^2,从业人员达 8 675 人。其中,野生榛子基地面积为 2 890 hm^2,经人工改培,年产榛子 1.08 万 t,每千克市场售价为 15 元,从业人员达 70 人;食用菌基地,既搞生产又搞加工,并拥有先进的液态菌生产线和实验室,年产黑木耳 45 t,每千克市场售价为 40 元,从业人员达 98 人。

据统计,目前黑龙江省五味子种植面积达 450 亩,林下野生五味子改培面积达8 415 亩,人参种植面积达 200 亩,野生药材年采集量 370 t,养殖林蛙 770 万只,食用菌年产量达1 650 t,年加工蕨菜干出口创汇 60 万美元。

森林绿色食品资源产业的崛起,吸引来众多企业投资建厂。2014 年,有刺五加加工、榛子加工、野生浆果加工等三户企业入驻黑龙江省,利用当地林下资源,生产刺五加茶、刺五加浸膏、刺五加果汁、大粒榛子、五味子果汁和蓝莓果汁等。三个企业投产后,预计年产值可达2 300 多万元,安置近 300 人就业。

发展森林绿色食品资源产业,不仅增加了 8 801 个就业岗位,也使黑龙江省的年财政收入达到 434 万元,比 2005 年增加了 263.1 万元。

第三节　黑龙江省绿色食品资源安全监管优化发展的影响因素及发展趋势

一、黑龙江省绿色食品资源安全监管优化发展的影响因素

(一)黑龙江省绿色食品资源安全监管优化发展的影响因素分析

1.监管主体方面的影响

各级绿色食品资源监管机构还没有全部建立健全,未形成监管网络,监管盲区大,编制人员少,监管范围广。绿色食品资源生产企业比较分散,年检工作量非常大,要完成所有企业的实地年检难度很高,存在着监管瓶颈和薄弱环节。同时,政府对监管的投入不足,没有专门专项的年检经费,从资金上很难保证年检的落实。另外,在监管方面投入的力量远小于

在认证方面的投入,也客观地反映了当前监管力量的薄弱。

由于各地方的绿色食品资源管理机构成立时间不一,加之各地绿色食品资源发展不平衡,各地对绿色食品资源的管理也不一样,但都大同小异。一般是绿色食品资源管理机构工作人员既认证又监管。在这两项工作中,一方面由于受人员限制(主要是市、县级的机构人员编制少),在人员相对偏少的状况下,各地工作普遍侧重于认证,对通过认证后的管理,则显得力不从心。即重认证,轻监管。另一方面,各地绿色食品资源管理机构在业务上都接受农业部绿色食品资源办公室和中国绿色食品资源发展中心的指导,都对本地绿色食品资源不同程度地存在保护倾向,加之管理机构之间还互有来往,相互之间存在照顾情面的情况,致使绿色食品资源市场较混乱。假冒绿色食品资源超期使用、超范围使用、冒用绿色食品资源标识等违规、违法现象时有发生,给绿色食品资源带来了一定的负面影响。再者,绿色食品资源管理机构没有列入农业行政部门内设机构之中,绝大多数是农业行政部门所属事业单位,法律地位决定了其没有行政处罚权,因此,多头管理绿色食品资源标志现象时有发生,监管工作难以到位。与许多绿色食品资源质量安全问题一样,首先披露这一信息的并非绿色食品资源安全监管部门,而是媒体。有关部门紧跟着采取了下架、撤市、拉网式检查等一系列措施,但都显得有些滞后。监管部门的作为仍停留在事后检查的层次,没有触及深层次的管理漏洞,制度也有待于完善。

绿色食品资源监管很难适应实践发展的需要。"形式试验＋抽批检验＋体系检查"是国际上通行的监管方法。这是从工业企业认证监管长期的经验中总结发展起来的。目前的绿色食品资源认证体系也是从这里延伸借鉴过来的,但这些方法远远不能适应绿色食品资源尤其是绿色农产品的特点和需要。一是绿色农产品的生产环节多,出现问题的可能性和不确定因素多,要从"土地到餐桌"全程保证农产品的质量,就会涉及很多环节,如环境条件、农业投入品、生产、加工、储运、销售等环节;二是农业具有极其显著的特殊性,就是受自然因素的影响比工业、商业都大,给绿色农产品的生产、加工、贮藏、运输等带来了一系列不稳定因数;三是农产品各个环节的监管不是由一个部门主管,而涉及农业、环保、质检、工商、卫生、食药、商务等多个部门,认证监管只是一个方面,执法和监管很难能形成合力,为质量监管造成很大的难度;四是农产品生产分散规模小、基础条件差、农业标准化和管理水平参差不齐,也增加了监管的难度。

2. 监管对象方面的影响

社会诚信体系的不健全,市场发育的不成熟,绿色食品资源的生产企业和营销商创品牌、保名优、传世代的缔造意识和能力不强,导致产品的质量认知出现诚信危机,这都为绿色食品资源的开发、保护与监管提出了新的难题。生产经营者的过分谋利心理,选择劣质、低廉的原材料生产产品,只为降低生产成本;同时,商家采取不实的宣传方案与内容欺骗消费者,出现了"挂羊头卖狗肉"的情况;还有为躲避缴纳商标注册等费用,出现了大量不规范的生产经营行为。

绿色食品资源行业中依然存在"潜规则",所谓"潜规则"指制度体系中属于非正式制度范畴,且与主体制度体系相悖的非正式制度;它游离于占统治地位的主体制度体系之外,并与主导集团的意志相违背;它规范和调整的对象是非法交易或非合法交易,由于未获主体制度体系的承认而未具"合法身份",从而处于地下状态。在绿色食品资源生产、流通、交换、消费过程中,"潜规则"的可怕性在于,它比一般制度体系具有更强的约束能力,追求利益最大化的问题绿色食品资源的生产经营者一般不会选择违反"潜规则",因而绝大多数非合法交易在"潜规则"的规范、指导下都能顺利进行而不被正式规制者发现,除非利益相关者的举报,近年来很多绿色食品资源行业"潜规则"都是内部人举报才被发现的。比如2008年"三聚氰胺事件",值得我们思考。

3. 监管法规和标准方面的影响

（1）监管的法律法规。

绿色食品资源监管意识不强,责任不清。重认证轻管理、重年检轻日常监管的现象比较普遍。尤其是关于绿色食品资源监管的配套法律、法规、规章等不甚完善,监管工作无法可依,力度严重不足,有效性有待增强。同时,与工商、质检等其他部门配合协调难度较大,信息交流不畅。

（2）绿色食品资源安全标准。

黑龙江省绿色优势绿色食品资源质量安全标准应成为确保百姓放心消费的有力屏障,但目前黑龙江省绿色食品资源标准不仅总体水平偏低,而且国家标准、行业标准和地方标准之间重复交叉甚至相互矛盾的现状,已经成为一个重要的症结。黑龙江省绿色食品资源标准过多过滥,重叠交叉,常常令执法部门和企业无所适从。实际上,黑龙江省绿色食品资源体系由国家标准、行业标准、地方标准、企业标准等四级构成。

4. 监管行为方面的影响

（1）监管成本越来越高和违法成本低。

绿色食品资源产品的抽检频率和覆盖率仍然很低。每年抽检的产品不足1/6,抽检频率也只能为一年1~2次。绿色食品资源的监管存在着一定的责任风险。随着绿色食品资源产品的增多,每年的实地年检产品抽检和市场监察采样的费用会越来越高。另外,绿色食品资源的种类繁多,品种不同,质量要求也不同,质量安全的风险系数也就不同,检测的程序和手段也会不同,这些都为监管提出了更高的要求。

对于问题绿色食品资源的生产经营者而言,其违法行为是有成本的,包括行为成本、物质性成本、心理惩处、法律惩处、社会惩处、定罪概率等。

首先,心理惩处与企业道德密切相关。即使问题绿色食品资源生产经营者因道德缺失而不顾及其心理惩处,如果其他成本较高,则会有效遏制其违法行为;相反,如果其他成本低,即使绿色食品资源生产经营者因一定的道德水准而遭受心理惩处的成本,但对生产经营问题绿色食品资源的收益来说还不够大,企业也可能"昧良心"。

其次,在黑龙江省当前经济环境和市场条件下,生产经营违法绿色食品资源的机会成本总体较低。黑龙江省经济仍处于发展阶段;对于劳动密集型的绿色食品资源行业而言,依然以价格竞争为主要竞争手段;绿色食品资源行业中小企业特别多,市场集中度低,行业进出壁垒低,行业整体利润率低,如果不生产问题产品而从事的正当生产经营的纯收益低,这就造成一些企业宁愿冒违法风险也要生产利润率高的问题产品,为低价劣质的问题绿色食品资源的存在创造了需求条件,进一步压低了优质绿色食品资源的利润空间。

再次,问题绿色食品资源生产经营者遭受的惩罚成本也偏低。2009年6月,黑龙江省新颁布的《绿色食品资源安全法》中规定,对绿色食品资源生产违法企业最高可处以10倍于其违法收益的损害赔偿金,这个最高赔偿金额与违法行为所带来的高收益相比显然太低。

《中华人民共和国刑法》针对生产、销售的绿色食品资源中掺入有毒、有害的非绿色食品资源原料的,或者销售明知掺有有毒、有害的非绿色食品资源原料的绿色食品资源的,处以一定的有期徒刑或者拘役和罚金。但在绿色食品资源安全事件中承担刑事责任的生产经营者还是极少数,对监管人员失职的追究更是凤毛麟角。而对违法者追究刑事责任,一般只有在酿出命案后才有可能,使得该项责任承担的成本被忽略不计。

（2）监管工作执行力度不够。

绿色食品资源在监管中存在的问题。在绿色食品资源监管过程中,主要发现有超期使用、超范围使用绿色食品资源标识(一标多用)或冒用绿色食品资源标识的问题。产生这些问题有以下几种原因:①获得绿色食品资源标志使用权的企业管理不到位。在三年(允许超期使用六个月)使用标志期内,企业对产品生产量和所用的包装袋(盒)的数量,没有统筹考虑,或是为了降低印制包装成本,定制大量包装袋(盒),超过实际需求,致使标志到期后,包装袋(盒)仍有大量剩余,导致超期使用绿色食品资源标志情况时有发生。②企业不了解绿色食品资源标志使用有关规定。③没有申请使用绿色食品资源标志的企业故意违法操作。某些企业认为绿色食品资源好销,在所生产或经销的产品包装上,违法印制绿色食品资源标志、专有图形或文字,冒充"绿色食品资源",欺骗消费者,谋取不义之财。

5.黑龙江省绿色食品资源安全监管优化发展的影响因素提取

国内的学者主要是对绿色食品资源安全监管影响因素进行研究,其中兰州大学的公共管理硕士高文泉在其硕士论文《黑龙江省绿色食品资源安全社会性监管的研究》中提到影响绿色食品资源安全监管的主要因素包括监管主体、监管环境、监管技术及监管制度四个方面。天津大学的公共管理硕士王明礼在其硕士论文《黑龙江省绿色食品资源质量安全政府监管问题研究》中提到绿色食品资源质量安全监管的组成因子有监管法律、监管主体、监管标准及监管环境。杨福星在《中国与发达国家绿色食品资源安全监管体制的比较》中提出农产品安全监管是指为了保证农产品的安全性要求所进行的监督管理活动;绿色食品资源安全监管体制是为了保证有效的农产品监管活动而建立的组织机构、配置的职能及人员、建立的制度、运行的方式、方法的有机体系。

综合关于绿色食品资源安全监管影响因素相关文献发现,关于绿色食品资源安全监管的研究已经比较比较全面,提出了绿色食品资源安全监管的影响因素内容。借鉴关于绿色食品资源安全监管影响因素的文献,本书首次提出绿色食品资源安全监管影响因素体系;关于绿色食品资源安全监管影响因素多数为定性描述,没有定量研究,因此本书首次通过构建绿色食品资源安全监管影响因素指标体系,使用定量研究方法进行实证评价研究。

6.绿色食品资源安全监管逻辑框架设计

根据黑龙江省委和黑龙江省政府对黑龙江省绿色食品资源全产业链控制的思想,将绿色食品资源开发按照时间序列划分为,供－产－销三个阶段。同时控制根据经济业务发生时间可以分为三个步骤,即事前、事中和事后控制(图3.2),现将开发环节与控制环节结合在一起,对黑龙江省绿色食品资源开发进行全产业链监管。

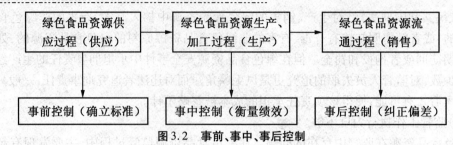

图 3.2　事前、事中、事后控制

（二）绿色食品资源安全监管影响因素体系构建

绿色食品资源安全监管影响因素体系构建见表 3.7。

表 3.7　绿色食品资源安全监管影响因素体系构建

一级因素 C	二级因素指标 P	三级因素指标 A	二级指标定量指标替换、修正及解释
事前控制（设立标准）C_1	监管制度（客观）P_1	绿色食品资源安全监管的法律、法规 A_1	P_1 类指标为绿色食品资源法律、法规及标准等
		绿色食品资源安全标准体系 A_2	
		绿色食品资源安全检验检测体系 A_3	
		绿色食品资源安全认证制度 A_4	
		绿色食品资源安全市场准入制度 A_5	
	监管主体（主观）P_2	各级人民政府农业行政主管部门的职能及作用 A_6	P_2 类指标为负责绿色食品资源监管的相关职能部门的部门数及人数等
		工商行政管理部门的职能及作用 A_7	
		质量技术监督部门的职能及作用 A_8	
		环境保护部门的职能及作用 A_9	
		卫生行政部门的职能及作用 A_{10}	

续表 3.7

一级因素 C	二级因素指标 P	三级因素指标 A	二级指标定量指标替换和修正,及解释
同期控制 (衡量绩效) C_2	监管技术 (客观)P_3	绿色食品资源监管专业知识 A_{11}	P_3 类指标为为负责绿色食品资源监管的专业技术人员和专利数量等
		绿色食品资源监管技术手段 A_{12}	
		绿色食品资源监管技术进步 A_{13}	
	监管行为 (主观)P_4	检查行为 A_{14}	P_4 类指标为抽检次数、指导次数、调研次数、申报内容和信息汇总量等
		指导行为 A_{15}	
		监督行为 A_{16}	
		监管方法 A_{17}	
事后控制 (纠正偏差) C_2	监管环境 (客观) P_5	消费者与生产者信息对称程度 A_{18}	P_5 类指标为消费者向相关职能部门投诉的案件数量、行业协会整改数量、媒体曝光数量等
		消费者维权意识的强弱 A_{19}	
		行业协会的自律水平 A_{20}	
		新闻媒体舆论 A_{21}	
	监管行为 (主观) P_6	行政部门受理 A_{22}	P_6 类指标为行政部门处理绿色食品资源安全问题的数量
		行政部门约谈 A_{23}	
		行政部门整改 A_{24}	

二、黑龙江省绿色食品资源安全监管优化发展的趋势

1. 基于 AHP 层次分析法的绿色食品资源安全监管影响因素权重分配分析

层次分析法(Analytic Hierarchy Process,AHP)是由美国运筹学家托马斯·塞蒂(T. L. Saaty)在 20 世纪 70 年代中期提出的一种定性和定量相结合的、系统化、层次化的分析方法,适用于那些较为复杂、较为模糊、难于定量分析问题的决策分析。

其基本思想是:先将所要分析的问题层次化,根据问题的性质和要达到的总目标,将问题分解成不同的组成因素,按照因素间的相互关系及隶属关系,将因素按不同层次聚类组合,形成一个多层分析结构模型,最终归结为最低层(方案、措施、指标等)相对于最高层(总

目标)相对重要程度的权值或相对优劣次序的问题。

在层次分析法中,需要对表3.8中的因素进行层次单排序,在此使用连乘开方法。以判断矩阵 $O-C$ 为例。设针对总目标 O 的各准则 C_1, C_2, C_3 的权重向量为 $W=(W_{C_1}, W_{C_2}, W_{C_3})$,判断矩阵 $O-C$ 的元素为 a_{ij},其中 $i, j=1, 2, 3$。则其特征向量 W_O 的分量计算公式为 $W_i=\sqrt[n]{\prod_{j=1}^{3} a_{ij}}$,其中 $j=1, 2, 3$。然后对所得 $W=(W_1, W_2, W_3)^{\mathrm{T}}$ 进行归一化处理,得出 C_1, C_2, C_3 的权重,按此,可以计算出 C 对于 O 的权重。目标 – 准则层权重比较见表3.9。

表3.8　基于 AHP 构建的绿色食品资源安全监管影响因素模型指标

目标层 O	O 监管
准则层 C	C 一级因素
措施层 P	P 二级因素
指标层 A	A 三级因素

表3.9　目标 – 准则层权重比较表($C-O$ 比较)

O	C_1	C_2	C_3	W_O
C_1	1	3	7	0.67
C_2	$\frac{1}{3}$	1	3	0.24
C_3	$\frac{1}{7}$	$\frac{1}{3}$	1	0.09

依据以上提供的方法,对准则 – 措施层进行逐一比较,按此可以计算出 C 对于 O 的权重,得出准则 – 措施层权重比较表(表3.10),计算过程省略。

表3.10　准则 – 措施层权重比较表($P-C$ 比较)

C	P_1	P_2	P_3	P_4	P_5	P_6	W_O
P_1	1	3	5	7	1	3	0.482 4
P_2	1/3	1	1	3	5	7	0.113 9
P_3	1/5	1	1	5	7	3	0.199 2
P_4	1/7	1/3	1/5	1	3	5	0.073 7
P_5	1	1/5	1/7	1/3	1	1	0.040 8
P_6	1/3	1/7	1/3	1/5	1	1	0.078 3

依据以上提供的方法,对措施 – 指标层进行逐一比较,按此可以计算出 P 对于 A 的权重,得出措施 – 指标层权重比较表,计算过程及比较表省略。

2. 层次总排序及一致性检验

通过以上计算中得出了一组元素对其上一层元素的权重向量,将这些向量进行合成以求得最低层方案对于目标的排序权重。其结果见表3.11。

表 3.11　基于层次分析法的权重比例总排序

第一层	目标层 O	O 控制						总计
第二层	准则层 C	C_1 事前控制（设立标准）		C_2 同期控制（衡量绩效）		C_3 事后控制（纠正偏差）		1
	权重	0.67		0.24		0.09		
第三层	措施层 C	P_1 监管制度（客观）A_1	P_2 监管主体（主观）A_2	P_3 监管制度（客观）A_3	P_5 监管主体（主观）A_4	P_5 监管制度（客观）A_5	P_6 监管主体（主观）A_6	1
	权重	0.482 4	0.113 9	0.199 2	0.073 7	0.040 8	0.078 3	

　　分析结论:P_1 监管制度（客观）A_1 为 0.482 4,重要程度高,P_3 监管技术（客观）A_3 为 0.199 2,P_2 监管主体（主观）A_2 为 0.113 9,重要程度中等,其他因素,重要程度一般。因此在黑龙江省绿色食品资源安全监管优化发展的过程中,应首先重视法规和标准的建立,其次重视监管主体力量和监管技术发展。

第四章　黑龙江省绿色食品资源安全监管体制及其运行模式的创新发展

第一节　黑龙江省绿色食品资源安全监管体制的创新

一、黑龙江省绿色食品资源安全监管体制创新的指导思想与原则

(一)黑龙江省绿色优势食品资源安全监管原有指导思想及原则

1.黑龙江省绿色优势食品资源安全监管的指导思想

为加大对水、农业、矿产资源、林草资源、旅游资源、湿地等重点资源开发和外来物种引进、转基因生物应用,以及城镇道路设施建设、新区建设、旧城改造项目的环境影响评价和生态环境监管工作力度,市环保局采取措施,防止因开发建设不当造成新的重大生态破坏。黑龙江省绿色食品资源安全监管主要是通过立法进行监管,并在2001年6月8日通过实施《黑龙江省绿色食品资源管理条例》。

在《黑龙江省绿色食品资源管理条例》第五章中,明确提出了管理和监督的职责。其中第三十二条明确规定了各级人民政府农业行政主管部门会同工商行政管理、质量技术监督、环境保护和卫生行政等部门对绿色食品资源生产和经营的全过程进行监督检查,并按各自职能行使下列职责:

(1)按照规定程序询问被检查的生产经营者、利害关系人、证明人,并要求提供证明材料或者与经营活动有关的其他资料。

(2)查询、复制有关的协议、账册、单据、文件、记录、业务函电和其他资料。

(3)检查与绿色食品资源生产经营活动有关的场所。

(4)对可能转移、隐匿、销毁的与违法行为有关的财物,采取先行登记保存。

其中第三十三条规定,任何单位和个人,对违反本条例的行为,有权向各级人民政府农业行政主管或工商行政管理、质量技术监督、环境保护和卫生行政等部门举报。

并在第六章中明确写出企业应承担的法律责任,也明确划分了各级人民政府农业行政主管部门会同工商行政管理、质量技术监督、环境保护和卫生行政等部门的监管责任范围。

2.黑龙江省绿色优势食品资源安全监管的原则

坚持"预防为主,保护优先"的原则,以控制人为不合理开发活动为重点,坚持事先监管、全过程监管,把资源开发的生态损失降低到最低限度。要研究解决生态环境监管中的难点问题、健全机构、充实执法人员和装备、保证经费投入、分级监察和考核。各级环保部门要对资源开发规划和资源开发项目中有关环境影响评价的内容进行重点监督,严格实行资源开发建设项目审批逐级备案制度,加强对环境影响评价资格证书持有单位的管理,严把环境

影响报告书审批关,制定资源开发项目生态环境监察管理办法,严格执行建设项目环境保护措施和竣工验收制度,防止不符合国家环境保护法律法规,可能对生态环境造成破坏的资源开发规划和项目的立项、实施。

3.黑龙江省绿色优势食品资源安全监管的主要内容

(1)事前监管:有计划、有组织、有资金、有制度、有人才。

①黑龙江省各地区制订绿色食品资源发展规划和引进计划,并纳入"十二五"农业发展规划中,要开拓创新,与时俱进,细化工作目标和工作重点,推进措施,力争在较短时间推动绿色食品资源质量安全水平有新的提高。

②黑龙江省各县市要成立相关绿色食品资源管理机构,加快推进乡镇一级绿色食品资源质量安全公共监管服务机构和职能拓展,未成立工作机构的县市要结合实际,尽快建立健全工作机构,派专人负责绿色食品资源监管工作。

③黑龙江省在编制年度财政预算时,各地农业行政主管部门要积极争取地方财政支持,将绿色食品资源发展基金列入地方本级财政预算,有条件的地方要尽可能争取获得绿色食品资源认证企业和农户纳入地方财政支持、奖励范围。

④黑龙江省建立风险评估的预测、预报,确立风险预警与管理预防为主的监管思想,防患于未然,改变事中、事后监管意识,规范重大绿色食品资源安全事故的应急程序,提出相关应急对策。

⑤黑龙江省本着内培外引的原则,加强绿色食品资源安全监管人才库的建设。促进省内区际间的人才流动,对新进人才要加大培训力度,使其能够尽快地适应工作要求。

(2)事中监管:抓基地、抓检测、抓产销、抓产业集群建设。

①黑龙江省对种植基地要加强监管,努力做到三有要求。第一,有记录,按标准组织生产,建立种植生产档案。第二,有检测,对生产设备适时检修。第三,有标识,要有包装标识,取得无公害、绿色认证。

②黑龙江省对奶制品要强化生产经营责任人的意识,督促企业严格自检和委托检验,加大对重点产品的抽查,发现问题限期整改,坚决杜绝问题产品流出企业。

③黑龙江省各县市在做好基地、检测监管的基础上,要加强省际、国际产销衔接,随时掌握国内、国际市场的供求信息,针对需求方质量反馈信息进行生产监察和改进,有效建立监管机构与生产者、消费者的信息沟通制度。

④黑龙江省绿色食品资源产业集群升级包含产业升级与技术创新能力升级,二者之间相互影响、相互促进的动态螺旋上升过程,处于核心领导地位的企业个体微观层面的技术创新活动,通过产业网络和社会关系网络能够转化为集群客户宏观层面的产业升级能力,而产业升级所带来的收益又会聚集到处于集群主导控制地位的核心企业手中,从而积累垄断创新利润。

(3)事后监管:加强宣传,加强教育,加强消费引导。

①黑龙江省各县市提高监管透明度,针对绿色食品资源安全监管工作形成的制度、措施、成效、检查活动进行及时性的媒体宣传,对不合格的产品、不诚信的企业进行公开披露,并对其实行退出公告,加强社会层面的监督,同时也要防范个别媒体负面炒作,加强舆情的动态研判。

②黑龙江省对问题产品和问题企业在问责的基础上加强教育,在罚款、吊销执照、追究

责任的同时,提出整改建议,争取通过品牌整合、企业合并的方式形成"问题资源"的内部吸收。

③对消费者进行必要引导,由于绿色食品资源安全本质上是信息不对称引起的市场扭曲,根本途径是增加信息供给,要优先确立消费者优先原则,以保护处于信息弱势地位的消费者强化质量分级、安全认证,完善消费者绿色食品资源安全基础教育,重视绿色食品资源安全需求,提供缓解绿色食品资源安全市场失灵的一系列政府服务。

(二)黑龙江省绿色优势食品资源安全监管创新及原则

1.绿色食品资源安全监管体制创新

绿色食品资源安全监管体制指由国家绿色食品资源安全监管组织机构设置、监管职权配置、责任界定、运行协调机制等组成的有机体系。在该体制中,机构设置是基础,权责分配是核心,运行机制是保障。绿色食品资源安全监管体制创新,即是在绿色食品资源安全的机构设置、权责分配和运行机制的建设中进行创新梳理和整合,寻求创新举措和办法。

2.绿色食品资源安全监管体制创新的主要原则

(1)产品分类。

产品分类是指将所有绿色食品资源品种按其质量安全风险程度划分出不同类别,即高风险产品、中风险产品和低风险产品三类。

①质量安全优先原则。主要依据绿色食品资源生产加工过程中是否容易发生质量安全问题、使用绿色食品资源添加剂的复杂程度,以及近年来发生绿色食品资源质量安全事故的频度等因素确定产品的风险等级。

②保持相对稳定原则。鉴于同一类产品本身风险变化可能性相对较小,因此一旦完成分类,一般就不做调整。除非该类产品生产过程中出现新情况、新问题,引发风险程度发生明显变化的,相应调整其分类。各地可根据本地区各类产品实际质量安全状况对风险分类参考目录进行调整,确定本地产品风险分类。

(2)企业分级。

企业分级是指对企业质量安全保障能力分级,企业质量安全保障能力由静态和动态两部分组成。静态质量安全保障能力主要取决于现场核查情况;动态质量安全保障能力主要取决于监督检查、监督抽检和行政处罚情况。

①综合评价原则。由于企业之间生产条件、技术基础和管理水平不同,生产同类产品的不同企业质量保障能力存在较大差异。对企业产品质量保障能力进行级别评估,应着重对企业的绿色食品资源质量安全控制能力、产品质量状况、企业诚信记录等具体情况进行全面考量,对企业生产许可现场核查情况、监督检查情况、监督抽检情况、行政处罚情况等各评价要素进行综合评估。

②权重加权原则。根据对企业生产许可现场核查、监督检查、监督抽检、行政处罚等要素综合评估结果,采取权重加权的方式,确定企业质量安全保障能力级别。

现场核查情况是指绿色食品资源生产许可核查组根据审查细则、通则的要求,对通过现场核查的企业给予 A,B,C 三个级别的评价情况。监督检查情况包括企业资质、从业人员管理及健康状况,以及原材料进货查验、生产过程控制、出厂检验、绿色食品资源销售、不合格绿色食品资源处理、不安全绿色食品资源召回等制度的建立、落实和记录情况,质量安全授权制度、可追溯制度的建立和落实情况等。监督抽检情况包括国家监督抽检、省级和市（地）级组织的专项监督抽检、专项整治和专项检查所进行的监督抽检、日常监管工作中因监管需要所进行的监督抽检以及风险监测发现问题的后续监督抽检等情况。行政处罚情况主要是指企业在本年度内存在各类违法违规行为的查处情况。获得生产许可证不满半年的，可参照现场核查通过时所定的级别确定企业产品质量保障能力级别，也可根据监督检查、监督抽检、行政处罚等实际状况确定级别。

③动态调整原则。企业的产品质量保障能力是动态变化的过程，企业分级必须保持与企业的现实情况相一致。要根据生产许可换发证现场核查以及监督检查、监督抽检、行政处罚等日常监管情况，对企业产品质量保障能力级别进行适时调整。原则上每年应对企业级别调整情况集中清理一次。企业级别调整后，监管等级也应做相应调整。

④绿色食品资源生产加工小作坊级别确定。绿色食品资源生产加工小作坊原则上可以参照 C 级绿色食品资源生产企业实施监管，也可以单列为 D 级，但是，如果单列为 D 级，监管检查频次不得少于 C 级绿色食品资源生产企业，各地可根据本地区小作坊的实际情况自行确定。

3. 黑龙江省绿色优势食品资源安全监管的基本规范

黑龙江省根据国家环保总局出台的《关于加强资源开发生态环境保护监管工作的意见》制定出《黑龙江省绿色优势食品资源安全监管的基本规范》（以下简称《规范》）。

基本规范加大对水、农业、矿产资源、林草资源、旅游资源、湿地等重点资源开发和外来物种引进、转基因生物应用，以及城镇道路设施建设、新区建设、旧城改造项目的环境影响评价和生态环境监管工作力度，防止因开发建设不当造成新的重大生态破坏。

（1）水资源开发规划和项目。

根据《规范》，水资源开发规划和项目的环评审查和生态环境监管重点是：流域水资源开发规划要全面评估工程对流域水文条件和水生生物多样性的影响；干旱、半干旱地区要严格控制新建平原水库，将最低生态需水量纳入水资源分配方案；对造成减水河段的水利工程，必须采取措施保护下游生物多样性；兴建河系大闸，要设立鱼蟹回游通道；在发生江河断流、湖泊萎缩、地下水超采的流域和区域，坚决禁止新的蓄水、引水和灌溉工程建设。

（2）农业资源开发规划和项目。

农业资源开发规划和项目的环评审查及生态环境监管重点是：禁止毁林毁草（场）开垦和陡坡开垦；禁止在生态环境敏感区域建设规模化畜禽养殖场，畜禽养殖区与生态敏感区域的防护距离最少不得低于 500 m；渔业资源开发要执行捕捞限额和禁渔、休渔制度；水产养殖要合理投饵、施肥和使用药物；禁止在农村集中饮用水源地周围建设有污染物排放的项目或从事有污染的活动；科学合理使用农药、化肥和农膜，防止农业面源污染。

（3）林草资源规划和开发项目。

林草资源规划和开发项目的环评审查和生态环境监管重点是：禁止荒坡地全垦整地、严格控制炼山整地；在年降水量不足 400 mm 的地区，严格限制乔木种植和速生丰产林建设；水资源紧缺地区，不得靠灌溉大面积推进和维持人工造林；草原放牧要严格实行以草定畜和禁牧期、禁牧区及轮牧制度；禁止采集国家重点保护的生物物种资源；在野生生物物种资源丰富的地区，应划定野生生物资源限采区、准采区和禁采区，并严格规范采挖方式。

（4）湿地等重要资源开发项目。

湿地等重要资源开发项目的环评审查和生态环境监管重点是:穿越湿地等生态环境敏感区的公路、铁路等基础设施建设,应建设便于动物迁移的通道设施;在湿地内开采油、气资源应采取措施保护生物多样性,资源枯竭后,应及时拆除生产设施,恢复自然生态;禁止围湖、围海造地和占填河道等改变生态功能的开发建设活动;禁止利用自然湿地净化处理污水。

（5）外来物种引进和转基因生物应用。

外来物种引进和转基因生物应用的环评审查和生态环境监管重点是:引进外来物种和转基因生物环境释放前,必须进行环境影响评估;禁止在生态环境敏感区进行外来物种试验和种植放养活动;严格限制在野生生物原产地进行同类转基因生物的环境释放。

（6）城镇道路设施建设、新区建设及旧城区改造项目。

城镇道路设施建设、新区建设及旧城区改造项目的环评审查和生态环境监管重点是:严格保护城市内的天然湿地、草地、林地、河道等生态系统;城市渠系、水体整治中不得随意对自然水体进行人为的"防渗处理";城市绿化树（草）种应推广本地优良品种,严格控制对野生树木的采挖移植;禁止古树、名木异地移栽,防止"大树进城"造成原产地生态系统和生物多样性的破坏。

该《规范》要求建立和完善生态环境保护统一监管机制,将资源开发生态环境保护工作纳入当地政府环境保护目标责任制;加强资源开发活动中生态环境保护的统一监管,建立资源开发活动的监察机制和体系;建立资源开发环境保护联合工作机制;建立公示、举报制度,完善公众参与机制。

二、黑龙江省绿色食品资源安全监管体制创新的内容

美籍奥地利经济学家熊彼特赋予"创新"丰富的内涵,奠定了现代创新理论的基础。他认为,创新是在生产体系中引入重新组合的生产要素和生产条件,并借助市场获取潜在利润的活动过程。熊彼特提出的"创新"具有如下内涵:①引进一种新产品;②引进一种新的生产方法;③开拓新市场;④获取新的生产原材料;⑤形成一种新组织。该理论阐明了创新的两大特性,即人本特性和系统特性。具体而言,一方面,由于创新的主体是人,创新必须以人为本;另一方面,创新是不同生产要素和生产条件的创造性重组,即塑造一个全新的系统。从现代系统科学的视角来看,创新在本质上就是建立一种创造性的"生产要素集成系统",从而追求最佳"系统组合效应"所带来的经济效益。创新的核心思想是系统综合集成。结合熊彼特的理论重点,黑龙江省绿色食品资源安全监管体制创新主要包括以下内容。

1. 以专利技术监管助推绿色食品资源产业发展

以专利技术助推绿色食品资源产业发展。黑龙江省知识产权局组织 2 000 多项绿色食品资源领域专利技术在"绿博会"上"相亲",并推动黑龙江省绿色食品资源技术成果在伊春、大兴安岭等地转化落地。围绕绿色食品资源产业组织开展专利态势分析和预警研究,针对产业发展为相关管理部门提供决策建议,帮助绿色食品资源企业明晰创新路径,规避和防范专利风险。

绿色食品资源质量监管水平有新提升。黑龙江省加大了绿色食品资源产品抽检力度,抽检产品 2 042 个,合格率达99.3%。实施了绿色食品资源质量追溯体系建设,在勃利、富

锦等 30 个基地和企业开展了质量追溯体系建设,全省质量追溯试点已超过 50 多家。积极探索监管新机制,建立了违规企业和产品的"退出"制度,积极探索绿色食品资源监管长效机制,全省未发生一起"三品"产品质量投诉事件。

2.建立绿色食品资源安全责任保险制度

为全面支持黑龙江省"绿色食品资源精品发展战略",创造让群众放心的龙江绿色食品资源品牌,促进黑龙江省绿色食品资源安全监督管理体系建设,建议如下。

(1)深化改革,率先在黑龙江省建立绿色食品资源安全责任保险制度。通过绿色食品资源安全责任保险制度创新,一方面充分保障消费者权益,让群众放心,做到"安全有追溯保障";另一方面促进黑龙江省绿色食品资源品牌建设,做到"促进品牌形象""品牌可识别"。

(2)强化政府引导和财政支持。陆昊省长指出,充分利用农业资源,大力发展绿色食品资源产业,省政府安排 8 亿元专项资金支持绿色食品资源产业,其中投入 2 亿元推动绿色食品资源营销渠道建设。建议将"2 亿元推动绿色食品资源营销渠道建设"资金的 10%,作为全省绿色食品资源安全责任保险费专项补贴资金,通过保险费财政补贴方式,充分放大绿色食品资源产业推动资金效应。

(3)加强监管与社会监督,通过保险公司对绿色食品资源生产经营企业的风险评估和风险管理工作,持续跟踪企业绿色食品资源安全管理风险变化情况,并向社会公布,形成社会信用联防机制,让消费者能够及时了解企业的绿色食品资源安全状况,让绿色食品资源安全管理差的企业在社会上难以生存。

3.建立安全信息化监管追溯系统

黑龙江省农业部门将推进建设从种植养殖一直到绿色食品资源流通环节的安全信息化监管追溯系统,力争使全部产品实现"来源可溯、流向可追",消费者购买黑龙江的大米、山珍、奶制品等绿色产品将更放心。绿色食品资源产业是目前黑龙江省十大重点产业中成长性最好的产业,仅在 2012 年,黑龙江省的绿色食品资源省外销售额就达到 470 亿元,占全国绿色食品资源销售额的 1/7。

为保障绿色食品资源安全,黑龙江省将实行绿色食品资源质量安全标志分类监管追溯,建立原料供应、生产加工、流通销售各环节质量安全标志识别体系,更加严格食用农产品产地准出、市场准入制度,绿色有机绿色食品资源生产基地符合监测标准的农产品必须全部粘贴认证标志上市。此外,还将进行绿色食品资源诚信企业评价认证,将生产基地、绿色食品资源企业全部纳入诚信档案管理,并与金融机构、证券监管部门实现共享。黑龙江省还将定期向社会公布绿色食品资源生产经营者信用情况,发布违法违规企业和个人"黑名单"。

4.绿色食品资源安全现场检测

现场检测,除了让消费者受益外,更受到参展商的欢迎。黑龙江天锦食用菌有限公司总经理高鹏兴奋地对记者说:"这次省绿色食品资源药品监督管理部门全程跟进,不但检查了我们的产品质量,还进行了标准的指导,让我们随时随地能与国家标准对接,等于现场请了个专家。"而作为刚刚成立的黑龙江省绿色食品资源展销协会的副会长,他更看出了这种监管的长远效益:"我省正在合力打造绿色食品资源的整体品牌形象,政府监管部门的这种及时跟进,有利于扶优汰劣,让有良心的企业得到政府公信保障,筑牢我们的信用根基。不管是品牌营销还是渠道营销,都能通过这种公信力起到助推作用。"

黑龙江与北京两地食药监部门设立的安全监督站,工作人员紧张地忙碌着:他们首先从参展绿色食品资源中购买样品,然后再通过仪器进行诸如二氧化硫、亚硝酸盐、硼砂、农药残留等的快速检测,共抽查 53 个批次,全部合格。除工作人员继续抽检满足消费者送检要求外,就连为展会提供快速检测仪的北京六角体科技发展有限公司也被"盯"上了,一些做绿色食品资源营销的商家前来订购快速检测试剂及仪器,展会上现场检测引发的热销让他们看到了信用销售的前景。

5. 建立专项监管资金扶持

国家应设立绿色食品资源安全生产基地建设的专项资金,用于安全绿色食品资源生产基地的基础设施建设,绿色生产资料的研制,人才培训和市场、品牌建设等方面。国家应对全产业链龙头企业产业化生产给予支持,建立起以龙头企业为核心的生产、加工、销售一体化的安全绿色食品资源生产基地。为"三品一标"的地产资源绿色食品资源加工产业园区投入资金,并给予一定的政策支持。国家在稳定原有补贴政策的前提下,还应制定出台优质农产品、特色农产品的补贴政策,充分调动广大企业和农民生产优质农产品的积极性,向社会提供更多健康和安全绿色食品资源。

国家加大对已登记并取得寒地黑土地理标志、绿色食品资源标志、有机绿色食品资源标志的品牌的扶持力度。国家还应加大对黑龙江省的农田水利工程建设的投入,确保国家粮食安全和战略安全目标的实现。同时对水资源治理也应给予资金支持,以净化黑龙江省农业生态环境。

第二节   黑龙江省绿色食品资源安全监管体制的运行模式

一、黑龙江省绿色食品资源安全监管体制图示

黑龙江省绿色食品资源安全监管创新可以借鉴创新理论中"系统综合集成""要素创造性重组"的理念。第一,关注绿色食品资源安全监管与外部环境的相互作用,正确处理政府、绿色食品资源生产经营主体和消费者之间的关系;第二,关注绿色食品资源安全监管各职能部门之间的相互作用,搭建部门之间协调统一、互助合作的桥梁;第三,从观念、法律体系、体制机制、工具等多方面思考政府监管体制的创新。

黑龙江省将建立和完善生态环境保护统一监管机制,把资源开发生态环境保护工作纳入当地政府环境保护目标责任制;加强资源开发活动中生态环境保护的统一监管,建立资源开发活动的监察机制和体系;建立资源开发环境保护联合工作机制;建立公示、举报制度,完善公众参与机制。

黑龙江省同时在监管体制中设立一个监测体系,在这个监测体系中主要是通过信息的传递促进政府对职能部门的监管,保障政策的落实,独立的监测机构起到催化剂的作用,虽然政府平时也有监管机构和措施,而设立的独立机构是便于这些措施更好的实施。将政策出台、落实过程与企业生产运营状况出现的矛盾及时反映给监测部门,通过信息的反馈和传递,加快政策的改进与完善的过程。

综上所述,黑龙江省绿色食品资源安全监管体系图如 4.1 所示。

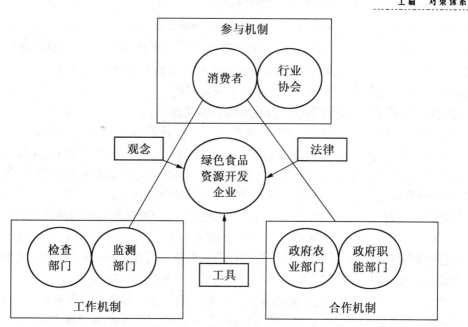

图4.1　黑龙江省绿色食品资源安全监管体系

二、黑龙江省绿色食品资源安全监管体制模式图剖析

1.黑龙江省绿色食品资源监管体制、机制创新

要实现绿色食品资源安全监管环节的无缝隙衔接、监管职能部门的通力配合,必须建立协调统一的绿色食品资源安全监管体系。该体系须满足以下五个特征方可称得上协调统一:监管链条紧密相扣,合作协调机制高效畅通,监管责任落实到位,适应黑龙江省具体情况及监督机制制约得力。具体应从以下方面着手建设:

(1)黑龙江省绿色食品资源监管链条建设。

要实现监管链条环环相扣,就要科学划分绿色食品资源安全监管职权。监管体制的完善必须有配套法定职权的支撑,才能防止体制空洞。监管主体的行政职权配置可分为横向和纵向两类,横向职权配置是在同级部门间进行职权分配,纵向职权配置则是中央和地方的分权。需要分配的职权有决定权、命令权、监督权、执法权、处罚权等。政府行政权力的配置必须同时具备独立性、权威性、公正性和专业性。

具体而言,在行政机构权力的横向配置上,要求监管机构与政府经济主管部门、产业主管部门相对分离,使其在执行监管工作时保持相对独立而不受到利益相关方的干扰,以确保监管的公正性;而在行政机构权力的纵向配置上,要求在中央监管部门和地方监管机构之间实行监管权的合理配置,以确保监管的效力和效率。此外,职权配置还需要考虑上下部门之间职权配置的衔接性,权利义务的平衡性。由于绿色食品资源的生产流通涉及包含农业、绿色食品资源加工、商业、餐饮服务等在内的多个产业部门,其监管机构的设置一方面要考虑中央产业主管部门和地方监管机构之间的权力配置,另一方面要考虑绿色食品资源生产流通跨多部门和跨多环节的特点,实现纵向与横向职权配置的相互结合。中央设置的绿色食品资源安全委员会具有全面指导和调度相关监管机构的权力,其所承担的责任也比较大;在

中观层面,组织架构以分为主,由绿色食品资源安全监管联席会议进行综合协调,其职权范围相对狭小;在微观层面,监管职权应该相对集中到几个主要部门,以改变目前基层监管权力过于分散的情形。此外,应当借鉴美国的经验,将环境保护行政管理部门纳入绿色食品资源安全监管体系,在源头上预防绿色食品资源安全问题。

(2)黑龙江省绿色食品资源监管合作协调机制建设。

绿色食品资源安全监管因其涉及环节多、高度专业化的特点,各监管部门需要针对绿色食品资源安全建立起长期的合作关系,维系这一合作关系有四个基本要求:一是监管职能部门之间的信任,这依赖部门间不断互动、协商所形成的共识。组织间的信任可以被视为一种资源,这种资源能减轻组织合作中因不确定性而产生的投机行为。当监管部门相处融洽、有良好的合作关系时,就会自发形成一种合作协调机制,从而降低监管部门成员之间的沟通成本,减少部门间相互抵触和损耗、相互掣肘与推诿的现象。二是公平合理,即绿色食品资源安全监管中的责任、权益、成本等,以监管部门公认的最为公正、公平的方式进行配置。其中最重要的是权责相符,即要求某部门承担某些监管责任的同时须赋予其相应的权力,而不能有权无责或有责无权。三是正式沟通与非正式沟通相结合。建立正式沟通制度,通过设立综合协调部门、定期召开联席工作会议等方式,在正式场合交换各种信息资源、达成监管共识、布置联合执法任务,这是一种重要的沟通方式。然而,监管部门负责人之间、不同监管部门执法人员之间的非正式沟通,有时也能发挥重要的桥梁和辅助作用,并起到节省行政成本的作用。四是综合协调部门具有权威性。就实际运作而言,在级别平等的监管部门中选取一个部门作为综合协调部门,该部门并不具备足够的干预和调控能力。部门间的协调与合作,需要一个具备足够权威,并且拥有足够多手段监控部门行为的综合协调机构,它必须独立于监管职能部门,只能是上一级机构。

(3)黑龙江省绿色食品资源监管责任落实机制。

国务院于2004年颁布的《全面推进依法行政实施纲要》指出,行政机关的权力和责任应当统一,做到"有权必有责,用权受监督,侵权要赔偿"。构建责任政府,必须建立健全法律责任制度和责任追究机制,将每项责任落实到具体人员。例如,监管人员每月在绿色食品资源市场巡逻检查的时间、执法的结果如何等,都应当在职责要求中进行明确规定,并与相应的惩处措施结合起来。应制定具有可操作性的法律规范,将绿色食品资源安全监管责任落实到从最基层至最高层的所有管理人员。

(4)黑龙江省绿色食品资源监管控制机制。

针对黑龙江省绿色食品资源生产加工销售企业多小散差、农户分散种植养殖、农产品品种丰富多样的特点和违法活动隐蔽、情况复杂、监管成本高、监管难度大的现状,应大力推行绿色食品资源工业园区建设,对绿色食品资源生产经营活动实施统一管理。首先,此举有利于规范绿色食品资源企业的生产经营行为。引入HACCP(危害分析和关键控制点)、GMP(良好操作规范)等国外先进绿色食品资源安全监管技术可以先在高风险绿色食品资源企业推行,进而在整个绿色食品资源行业逐步推广指导企业更新技术装备,改进工艺操作流程和检验手段,加强对原料生产、加工、储藏、运输和流通等全过程的绿色食品资源安全控制,充分发挥名优企业的模范带头作用,提高广大绿色食品资源生产经营者的诚信意识。其次,此举便于实施综合监管,利于加大对假冒伪劣绿色食品资源的打击力度,还能增加不法厂商的风险成本,从源头上遏制假冒伪劣绿色食品资源的生产。最后,此举有利于转变政府职能,使政府管理观念由以监管为主转变为以服务为主,最终达到提高监管效率的目的。

2.黑龙江省绿色食品资源监管主体创新

在绿色食品资源安全监管体系建设中,政府除了要加强自身监管机构的建设,还要将来自社会的第三力量纳入监管体系,充分发挥社会监督机制,使行业协会、消费者、新闻媒体等社会第三力量成为重要的监管主体,发挥其不可或缺的作用。

(1)扶持行业协会等中介组织的发展,提高行业自律水平。

①政府应当扶持和鼓励绿色食品资源行业协会的发展。要为行业协会制定有益的政策和配套法规、提供宽松和谐的发展环境、配置人力资源等,使其成为政府和企业之间的桥梁;要充分发挥行业协会对企业发展的导向作用,利用行业协会成员比政府和一般消费者掌握更多、更为专业的绿色食品资源安全信息的特点,鼓励行业协会制定并推行有关绿色食品资源生产经营的行业规范,及时为会员提供信息、技术和政策解读等方面的指导,促进会员依法依规从事绿色食品资源生产经营活动;要支持和鼓励行业协会在其配备的绿色食品资源卫生指导员及有关企业绿色食品资源卫生负责人员的培训、优质绿色食品资源的推荐以及对不合格绿色食品资源的曝光等方面发挥监督作用,有效减少市场信息不对称的现象。

②政府应当对绿色食品资源行业协会进行必要的管理,通过突击检查、必要的抽查等形式对行业协会推荐的产品进行核实,根据综合指标对行业协会进行资信评定,并向社会公众发布评定结果,信誉差的行业协会予以取缔,信誉好的行业协会予以表彰。同时,为了强化行业协会在绿色食品资源安全规制和绿色食品资源安全监管中的主体地位,可以赋予行业协会绿色食品资源安全监管决策参与者的身份。政府对行业协会的管理,不仅要实现行业协会对企业自上而下的引导,更重要的是搭建自下而上的行业信息反馈渠道,为政府不断创新绿色食品资源安全体制提供意见与建议,最终将在发达国家成功运行的政府监督和行业自律相结合的管理模式在黑龙江省广泛推行。

(2)提高消费者的维权意识。

①建立消费者基本权利制度。即通过制度建设保障广大消费者的知情权、公平交易权和依法诉讼权等基本权利。消费者的基本权利实现了,政府实施绿色食品资源安全监管将更为顺畅和省力;同时,在健全的制度体系下,消费者个人利益受到损害时会对政府部门施加压力,从而督促监管部门更好地履行职责。例如,在绿色食品资源安全问题中受害的消费者可以向消费者协会投诉,也可以向人民法院起诉,促使政府监管部门依法履行监管义务。

②建立消费者监督的利益驱动机制。消费者作为市场中的弱势群体,在维护自身权益的同时也要考虑成本收益,因此,政府要建立利益驱动机制,用对消费者有益的政策来引导消费者的行为,提高消费者参与绿色食品资源安全监管的动力。政府应尽可能地提供充分的绿色食品资源安全信息,以减少市场信息不对称,增强消费者进行监督的能力;政府还应适当减轻绿色食品资源安全诉讼中受害消费者的举证责任,将起诉时效延长,提高不法绿色食品资源生产经营者对消费者的民事赔偿标准,促使消费者在利益受损时主动起诉维护自己的权利。此外,政府还要加大宣传力度,引导广大消费者健康消费,减少消费者逆向选择的可能性。

③建立消费者利益保障机制。要实现消费者的利益、实现消费者对绿色食品资源安全的持续性监督,除了在法律中明确消费者权利、建立利益驱动机制之外,政府还需要建立相应的利益保障机制,制定与绿色食品资源行业相对应的国家救助、社会保险和企业赔偿等具

体规定,全方位保障消费者的合法权益。

(3)搞好舆论监督建设,充分发挥新闻媒体的监督作用。

新闻媒体虽然不具有强制力,但具有干预迅速、不受地域限制且社会成本低、影响广泛等优势,对政府执政方式和行政方式的转变能起到积极的作用。在绿色食品资源安全监督方面,借助新闻媒体这一平台,政府可以广泛地开展绿色食品资源安全法律法规、国家和地方标准、真伪绿色食品资源辨别知识的公益宣传,也可以对违法行为进行及时曝光。政府应把舆论监督当作一面镜子,在支持新闻媒体正当监督的基础之上增强绿色食品资源安全监管的自觉性和主动性;要严厉打击和整治绿色食品资源虚假广告,揭露、曝光绿色食品资源安全方面的违法犯罪典型案件;要加大对绿色食品资源安全知识的普及和宣传力度,广泛利用各种新闻媒体,对有关绿色食品资源安全的法律法规、绿色食品资源安全惠民政策、绿色食品资源放心工程、绿色食品资源安全科普知识等进行大力宣传,从而提高全社会对绿色食品资源安全的关切度,增强公众的绿色食品资源安全意识,增长公众关于绿色食品资源安全的知识,引导公众树立健康的消费观念,在整个社会营造一种崇尚绿色食品资源质量安全的良好氛围。

此外,政府要加强新闻工作者职业道德建设,倡导新闻专业主义精神,引导新闻媒体行业健康发展,特别是要发挥互联网等新型媒体的宣传报道作用,促进各类媒体坚守职业道德,减少和杜绝失真失实报道,以免误导政府、利益相关集团和个人等各类群体,增加不必要的社会管理成本。

3. 黑龙江省绿色食品资源监管工具创新

(1)信息共享及发布平台建设。

建立绿色食品资源安全信息沟通共享平台及发布平台。

①要建立政府监管动态网。各监管部门指定信息专员每天更新部门监管动态信息,并按月度、季度、年度提交部门监管工作总结;绿色食品资源安全综合协调部门对信息平台进行统一管理,在部门信息梳理、整合中发现并跟进有关问题,并对部门的监管工作进行督查。

②要建立监管对象基本信息数据库。该数据库由综合协调部门牵头搭建并组织各监管职能部门定期更新完善,其涵盖绿色食品资源安全各个领域生产经营主体的名称、地址、规模、联系人、联系方式、生产经营范围、有无注册、有无资质认证等内容,方便监管部门查询和实施监管。

③要建立绿色食品资源安全信息发布平台。建立健全绿色食品资源安全信息统一公布制度和信息披露机制,由绿色食品资源安全综合协调部门根据监管部门的动态信息定期编写绿色食品资源安全动态,在平台上面向全社会发布。信息发布应当做到及时、准确,既报喜也报忧。对于影响较大的信息,发布前应进行调查评估、稳妥准确,并做好解释说明,防止引起消费者恐慌和舆论负面炒作。

④要建立政策法规汇总网。该网络收编与绿色食品资源安全相关的所有法律法规、部门政策文件;各部门将各自监管工作的主要法律依据按条款独立列出并进行解释;对于行政审批项目,则提供办理流程、申请表格等文件的下载。

(2)配套支持体系建设。

①要健全绿色食品资源安全检验检测体系。政府应当着力于建设针对绿色食品资源生产经营企业、执法监管机构及社会中介组织的检验检测机构;应当对现有检测资源进行充分

评估,对现有检测力量进行科学规划,实现资源的整合;应当正确定位绿色食品资源生产流通对检验检测技术的实际需求,据此来引进国外相关先进技术,结合国情研究并制定出适合不同层次的检测检验技术和方法,建立一套结构合理、职能清晰、种类齐全、运行高效,既与国际接轨,又符合黑龙江省的绿色食品资源安全质量检验检测体系。

②要加强绿色食品资源安全认证体系的建设。搭建绿色食品资源供需双方之间信息传递的桥梁,有赖于建立一个完善的绿色食品资源安全认证体系。规范的绿色食品资源质量认证对于绿色食品资源生产者、消费者、政府来说都具有重大意义。绿色食品资源安全认证体系的建设应当注意以下两方面:要与国际接轨,结合黑龙江省实际情况建立国家绿色食品资源认证标准,确保其统一、规范;其次,通过制定和完善绿色食品资源安全认证标志管理办法,鼓励社会监督,促进绿色食品资源企业的有序竞争,加强对认证机构的监管;对认证行为和认证信息的使用加以规范,使其适应社会主义市场经济发展的需要。

③要完善监管部门的执法设备和防护设施。执法设备的完善是执法严肃性、规范性、合理性的客观需要,地方政府应当给监管部门配备合适的交通工具、调查取证设备和检验检测设备等必不可少的执法设备,以解决"巧妇难为无米之炊"的问题。同时,由于绿色食品资源安全监管难免长期接触病害物质,为保证工作人员的身体健康,提供劳保防护物质也是地方政府的义务,也是提高监管部门工作积极性、提高监管工作效率和信度的重要举措。

第五章 黑龙江省绿色食品资源开发战略规划的基本设计

第一节 绿色食品资源发展战略的重要意义

一、绿色食品资源发展战略的含义

本书所研究的绿色食品资源发展战略,主要涉及发展经济学内容,研究对象为绿色食品资源发展,资源的发展涉及政府、农户、企业、中介、科研院所等主体,由于主体众多,为便于研究需要,本书引入系统战略发展相关理论,建立绿色食品资源发展多因素,多主体、互相关联,互相影响的战略发展系统。系统示意图如图5.1所示。

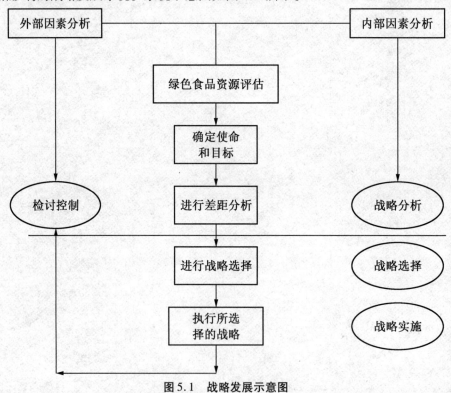

图5.1 战略发展示意图

本章按照以上理论提供的方法和流程展开,对黑龙江省绿色食品资源发展状况从发展战略的角度进行战略分析,包括宏观环境分析、产业环境分析和具体企业之间环境分析,对整体进行内部资源、能力分析,使用 PEST 分析法、五力模型和 SWOT 分析法。前面已经提出了黑龙江省绿色食品资源发展的使命和目标,根据战略分析的结果,比较目标和现状之间的差距,主要是进行差距分析,其中包括黑龙江省绿色食品资源发展战略的评价,由评价指标体系的建立、评价模型的选择和最终的评价结果,找出黑龙江省绿色食品资源发展战略的主要影响因素。在此基础上进行战略选择,明茨伯格以其独特的认识,归纳总结了"战略"的五个定义:计划(Plan)、计谋(Ploy)、模式(Pattern)、定位(Position)和观念(Perspective)。本书也将从以上几个方面,分别为黑龙江省绿色食品资源发展提供战略选择,主要有发展模式选择、发展战略计谋设定、发展战略定位及发展计划。最后根据已选择好的几个方面的战略拟定出具体的行动措施。

二、科学制定黑龙江省绿色食品资源发展战略的重要意义

绿色食品经济作为一种代表农业与食品工业发展方向且蕴含巨大发展潜力的新型经济,对于实现黑龙江省增长,增强农业竞争力必将发挥出强大的功能绩效。本章借鉴和参考相关研究报告和文献,得出黑龙江省绿色食品资源发展的使命包括以下六个方面:

(一)培育新的经济增长点

在21世纪更加注重经济、环境、科技、社会之间协调发展的全球大背景下,绿色食品经济将采取一种全新的现代农业生产经营方式,以生态效益为基础、经济效益为手段、社会效益为目标,较好地解决了农业生产与环境保护之间的不相容性。通过产前、产中、产后等多个环节的分工与衔接,使农民从直接的市场交换中解脱出来,减少了市场风险和交易成本,而且通过绿色食品产业化运营提高了农业与农民的组织化程度,有利于增强谈判能力、竞争能力和获利能力,促进农民增收。绿色食品开发推行规模化种植、专业化生产、区域化布局、基地化发展,实行生产专业化、农产品商品化、服务系列化、产销一体化,把支柱产业建立在经济与环境协调发展的良性循环机制上,加快传统农业生产结构向现代农业生产结构的调整和转变,必将形成新时期农业经济增长的热点与焦点。

(二)改善生态环境状况

绿色食品资源续发展能够优化生态环境。在产业发展过程中,人类能够运用生态规律,对未达到最优状态的自然生态环境进行改造,使之转变成理想的生态环境。生态环境的优化又为产业的进一步发展提供了更好的基础条件,再度提高产业改善与优化生态环境的能力,从而形成产业发展与生态环境优化之间的良性循环。换言之,绿色食品经济是一项积极有效的环境保护工作,是资源环境价值的体现和转化,其开发生产过程对产地环境具有极强的依赖性和正面促进的功效,是促进生态经济效益成果与经济效益成果相互转化的良好载体。随着绿色食品经济的深入发展,基地规模和消费规模的增容扩大,绿色食品经济对于农业生态环境的改善与良性循环的形成必将发挥出越来越大的作用。

(三)提高城乡居民消费质量

食物与人类机体之间发生着极其密切的联系。为了维持生理需要,人们每天必须消费一定数量的食用农产品。据估计,一个70岁的人一生中约有40 t以上的食料通过其胃肠道,若以食品原料计,这个数值更大。因此,人们的身体健康在很大程度上受所摄入的食品质量、卫生、安全与营养状况的影响与制约。但是,目前食物质量、安全和卫生状况存在隐患,表现在:一方面,在部分地区,食物生产环境日益恶化,由于工业"三废"和城市生活垃圾、污水的破坏和影响,以及生产过程中化肥、农药、兽药、饲料添加剂使用不当,加工过程中

食品添加剂和技术使用不合理,造成部分食物有害物质残留超标,严重影响居民健康。另一方面,假冒伪劣等不合格食品充斥市场,更加剧了人们在食品消费时受到侵害的可能性。这两类食品中多数食品具有难辨认鉴别、食后影响不显著等共同特征,导致消费者无法通过外观辨别其质量,缺乏足够的食品质量信息而不能自行解决食品质量安全问题。而绿色食品有利于克服这一难题,通过向消费者提供该食品达到绿色食品规定标准的质量保证和可靠信誉,大大提高了食品质量,保障了人们食用的基本安全,而且它适应了黑龙江省居民消费需求中农产品质量提升的要求,对于提高居民消费质量和改善营养结构具有重要的作用和意义。

(四)扩大食品出口创汇

许多发达国家相继通过提高环境和安全标准的技术要求,提高了农产品的国际市场进入门槛。因此,要在国际食品贸易中改变被动受限的局面,有效突破绿色贸易技术壁垒,扩大食品出口创汇,就要通过大力提高出口农产品的质量安全水平,提高黑龙江省农产品在国际市场上的竞争力。黑龙江省绿色食品通过"从田头到餐桌"的全程质量控制,质量卫生指标已接近发达国家食品质量安全水平,且通过对基地环境质量状况进行监测,具备环保优势,易于打破涉及资源和环境保护领域的绿色壁垒。正是由于严格的质量标准和规范的标志管理模式的实施,绿色食品在国内外已树立了优质安全食品的品牌形象,并逐渐得到国际社会的广泛关注和认可,多年出口一直畅通无阻,且出口创汇额逐年增加,有效地突破了绿色贸易壁垒的阻隔,日益成为黑龙江省农产品走向国际市场的有效通行证。因此,发展绿色食品这类优质高值食品,由于迎合了世界范围内正广泛掀起的绿色消费浪潮,不但能在国内市场保持较强的竞争力,而且还将成为带动农产品出口的主导力量,对于有效提高食品出口创汇能力和增加国家财政收入具有重要的现实意义。

(五)提升农业国际竞争力

21世纪农产品国际竞争力与创新源集中在以下三个方面:一是农产品质量与安全水平;二是农产品成本与价格;三是商业信用与交易费用等。因此,全面提高黑龙江省农产品的质量与安全水平成为提升黑龙江省农业国际竞争力的一个不容回避的重要课题。

绿色食品作为国际上新兴食品的代表,在质量标准和品牌影响力等方面都具有较强的国际竞争优势,受非关税贸易壁垒的限制很小,成为黑龙江省农产品抢占国际市场的生力军。因此,发展绿色食品是提高黑龙江省农业国际竞争力的重要途径。反之,如果不尽快提高农产品的安全性和营养价值,黑龙江省的农产品就会丧失进一步提升国际竞争力的大好时机。

(六)开辟农民增收新途径

绿色食品是顺应当今世界消费潮流的时尚食品,其消费面广,市场容量大,发展前景极为广阔。专家认为,全球绿色食品消费量将以每年10% ~20%的速度增长,10年内的市场潜力在1 000亿美元以上。目前,发达国家消费的绿色食品大部分依赖进口,这为包括中国在内的发展中国家提供了发展机遇。而且,绿色食品具有较好的经济效益。市场调查结果显示,目前绿色食品的生产效益高出一般农产品生产的20%左右。例如,黑龙江省实施"打绿色牌、走特色路"的发展战略,2001年全省绿色食品作物种植面积达到1 035万亩,占全省农作物种植面积的8.7%,产值121亿元,占全省农业总产值的17.5%,农民人均绿色食品经营收入 206 元,占全省人均纯收入增加额的 39.3%,成为农民增收的主要来源。

第二节　科学制定黑龙江省绿色食品资源发展战略的依据

一、科学制定黑龙江省绿色食品资源发展战略的外部条件

依据宏观环境分析的方法进行划分,本章主要使用 PEST 分析法,得出影响黑龙江省绿色食品资源发展的宏观要素,包括政治法律环境、社会文化环境、经济环境、技术环境和自然环境。

1. 政治法律环境

黑龙江省政府对绿色食品的发展给予了高度重视和支持。农业部成立了绿色食品发展中心和中国绿色食品总公司,由该中心注册绿色食品标志,负责推行和管理该标志,同时制定了绿色食品标志管理办法及申请使用绿色食品标志的审核程序,并在各省(市、区)建立了相应机构负责绿色食品的监督管理,在全国范围内奠定了绿色食品组织法律基础。黑龙江省也非常重视绿色食品的发展,在全国率先颁布实施了绿色食品管理的地方性法规《黑龙江省绿色食品管理条例》,把绿色食品产业开发推向了法制化管理轨道,而且把绿色食品加工基地列为振兴东北老工业基地的六大基地之一,一年投入 5 500 万元资金,全力支持绿色食品开发。

2. 社会文化环境

社会文化环境包括一个国家或地区的居民教育程度、文化水平、风俗习惯、价值观念、审美观念、宗教信仰等。文化水平会影响居民的需求层次,也会影响劳动者素质;宗教信仰和风俗习惯会鼓励或抵制某些活动的进行;价值观念会影响人们对企业目标、活动以及企业存在的态度;审美观念则会影响人们对企业活动内容、方式以及成长的态度。经过调查发现,目前受教育程度较高的知识分子占到整个绿色食品消费群体的多数,达到 64.3%,这部分人在思想上对现代常规农业给环境和食品带来的问题有着较为深刻的认识,特别需要安全、健康的食品,因此成为绿色食品较为稳定的消费群体。另外,从年龄结构上看,青年人主要出于追求时尚的目的而成为绿色食品重要的消费群体。据调查,在购买绿色食品的人群中,18～29 岁的青年人占到 31%。

3. 经济环境

经济环境主要指一个国家的人口数量及其增长趋势、国民收入、国民生产总值及其变化情况以及居民的收入水平、消费偏好、储蓄情况、就业程度等因素。改革开放以来,特别是加入 WTO 后,黑龙江省国民经济呈现出持续、健康、协调发展的良好势头,这给企业的发展创造了良机。从市场形势看,人均收入不断增长,购买力不断提高,居民收入支出结构正在发生根本变化。从食品消费方面看,现在黑龙江省城乡居民的营养水平已接近世界平均水平,其中热量摄入部分已超过 AFO 制定的中国人对热量的摄入,也超过黑龙江省生理学会测定的中国人对热量的合理需要量。这说明黑龙江省城乡居民的温饱问题已经基本解决,大众将更多地追求高质量食物消耗,因此绿色食品具有广阔的市场空间。

4. 技术环境

企业生产经营过程是劳动者借助一定的劳动条件生产和销售一定产品的过程。不同的产品代表着不同的技术水平,对劳动者和劳动条件有着不同的技术要求。绿色食品是优质、营养、安全、无污染的产品,是质量要求较高的食品,对技术的要求当然也是很高的。同世界发达国家相比,黑龙江省大部分行业普遍存在着明显的技术落后问题。黑龙江省绿色食品的发展虽然在国内比较突出,但优势只体现在数量和产量上,而在技术上没有优势,农作物基本上还是靠天吃饭,绿色生产资料等配套产品落后,除草和病虫害的防治主要采用施农药的方法来解决,农产品加工技术起步较晚,精深加工技术缺乏,科研水平也不高,急需在技术环境上得到加强。

5. 自然环境

自然环境包括地理位置、气候变化、生态状况、资源条件等自然因素。因为绿色食品原料在生长中对环境的特殊要求,自然环境对绿色食品具有极其重要的作用。开发时间较晚、开发历史较短、污染程度较轻的黑龙江省地处祖国边陲,自然生态环境优越,素有"北大荒"之称。丰富的自然资源与优良的生态环境为黑龙江省绿色食品的发展提供了坚实的基础。

二、科学制定黑龙江省绿色食品资源发展战略的内部条件 SWOT 分析

1. 优势方面

黑龙江省正处于历史上最好的发展时期。除继续得到中央各项惠农强农政策支持外,黑龙江省还将得到国家振兴东北等老工业基地,新增 500 亿 kg 粮食生产能力规划、两大平原农业综合试验区、大小兴安岭生态功能区等多个重大专项政策和资金支持;黑龙江省农业自身基础条件优越,具有大生态、大农田、等发展优势,是黑龙江省农业资源禀赋最好、粮食增产潜力最大的省份,农业参与国际国内合作正面临新的机遇。

2. 劣势方面

黑龙江省资源开发利用率低与保障国家粮食安全任务重的矛盾、加快发展与保护生态环境的矛盾、资金投入不足与基础设施薄弱的矛盾、农民收入不稳与缩小城乡差别的矛盾依然十分突出。随着粮食需求的刚性增长和农产品质量安全、环境保护要求的不断提高,转变农业发展方式的任务十分艰巨。

第三节　黑龙江省绿色食品资源发展战略规划方案的基本设计

一、战略指导思想与基本指导原则

1. 黑龙江省绿色食品资源发展战略指导思想

深入贯彻落实科学发展观,以增加农民收入和建设新农村为目标,以结构调整优化和转变发展方式为主线,以提高农业生产力水平、改善农业生产关系为着力点,坚持"工业支持农业、城市带动农村"和"多予、少取、放活"的方针,围绕发展以"六化"为标志的现代化大农

业,深入实施粮食安全与食品安全战略、产业结构调整优化升级战略、统筹城乡经济社会一体化发展战略和农村小城镇牵动战略,转变农业发展方式、调整产业结构、加强基础设施建设、强化科技支撑,加快推进松嫩、三江平原农业综合开发试验区建设,加快推进农业产业化、农村工业化和农村城镇化,加快推进农村改革开放,显著提高农业综合生产能力、产业整体素质和物质装备水平,把黑龙江省建设成国家重要的粮食生产基地、绿色食品加工基地,实现由农业大省向农业强省转变,率先实现农业现代化。

2.遵循原则

(1)以人为本,持续发展。

黑龙江省绿色食品资源发展应尊重农民意愿,充分发挥农民主体作用,推进现代农业和新农村建设。正确处理资源保护与合理开发的关系、结构调整与环境容量的关系,坚持资源开发、节约和保护并举,大力发展绿色经济和循环经济,实现农业资源的永续利用和循环发展。

(2)依靠科技,科学发展。

黑龙江省绿色食品资源发展应切实把农业和农村经济发展重点转移到依靠科技进步、依靠现代化的技术装备和提高劳动者素质上来,加快农业新品种、新技术开发和农业科研成果推广应用,用高新技术改造传统农业。

(3)统筹兼顾,协调发展。

黑龙江省绿色食品资源发展应充分发挥各地区区域比较优势和资源禀赋优势,坚持"农业、农村、农民"三位一体、"产前、产中、产后"统筹兼顾、"生产、生活、生态"联动发展、"民主、民权、民生"和谐均等,确保利益关系良性互动,构建城乡经济社会一体化发展格局。

(4)深化改革,创新发展。

黑龙江省绿色食品资源发展应在稳定和完善农村基本经营制度的基础上,积极推进土地制度、林权制度、金融保险制度、支农保护制度、城乡一体化制度及民主管理制度改革,努力探索与现代化大农业相适应的生产组织方式,增强发展活力。

(5)多元投入,快速发展。

黑龙江省绿色食品资源发展应努力争取国家基础设施投入。整合各类支农资金,逐步建立健全以政府投入为引导,农民投入为主体,市场融资、社会资金投入为补充的多元投入机制,调动各类投资主体参与农业农村经济发展的积极性。

二、战略目标

综上所述,从中长期来看,绿色食品经济发展的目标体系如下:

(1)黑龙江省绿色食品资源发展应顺应社会经济发展的潮流,在吸收现代科技和中国农业传统农艺精华的基础上,用绿色科技在黑龙江省造就一个新型的绿色食品产业。

(2)黑龙江省绿色食品资源发展应通过绿色食品经济的发展,促进农村社会、经济、环境的发展,使黑龙江省农业现代化水平在可持续发展的水平上不断提升。

(3)黑龙江省绿色食品资源发展应通过绿色食品经济的发展,促进黑龙江省食品工业发展,并为国民生活质量和健康水平的不断提高提供食品卫生安全保障,达到提高社会福利的最终目标。

三、战略模式类型

从黑龙江省绿色食品产业的发展情况看,绿色食品产业的发展可采用中小企业聚集型、龙头企业带动型、市场依托型和品牌联结型四种模式。

1. 中小企业聚集型模式

黑龙江省绿色食品资源产业起步较晚,无论是产业的整体规模还是个别企业的规模都还较小。黑龙江省目前也是以中小企业为主。黑龙江省大豆加工企业有1 000多家,其中日处理50 t以上的企业只有136家,日处理1 000 t以上的企业仅有三家;全省稻谷加工企业也有1 000余家,其中年加工能力在2万 t以上的企业不到100家,生产规模大都很小,黑龙江省的绿色食品资源仅是初具产业集群的雏形,只是具有企业和产品在地理分布上较为集中、企业规模普遍较小等产业集群的初步特征,在企业数量上、在企业之间的分工协作上以及企业的技术水平和满足市场需求的能力等方面还存在着很大的差距。

黑龙江省农村土地实行家庭承包制,因农村人口众多,户均土地较少,制约了农业的组织化和集约化发展,目前主要发展以家庭企业为核心的中小企业。黑龙江省过去由于计划经济的长期束缚和观念的落后,经济发展已经落后于一些发达省(市、区)。为了提高农业的产业化水平,黑龙江省过去一直重视大型企业的发展,强调做大做强,却长期忽视了中小企业的发展,对中小企业尤其是由中小企业构成的产业集群缺少关注,在引导农民发展加工业、开办家庭企业方面缺少政策和资金支持,影响了农业的产业升级,也影响了绿色食品资源中小企业聚集型产业集群的形成,急需在这方面提高认识、重点支持。

2. 龙头企业带动型模式

龙头企业带动型模式是指以一个或几个绿色食品资源加工的大型企业为核心,大量小企业和农户围绕着龙头企业的最终产品进行生产、加工、销售或原料供应等活动,大型企业作为龙头对这些小企业发挥着带动作用。

龙头企业必须是具备较大规模和较高知名度的加工企业,通过周围的小企业,上联原料生产基地和农户,下联国内外市场,形成农工贸紧密衔接的产业链。作为龙头企业,处于产业的中心地位,可以利用自身较强的市场开拓能力,及时了解市场对绿色食品资源的需求信息,以此来指导农业生产,为农户提供市场信息和技术指导,为周围的小企业创造市场机会。农户和小企业处于周边从属地位,农户按购销合同和专业分工进行生产,并按合同要求将农产品提供给龙头企业,小企业为龙头企业做配套,生产中间产品,提供本地服务。集群内形成原料生产、中间品生产、成品生产和配套服务等各层次的分工协作体系。据2004年黑龙江省企调队对经有关部门认证的72户省级以上农业产业化龙头企业进行的专项调查显示,与龙头企业有着较密切联系的企业有541户,中介组织有116户,农业产业化龙头企业的辐射带动能力较强。

根据龙头企业的形成过程,可将黑龙江省的绿色食品资源龙头企业分成内源型和投资型两种类型。内源型龙头企业是由黑龙江省本地原有的小企业逐渐发展起来的大企业,是土生土长的,因而与企业当地的其他企业以及农户有着先天的联系,这类企业占到了龙头企业的多数,如完达山乳业、北大荒集团、哈尔滨绿色实业等一批龙头企业都是属于这一类型。外来投资型龙头企业是由省外或国外的大型企业在黑龙江省投资兴建起来的大型企业,因企业总部自身的雄厚实力及黑龙江省资源环境条件的强烈吸引力和政府招商引资的优厚条件,这种龙头企业的规模一般都很大,带动能力强,如双城雀巢有限公司的日处理鲜奶能力达到 1 500 t,富裕光明乳业公司的日处理鲜奶能力达到 1 000 t,而杜蒙伊利公司二、三期工程投产后日处理鲜奶能力将达到 800 t。在双城市,雀巢有限公司就带动起 2 万多奶牛养殖户、160 万头奶牛。

3. 市场依托型模式

市场依托型模式是指以专业化绿色食品资源市场为依托、为导向,通过市场向周边的辐射牵引力,吸引一定区域内的中小企业和农户从事绿色食品资源生产、加工,形成绿色食品资源产业的区域化和专业化。

市场在这种模式中起到了关键作用。区域经济范围内首先要有专业化的市场,这为产业集群的形成创造了重要的市场交易条件和信息条件,能够吸引产业的生产制造过程集聚在市场附近。东宁县绥阳黑木耳大市场是全国最大的黑木耳交易市场,年交易量达 2 500 万 kg,交易金额达 6.5 亿元。以绥阳黑木耳大市场为依托,东宁县越来越多的农民开始种植黑木耳,在全县 102 个村中,有 98 个村种植黑木耳,全县 2004 年春季黑木耳产量达 1 000 万 kg,占全国年产量的 10%,成为全国黑木耳生产第一县。黑木耳产业的蓬勃发展带动了相关产业,全县涌现出黑木耳加工企业 16 户,食用菌商店 18 个,草帘编织厂 16 个,空车配货站两个,共吸纳劳动力 25 000 多人,实现了劳动力的就地转移。

生产企业所依托的市场可以是专门从事市场销售的贸易公司,贸易公司并不参与产品的生产、加工过程,专门收购其他专业化企业生产的产品,广大中小企业按照贸易公司的要求进行专业化生产。市场是为供应方与需求方提供结合的场所,以市场为依托的企业与市场没有距离感,可以真切感受到市场需求随时的变化,并能尽早地掌握市场未来的趋势。

4. 品牌联结型模式

品牌联结型模式是指一定区域内各自独立的企业共同使用某个品牌,品牌把这些企业联结在一起。

品牌最初的目的是用来区别一个企业出售的产品与其竞争企业出售的同类产品,以免发生混淆。现代企业的品牌除此目的之外,更多的是代表企业及其产品的价值、地位、品质、承诺。可以说,品牌是企业的生命,是产品走向市场的通行证。但是由于规模和实力的限制,中小企业依靠自身来提高品牌知名度需要的时间较长,难度也较大,为了实施品牌战略,可以与其他企业进行合作,共同使用某个品牌,依靠多个企业的合力来开发市场。企业既保持了各自产权上的独立性,又形成了共同的市场推动力,能够在短时间内扩大品牌的影响力,并推动本地区相关产品的市场销售,进而促进区域经济的发展。

企业之间品牌的联结,可以是由企业自发展开的,也可以由相关的组织机构协调进行的,关键是企业在品牌联结中能够切实提高收益。品牌的联结必须依靠利益机制,调动起企业的积极性,而不是用一个品牌把原本产权独立的许多企业强行合并成一个一体化的大企业。不同的企业使用同一个品牌,品牌的管理就显得尤为重要了。

黑龙江省森工总局为发展以绿色食品资源为主的多种经营产业,在国家工商总局统一为森工八大类 88 个品种的产品注册了"黑森"商标,以"六统一"(即统一品牌、统一标准、统一质量、统一包装、统一价格、统一宣传)为原则,要求各森工企业新发展起来的绿色、特色产品中的精品都要使用"黑森"品牌,原有的其他产品品牌也要逐步向"黑森"品牌靠拢,不断扩大"黑森"产品的范围、生产规模和市场占有率。经过几年的发展,已有60多个企业和产品在使用"黑森"品牌,其中有九个企业、13个产品获得绿色食品资源标志,监测面积达到32万亩,占全省森工绿色食品资源总监测面积的59.1%,对森工多种经营产业结构调整起到了积极的推动作用。

五常市是黑龙江省重要的商品粮基地县,水稻种植历史悠久,近几年来培育的五优稻1号(长稻香)享誉全国,还通过了美国绿色协会认证。然而由于多方面的原因,市场上的五常大米在前几年存在着严重的假冒现象,据五常市绿办测算,全国市场上销售的五常大米至少有20%为假货。为保证五常大米的质量,维护产品形象,提高市场影响力和竞争力,五常市由农业部门牵头,组织工商、技术监督、粮食、环保等17个与大米相关的部门或单位作为发起人,成立了大米生产、加工和营销领域的法人社团组织——五常市大米协会,并于2001年作为注册人向国家工商局申报获得了"五常大米"产地证明商标。协会规定,凡是五常所产的商品大米,只打"五常大米"一个品牌,用证明商标统领企业品牌。凡生产、加工、销售五常大米的企业,都必须按照《五常市绿色食品资源水稻栽培模式》和《水稻优质米技术规程》进行生产栽培,按照《五常大米加工质量标准》进行加工。对加工设备陈旧、加工质量不合格的73家企业拒绝入会,拒绝其使用证明商标,设备更新合格后再吸收入会。截至2003年7月,五常市大米协会已发展加工企业会员450家、经销商136家、稻农6万多户,种植水稻100多万亩。在加工企业会员中,年加工能力10 000 t以上的有四家,5 000～10 000 t的有11家,5 000 t以下的有435家;国有企业有一家,日本独资企业有一家,中外合资企业有两家,股份制企业有16家,民营企业有430家;有日本佐竹设备四套,国产设备446套。通过品牌的联结,企业既保持了各自产权上的独立性,又形成了共同的市场推动力,能够在短时间内扩大品牌的影响力,并推动本地区相关产品的市场销售,进而促进区域经济的发展。

四、战略阶段、战略重点及战略突破口

1. 战略阶段

通过查阅文献发现,黑龙江省绿色食品资源可持续发展的阶段,主要是由以下阶段构成:

第一阶段是开采天然资源,生态环境未发生改变,资源可以再生,并且可持续化循环发展。

第二阶段是开采与人工培育资源相互结合,利用原始手段培育资源,形成以人工培育资源补充天然资源的不足的循环发展。

第三阶段是人工培育资源,保证了资源的可持续发展和循环发展。

2. 战略重点

(1)黑龙江省绿色食品资源实施产业结构调整优化升级战略。

黑龙江省把握现代农业发展规律,加快推进农业结构战略性调整,稳粮兴牧、保林兴渔、保粮扩经。发挥区域比较优势,创新发展模式,大力优化生产力布局、优化产业内部结构,加速优势产业、龙头企业战略重组扩张,构建现代农业产业体系,提高黑龙江省农业产业化、科技化、市场化和组织化程度,增强产业市场竞争力和抗风险能力。

（2）黑龙江省绿色食品资源实施农村小城镇牵动战略。

以"承接产业转移、承载农村人口、享受公共服务"为目标,发挥小城镇承接城市、带动乡村的桥梁纽带作用,推进农村土地流转和农村劳动力转移良性互动。选择农村人口多、基础条件好、特色产业强的小城镇,加强基础设施建设,加快培育绿色优势食品产业,加快公共事业发展,加速城镇综合改革,增强城镇载体功能和吸纳农村人口能力,把小城镇建设成为区域性人口聚居区,农村劳动力就业创业区,农村二、三产业发展集中区和农村公共服务集中区,成为辐射带动周边农村区域新的经济增长点。

（3）黑龙江省实施粮食及食品安全战略。

把保证国家粮食及食品安全作为战略出发点,以"发挥优势、夯实基础、扩充总量、提高质量"为目标,加快建立农产品质量追溯制度,净化产地环境,保证投入品质量,健全农产品质量安全检验检测体系,大力发展优势粮食产业和绿色有机食品产业。

五、战略对策

（一）宏观对策

1. 黑龙江省发展以绿色食品产业为主体的农产品加工业

黑龙江省把发展以绿色食品产业为主体的农产品加工业作为促进农业结构调整的重要载体,转变农业发展方式的重要内容,发展现代化大农业的根本任务,充分发挥区域资源优势,大力发展农产品加工业,推进绿色食品产业快速健康发展,力争实现"原字号"产品不出省,就地加工增值,真正把资源优势转化为经济优势。预计到2015年,以绿色食品为主的农产品加工业主营业务收入达4 500亿元,参与绿色食品产业化经营的农户达到400万户,户均增收4 000元以上。

（1）黑龙江省打造大型产业化龙头企业。

整合加工资源,优化产业布局,着力培育一批市场开拓能力强、经营规模大、辐射面广的大型龙头企业,快速提升乳品、肉类、玉米、水稻、大豆、小麦、马铃薯及特色产业等八大产业发展水平,延长产业链,提高产品附加值,促进加工龙头企业集群化发展。预计到2015年,省级重点扶持10户主营业务收入超100亿元,20户主营业务收入超50亿元的大企业、大集团,市、县重点扶持70户到2015年实现年销售收入达10~50亿元骨干龙头企业。

（2）黑龙江省建设大型农产品生产基地。

围绕市场和龙头企业加工需求,优化农产品基地布局,大力培植发展大型专用的加工企业原料生产基地,推进基地向区域化、规模化、专业化、标准化和高效化方向发展,高标准建设原料"第一车间"。预计到2015年,基地标准化种植面积达到100%,规模化养殖比重达到90%。

（3）黑龙江省做大做强品牌。

以"增强品牌效应、扩大市场份额、提高竞争能力"为目标,加强对同行业、同产品的品牌整合,提升品牌竞争力。加快推进品牌、标识、产品标准、包装、价格和销售"六统一",进一步培育、整合品牌,把"五常""北大荒""寒地黑土""完达山""飞鹤""九三""摇篮""龙丹"等绿色食品知名品牌叫响全国、推向世界,打造一批具有龙江特色的国内外知名品牌。引导企业利用黑龙江省绿色食品原料优势,开发高端绿色、有机食品,用绿色品牌,提升黑龙江省农产品在国内外的知名度和市场竞争力。扩大农业对外开放,深入实施"走出去"战略,建设境内产品出口基地和境外农产品开发基地,加强对俄、对韩农业合作战略升级,积极开拓农产品国际市场。

(4)黑龙江省理顺利益联结机制。

建立健全"分工协作、利益均沾、风险共担、联动发展"的上下游利益联结机制。积极探索农民用土地使用权和产品、中介用资金和技术等要素,采取股份制、股份合作制等形式,与龙头企业结成风险共担、利益共享的共同体。

2. 黑龙江省切实加强农业基础建设,努力提高现代农业物质装备水平

把农业基础设施作为现代农业的重要物质条件和建设社会主义新农村的基础,加快水利化、农机化、科技化、信息化、生态化进程,提高农业物质装备水平。

(1)加快推进农田水利基础设施建设。

以防洪除涝、抗旱兴利、节水灌溉为重点,加快推进松嫩平原、三江平原水资源调配工程建设,建成一批大江大河及主要支流控制性枢纽工程。开工建设阁山、花园水库等流域控制性枢纽工程。大力推进大、中、小型灌区续建配套和节水改造工程,加快尼尔基引嫩扩建骨干工程建设,继续实施大型灌排泵站更新改造工程,完成病险水库除险加固。进一步优化水资源配置,完善县级农田水利规划,扩大有效灌溉面积,提高防洪排涝能力。加快推进水利工程管理体制改革。推进高效节水灌溉工程、应急抗旱水源建设和牧区水利工程建设。以三江平原为重点,开展小流域综合治理,加强水污染严重河湖和生态脆弱河流综合治理与修复。合理开发空中云水资源,建设人工增雨基地。大力推进田间工程建设和国土整理,加快中低产田改造,加强坡耕地等水土流失治理,建设机耕路及防护林。提高测土配方施肥技术普及率、入户率和到田率,鼓励增施有机肥、种植绿肥和秸秆还田,逐步提高耕地质量。预计到 2015 年,新增灌溉面积 3 000 万亩,治理水土流失面积 8 000 km²,新增旱涝保收田面积 4 000 万亩。

(2)加快推进农机装备工程建设。

大力推进种养业机械化工程建设,加快引进和应用先进实用、高科技机械,积极推广大马力、高性能、节能环保和复式作业机械,优化农机装备结构。继续实施农机购置补贴政策,发展机械大户,组建农机作业合作社等新型农机服务组织。加强农机公共服务体系建设,推广应用现代农机化新技术,配套建设机耕路,提高作业标准。以先进适用、市场急需的新型农机装备为重点,加快项目开发建设,逐步形成适合省情、产业集中度高、具有较强竞争力的新型农机装备制造产业新格局。预计到 2015 年,重点组建大型农机合作社 1 400 个,全省农机总动力达到 5 000 万 kW 以上,田间作业综合机械化程度达到 92.5% 以上。养殖业机械化水平大幅度提高,奶牛养殖全部实现机械化榨奶。规模以上新型农机装备产业实现主营业务收入达到 110 亿元以上,农机整机产品本地配套率达到 30% 以上。

(3)加快农业科技服务体系工程建设。

发挥科技优势,建立和完善种养业和林业新品种选育、引进、繁殖、推广紧密衔接的现代育种产业体系,建设农、林、牧良种大省。重点建设完善国家级粳稻、大豆、玉米、马铃薯等国家级创新中心和畜禽品种资源保护场。完善农业科技创新体系,加强基层农业技术服务推广体系建设,加大各类高产栽培技术模式和管护措施等先进农业技术推广力度。按照国家标准、行业标准和地方标准,完善黑龙江省种养业生产标准和生产技术操作规程,推进农业标准化生产。预计到 2015 年,农业生产科技贡献率达到 63% 以上,农业科技成果转化率达到 70% 以上,农业良种覆盖率稳定在 98% 以上。

（4）加快动物防疫体系工程建设。

以建设"无规定动物疫病省"为目标,加快骨干项目建设。在完成省级动物疫病控制中心建设的基础上,建设区域性动物疫病控制中心,形成覆盖全省城乡的集检疫、防疫、控制、反应与应急为一体的动防体系,有效降低畜牧业的生产风险。

（5）加快农业生态环境工程建设。

保护黑土资源,以有机培肥为基础,定向培育退化黑土和薄层黑土。加大耕地、水、野生动植物等资源保护力度,加强农业转基因生物安全管理,建立外来生物风险评估和监测预警体系。建立循环农业示范点,加快发展节约型农业和循环农业,促进农业农村节能减排,严格控制和防治化肥、农药、农膜、废水等点源、面源污染,推进农林废弃物循环利用。加快农田防护林和平原绿化工程建设,建设林业生态屏障。加强黑龙江、松花江、乌苏里江水源和扎龙等重要湿地保护,调节生态平衡。各级自然保护区数量由 198 处增加到 220 处,面积由 620 万 hm² 增加到 690 万 hm²,占国土面积的 15%。实施退牧还草和人工种草,加快沙化、碱化和退化草场治理。预计到 2015 年,全省林地保有量达到 2 327 万,草原植被盖度达到 90% 以上,沙化草原植被得到全面恢复。

（6）加快推进农业信息化工程建设。

加快农业综合信息服务体系建设,搭建省级农业信息综合服务平台,推进农村基层信息服务站点建设,构建业务一体化、数据一体化、服务一体化、技术一体化和管理一体化的农业信息网络,实现种养业生产、农产品加工和粮食流通信息化。逐步实现加速农业现代化建设进程。预计到 2015 年,以网络设施为载体的农村信息网延伸到村,覆盖率达到 100%。通过农业基础设施装备信息化、农业技术操作全面自动化、农业经营管理信息网络化"三化工程"建设,使农业装备达到全国一流水平,综合生产能力跃上一个新的台阶。

3. 加快新型农业服务体系建设,提高现代农业发展的支撑能力

加快构建以公共服务机构为依托、合作经济组织为基础、龙头企业为骨干、其他社会力量为补充,公益性服务和经营性服务相结合,专项服务和综合性服务相协调的新型农业社会化服务体系,为现代农业发展提供覆盖全程、综合配套、便捷高效的服务。

（1）健全公共服务机构。

全面加强农技推广、检疫体系、病虫害防治、气象等农业公共服务机构建设,发展多元化、社会化农技服务组织,完善服务功能,为农业生产提供优质服务。重点推进基层农技推广站、植物保护、灾情监测、动物防疫体系等项目建设,力争完备省、市、县、乡四级体系。分区域建立和完善气候灾害、病虫害和生物灾害、水文水资源防灾害等防灾减灾体系,增强预警、预报功能,为粮食增产提供服务。

（2）健全农产品质量监控体系。

加大标准规程制定和推广力度,重点建设完善省、市、县三级农产品检验检测、安全监测和质量认证网络,建立起覆盖面广、内容科学、操作性强的农业标准体系。加快建立农产品质量追溯制度,推行农产品原产地标记制度,开展农业投入品强制性产品认证工作。严厉查处违法销售、使用禁用药物和化学物质行为。进一步健全田间档案记录和计算机数据资料库,以垦区优质农产品标准为依据,以规范化数字档案为基础,以信息网络为纽带,以专题网站为载体,逐步构建起农产品质量安全长效机制。

（3）健全农产品市场体系。

全面推进农产品批发市场升级改造工程、"双百"市场工程和"农超对接",建设农产品采购基地。建设一批集市场、物流、检验、信息于一体的特色农产品专业批发市场,使黑龙江省成为辐射全国及国际市场的优质农产品、食品批发集散地,构建大经贸、大市场、大流通格局。完善以国有粮食企业为主渠道、市场主体多元化的粮食购销服务网络。加强与国内三大期货交易所的合作,建设标准期货粳稻、大豆交割库,发展大宗农产品期货市场,运用期货机制规避市场风险。建立国家宏观调控下的粮食内外贸相结合的新体制和粮食进出口新机制,争取省级粮食出口经营权和产地直接出口权。发展农业会展经济,支持农产品营销。扶持农产品生产基地与大型连锁超市、学校和大企业产销对接,减少流通环节,降低交易成本。加强农业投入品管理,规范生产资料保障供给市场秩序,确保农业生产安全。

（4）完善粮食仓储、交通运输能力设施。

在粳稻、玉米、大豆主产区选择一批交通便利、辐射范围广、粮食外运量大、基础设施较为完备、能够发挥节点功能的粮食企业,扩建仓容及增加符合粮食流通"四散化"运输的配套设施设备。发展适合大农户的粮食仓储物流模式和技术,积极支持"粮食银行"等新型粮食仓储流通业态发展。预计到2015年,全省新建仓容71.5亿kg。同时,进一步加强铁路、公路和水路运输能力建设,满足农产品外运的需求。

4. 扎实推进改革,加快农业农村经济发展的体制机制创新

突出松嫩平原、三江平原在全国粮食和食品战略安全中的重要地位,设立松嫩平原、三江平原国家级现代农业综合改革试验区,推进体制机制创新,尽快形成有利于农业发展方式转变的制度体系,全面提高农业现代化水平。

（1）创新农村土地管理制度。

按照"产权明晰、用途管制、节约集约、严格管理"的原则,进一步完善农村土地管理制度。坚持最严格的耕地保护制度。加快划定永久基本农田,建立保护补偿机制。加快农村集体土地所有权、宅基地使用权、集体建设用地使用权等确权登记颁证工作。有序开展农村宅基地和村庄土地整治。完善土地承包经营权,依法保障农民对承包土地的占有、使用、收益等权利。加强土地承包经营权流转的管理与服务,建立健全县、乡、村三级土地流转服务平台,积极培育土地承包经营权流转市场,规范运营农村土地有形市场。把农机化作为加快土地流转的重要突破口,鼓励和支持以种植大户、各类合作社、龙头企业、场县共建和经济条件较好的村集体为载体,以转包、出租、互换、股份合作等形式流转土地承包经营权,发展多种形式的适度规模经营。鼓励和支持各类工商企业投资于非农民承包土地,建设大农场、大种植园、大养殖场等现代农业企业。

（2）创新农村金融制度。

在有效防范金融风险的前提下,降低设立农村金融机构门槛,成立资金互助组织。全面完成农村信用社改革,大力发展农村微小型金融机构,加快培育村镇银行、贷款公司等适应"三农"需要的各类新型金融组织,逐步形成合理分工、有序竞争的农村金融体系。开展农业开发和农业基础设施建设中长期政策性信贷业务,探索建立增加农业中长期信贷资金投入机制,增加中长期信贷资金投放。搞好农村信用环境建设,探索建立农业担保公司和贷款抵押、质押方式,建立政府扶持、多方参与、市场运作的农村信贷担保机制,扩大农村有效担保物的范围。发展农村保险事业,健全政策性农业保险制度,健全农业再保险体系,建立财政支持的巨灾风险分散机制。探索发行农业生态环保债券,培育发展农业生态资本市场。

(3)创新农村行政、财政、集体产权等各项管理制度。

坚持"政府引导、分级负责、农民自愿、上限控制、财政补助"的原则,探索建立新形势下村级公益事业建设的有效机制。坚持和保证各级财政对农业投入增长幅度高于经常性收入增长幅度,创新和完善财政支农的政策体系。在对农民种粮普惠制补贴的基础上,争取国家对黑龙江省优质粳稻和非转基因大豆种植增加补贴,并提高其最低收购价。开展建立粮食安全基金试点。以县域为基本单元,整合使用性质相同、用途相近的资金。加大对产粮大县的财政奖励和粮食产业建设项目的扶持力度,逐步提高奖励资金向农业基础设施投入比重,加大对水利工程、农机工程、生态工程、科技工程等补贴力度。积极推进户籍制度改革,统筹城乡综合配套改革,促进公共资源在城乡之间均衡配置、生产要素在城乡之间自由流动。深化集体林权制度和集体林采伐管理改革。继续推进草原基本经营制度改革。稳定渔民水域滩涂养殖使用权。建立推进农村集体产权制度改革试点。

(4)创新经营组织形式。

按照"服务农民、进退自由、权利平等、管理民主"的要求,认真落实新增农业补贴适当向农民专业合作社倾斜的政策,扶持发展各类专业合作社、专业协会等新型合作经济组织,引领农民参与国内外市场竞争。健全农民专业合作组织制度,深入推进示范社建设行动,对服务能力强、民主管理好的合作社给予支持。扶持农民专业合作社自办农产品加工企业。积极发展农业农村各种社会化服务组织,为农民提供便捷高效、质优价廉的各种专业服务。扶持有条件的农民专业合作社发展农产品加工业、参股龙头企业和参与举办农村资金互助社。到2015年,农民专业合作组织发展到2万个以上,40%以上的农户加入到合作社中来。其中,新建蔬菜专业合作社500个以上,蔬菜合作社基本覆盖大部分农村地区。

(二)微观对策

1.发展绿特色产业资源

把绿色(有机)食品、特色产品开发的重心放在总量扩张、精深加工、提高质量、开拓市场和强化监管上,优化农产品区域布局,发展适度规模经营,大力推广无公害、绿色(有机)食品种养业标准化生产技术,精心打造寒地黑土品牌,建设全国最大的绿色有机食品生产基地。预计到2015年,绿色(有机)食品作物种植面积扩大到7 000万亩,原料产量达到3 600万t;统筹推进新一轮"菜篮子"工程,努力提高蔬菜生产区域化、规模化、标准化和产业化水平,构建现代蔬菜产业体系;全省蔬菜种植面积发展到700万亩,比2010年增加100万亩,其中涉及蔬菜生产面积发展到100万亩以上。积极发展蓝莓、食用菌、果蔬、蚕蜂、野生动物、毛皮动物等内生动力强的新兴产业和特色种养业,发展观光农业等乡村旅游业,构建"一村一品、一乡一业、一县一集群"发展格局,推进特色产业集约化、规模化发展。

2.发展特色水产业资源

发挥黑龙江省水资源丰富,生态环境良好的自然优势,以及鱼类种质资源库丰富的区域特色优势,大力发展水产健康养殖,加强水产良种体系建设和界江、界河渔业资源增殖保护。在冷水资源丰富水域,大力发展大白鱼、鲟鳇鱼等具有区域特色的名贵特产鱼类品种集约化养殖,培植建设全国知名的淡水养殖主产区和名特优水产品生产加工产业带。预计到2015

年,水产品总产量达到 65 万 t;放养水面发展到 800 万亩,占全省渔类资源的 81.5%,其中,名特优水产品养殖面积达到 400 万亩。

3. 发展生态林业资源

坚持"生态主导、保护优先和合理开发"的方针,以林区经济转型和可持续发展为重点,保护和恢复森林资源生态系统功能。以防风固沙、水土流失治理、农田防护建设为重点,继续推进天然林资源保护、防护林、退耕还林、平原绿化和湿地保护等工程。大力发展林区接续替代产业,建立促进林业发展的长效机制。进一步加强宜林荒山荒地造林工程和珍贵树种繁育工程建设。预计到 2015 年,全省有林地面积达到 2 150 万 hm^2,森林蓄积达到 17.55 亿 m^3,森林覆盖率提高到 47.3% 以上;林业产业总产值达到 800 亿元;平均林地生产率由 78.6 m^3/hm^2 提高到 81.6 m^3/hm^2。

4. 发展优质畜牧业资源

以建设质量效益型畜牧业为目标,全面推进畜牧规模化饲养、标准化生产、产业化经营,构建现代畜牧业。大力实施"千万吨奶和五千万头生猪"建设规划,突出比较优势强、产业牵动力大的"两牛一猪"生产,重点支持标准化规模养殖场(小区)建设,提高专业化养殖生产水平,推进规模、清洁、健康养殖,把黑龙江省建成全国最大的奶牛生产基地及具有知名品牌、较强国际竞争力的优质乳、肉、蛋类产业基地。预计到 2015 年,全省年奶牛存栏、黄牛出栏、生猪饲养量分别达到 350 万头、380 万头和 5 500 万头。

5. 发展优质粮食产业资源

坚持把粮食生产放在现代农业建设的首位,按照"高产、高效、优质、生态、安全"的要求,深入实施千亿斤粮食产能和新增 1 000 万亩粳稻基地建设项目,建设全国最大的 5 000 万亩粳稻、5 500 万亩非转基因大豆、6 000 万亩工业用玉米、强筋小麦和优质马铃薯生产基地。预计到 2015 年,全省粮食种植面积稳定在 1.8 亿亩以上,粮食产量达到 5 500 万 t 以上,商品率达到 80% 以上。

第六章　实施黑龙江省绿色食品资源可持续发展战略规划方案的具体行动措施

第一节　实施黑龙江省绿色食品资源可持续发展战略规划方案的资源开发措施

基于黑龙江省绿色食品经济发展的现实状况与障碍因素,借鉴世界农业发达国家在有机食品发展方面的成功经验,推动黑龙江省绿色食品经济向健康化、高级化和持续化方向发展,必须综合运用宣传、技术、管理、扶持等多种措施。

一、加大政府宏观调控力度,为绿色食品经济发展创造良好的宏观环境

加强政府对绿色食品经济系统的宏观调控力度,就是要健全和完善宏观调控体系,通过改革不合理的管理体制,逐步减少政府对绿色食品市场经营主体的直接行政干预,建立起适合绿色食品经济自身特点与客观要求的、有利于市场机制充分发挥作用、直接调控与间接调控有机结合并以间接调控为主,综合运用行政、经济和法律手段进行高效管理的宏观调控体系。由于绿色食品经济的发展有利于环境改善、生活品质提高、区域经济的带动性发展,所以,政府要将其作为一项利国利民的重要工程积极加以组织实施,并在资金、税收和制度安排等方面给予优惠倾斜与扶持引导,调动各生产经营主体发展绿色食品经济的积极性和创造性,同时加以必要的规范与约束,使绿色食品经济驶入健康发展的快车道。

在宏观调控方面,围绕着绿色食品经济的快速发展,政府可以在以下几个方面开展相应的工作:

1. 理顺绿色食品管理体制,切实转变政府管理方式与手段

(1)打破部门分割和地区封锁,增强垂直管理机构之间的协调性,加强地区分工与合作,避免地方保护主义和低水平的重复建设,降低政策制定、执行和协调成本,努力提高绿色食品经济整体发展水平和效益。

(2)转变管理部门的工作思路与观念,由重认证轻监督、重收费轻服务向以服务为主、强化管理职能转变,加大监督力度,形成以政府监督为主、消费者监督和媒体监督为辅的完善的绿色食品监管体系。

2. 加快立法进程,加大依法管理的力度

要加快与绿色食品相关的各类法律法规的制定与完善,及时根据社会发展变化和食品生产与消费的新要求调整标准和法规,明确绿色食品管理部门、生产经营者、技术监督部门等相关主体的权利、责任和义务,形成对绿色食品生产、营销、加工、包装等各个环节管理的

法律效力,并依法加强质量认证和标志管理,加大对不法厂商和个人的惩罚力度,并依法追究法律责任,增强质量管理的严格有效性与绿色食品质量的稳定性与可靠性。

3. 充分营造有利的宏观发展环境

在政策倾斜上,黑龙江省要对绿色食品项目优先予以财政扶持、信贷支持、税收减免、产业保险以及设立绿色食品发展基金等优惠条件或措施,一方面为绿色食品企业的发展提供充分的资金支助,另一方面为绿色食品扩大规模和进入国际市场提供强有力的保障,以此来充分调动工商企业涉足绿色食品领域的积极性,以龙头带动绿色食品经济的发展。在基础设施与技术支持上,政府应组织专门人力、物力和财力,重点进行绿色食品基础设施建设(如改善基地生产环境、改善流通硬件环境等)与重大关键技术攻关,为绿色食品企业提供必要的环境保障与技术保障;在氛围营造上,要充分利用各种媒体来加强对绿色理念的宣传与教育,管理部门会合企业协同为消费者提供识别产品绿色度的相关知识与信息,增强广大城乡居民的绿色意识和环保意识,改变消费者偏好,以此带动绿色食品消费量的不断增长;在信息服务上,政府应倡导和率先构建适合绿色食品经济发展特点的信息服务体系,通过加快全国绿色食品信息资源体系建设以及强化信息服务机构的服务职能,为绿色食品生产经营者提供急需的各种市场信息、技术信息、法规政策信息等,大幅度提高绿色食品生产效率、管理和经营决策水平。

4. 加强标准和检测认证体系建设

质量是绿色食品的生命,也是市场竞争的筹码,为此,必须加强质量标准体系的建设,因为完善的标准体系是向消费者供给高质量和安全食品的工具保证,是增强消费者信心进而强力拉动绿色食品经济发展的关键环节。因此,政府要充分发挥其供给绿色食品标准体系的职能,同时加强检验监测认证环节,从制度上控制绿色食品生产企业的生产过程,大幅度提升产品质量和市场竞争力。为此,应尽快建立与国际标准接轨、内容不断充实的绿色食品质量标准体系,广泛积极地开展国际交流与合作,加强国际互认工作,将有利于国际绿色贸易壁垒的有效突破,增强黑龙江省绿色食品的国际竞争力;加强绿色食品产品检测和环境监测机构建设,形成相对完整、功能齐全的检验监测体系,并加强对这些机构的管理监督,以此加强对绿色食品标志认证的监督,同时协调组织技术监督、环保、工商等有关部门,建立完备的环境监测、产品质检、市场监督管理体系,实施统一、严格的检测认证程序,加强对绿色食品生产开发的全程监控。

二、建立多元化的投资体系,保证绿色食品开发的资金需要

绿色食品经济的发展需要有大量的资金投入作保障,尤其是在起步阶段,更是如此。面对目前资金短缺已经成为绿色食品经济发展的重要障碍的现实状况,必须运用多种措施,充分调动各个方面的力量和投资积极性,遵循"重点突出、效益优先和规模经营"三个基本原则,建立多元化、多层次和多渠道的资金投入体系,促进绿色食品经济的更快发展。从开辟资金的来源渠道来看,可以通过以下主要途径或方式进行。

1. 建立绿色食品发展专项基金

对于重点扶持的重大示范项目以及关键技术项目的研制、引进、试验、示范和推广,由中国绿色食品发展中心及省市主管部门拨付专项基金,共同承担费用开支;对于地区性的一般

性生产技术示范及推广项目的经费,主要由当地政府从地方支农资金中拿出一部分资金与绿色食品管理部门共同支付,在基地建设方面应当予以重点扶持。财政投入在整个资金投入体系中对其他渠道来源的资金主要起导向和引导作用。

2. 建立龙头企业投融资支持体系

基于龙头企业在整个绿色食品经济发展中的突出带动作用,充分调动金融部门的放贷积极性,鼓励龙头企业上市,以及引导担保机构积极为其担保,从而形成直接融资系统、间接融资系统、信用担保体系联动互补的资金投入支撑格局,构建完善的龙头企业金融支持体系,是增加绿色食品经济发展资金投入的根本出路所在。

3. 鼓励和吸引企业投资于绿色食品产业

在市场经济条件下,作为社会经济细胞的企业必须而且必然地会成为绿色食品生产与开发的主体,而这一主体地位也意味着其应当成为资金投入的主体。所以,应当鼓励已涉足绿色食品生产的企业加大对绿色食品新产品开发、技术研发、市场开拓等方面的资金投入。另外,积极引导、大力提倡有实力的龙头企业积极投资于绿色食品的生产开发,尤其是鼓励大型食品加工龙头企业的资金向绿色食品经济流动,扩大经营范围,增加绿色食品开发资金总量,并提高绿色食品资金使用效率与效益。其中,对于绿色食品生产企业来说,基地建设方面的资金需要重点加以保证,可以通过预付产品定金、赊销生产资料等多种方式,解决基地联系农户的资金困难,提高、扩大绿色食品生产基地的建设速度与规模,保证所提供绿色食品的优质特性与市场竞争力。因此,在绿色食品经济发展资金的筹集方面,应当尽快建立并完善以龙头企业投入为主体、财政投入为导向、信贷投入为补充、充分利用资本市场的多元化投入机制,保证绿色食品经济发展的足够资金所需。

4. 积极培育中介组织,创新产业组织方式

通过政府的引导,在市场竞争的压力下,采取资本联合、技术联合、资金联合、参股、控股、收购、租赁等多种合作与合资形式,进行资源整合和品牌联结,将同区域内的绿色食品企业,或不同区域内的同类绿色食品企业组建成"航空母舰"式的大企业集团,提高生产的集约化水平,实现绿色食品的规模化生产、集团化运作,大力开拓国际国内市场,提高产品的市场占有率和品牌知名度,在市场竞争中掌握发展的主动权而立于不败之地。这种联合,既有利于发挥绿色资源的整合效应和规模效应,也有利于绿色食品经济发展效率的提高和发展水平的提升。

除此以外,在黑龙江省范围内,企业之间的有效联合与高层次合作,以提高绿色食品行业的整体竞争水平,还需要借助于中介组织的建立与其职能的充分发挥。因为它是绿色食品经济发展与产业成长的显著标志之一,必将在绿色食品经济进一步发展中发挥出越来越重要的职能作用。其中,行业协会作为一种重要的中介组织,它的发展与完善,能够更好地在企业之间进行信息交流,建立统一的市场技术标准,维护市场稳定等。这种企业之间效率提升的协调行为,其结果是提高了市场组织化程度,促进了市场交易和有效竞争,提高了资源配置效率。所以,对于包括行业协会在内的这些社会团体,国家应当鼓励其发展,并为其创造各种适宜的产生条件与发展支持。为此,通过创新产业化组织方式,建立并完善全国性的绿色食品行业协会,将分散经营的各个企业组织起来,在有效拓展国内市场的同时,一起携手,共闯国际市场,充分提高国际市场的开拓能力,增强市场竞争力。一方面,行业协会这

一新型组织,完全具备提高整个行业中的企业组织化程度和行业整体效益的能力,将一个企业一个工厂的小生产整合为整体协作性的大生产,由"单打独斗"转变为"合作竞争",在此期间逐步提高生产的标准化程度,不断提升产品的质量、档次和市场供给能力,使合作的各方都能在联合中收益增加、实力增强。另一方面,可以由其充当政府与企业、农民的联系纽带和桥梁,将不宜由政府承担行使的职能转嫁,并在行业管理规范方面助政府一臂之力。主要表现在以下几个方面:首先,根据 WTO 规则,政府不能代表企业进行贸易谈判,而一家一户的企业和分散经营的农民又不可能具备参与国际贸易谈判的能力,此时,只有通过"绿协"这一中介组织,由其代表同行业经济组织和相关企业及其联动农民进行反倾销、反垄断、反补贴等贸易谈判,这既符合市场经济的客观要求,又不违背国际通行的贸易规则,是转变政府职能、增强开拓国际市场能力和在国际贸易中应变能力、应对入世后新的国际贸易格局的重要途径。

广辟营销渠道,加强国际市场的营销工作,通过在目标市场举办展览会、洽谈会等促销活动来促进黑龙江省绿色食品品牌国际知名度的提高,提升整体营销能力和国际市场竞争力,抢占新的营销制高点。

可以通过传达贯彻政府相关管理部门的决策措施,行使行业服务、行业自律、行业代表、行业协调等多项重要职能,规范会员行为,防止无序竞争,规避假冒伪劣行为,建立诚信经营、守法运作的制度规范,有效提高整个行业的形象,以提高其市场竞争力。

目前,尽管黑龙江省已经建立了绿色食品行业协会,但其职能发挥程度、影响惠及范围、运作规范化程度等方方面面都十分有限,对整个行业的整合、规范和代表能力与水平非常低。为此,必须尽快通过各种积极的措施,包括投入一定数量的运作资金、协助建立绿协的组织规章、提供绿色食品方面的专业人才等,使绿色食品协会在规范中逐渐完善,在发展中不断壮大,进而使其担当起政府"力所不能及"、为政府"分忧解难"的重要角色,如国际贸易争端解决、知识产权保护、市场准入以及行业规范自律等职能,真正起到平衡协调市场利益主体、提高市场资源配置效率以及帮助施展绿色食品经济对于经济、生态和社会效益同步实现的完美"才能"等强大功效,在绿色食品经济发展中发挥出越来越大的作用。

三、加快绿色科技创新步伐,提高绿色食品生产的质量与效率

由于绿色食品生产开发对技术的依赖性强,科技含量高,绿色食品经济发展质量的提高和速度的加快,在很大程度上取决于现代科技的应用与创新。因此,发展绿色食品经济必须依靠科技进步,通过科技推广和技术创新,建立绿色食品生产及加工技术创新体系、推广体系和高效的开放性服务体系,为绿色食品经济发展提供有力的技术支撑。为此,要加强绿色食品的生产基地环境质量控制技术与绿色产品的全程控制技术的研究,包括生产、加工、保鲜等方面的技术,引进、开发一批符合绿色食品特有要求的高产、优质、抗逆性强的新品种,大力推广各个品种的绿色食品生产配套先进技术措施,使高新技术在绿色食品经济发展中发挥主导和重要支撑作用,以不断提高绿色食品的先进技术应用水平与科技含量。这样,既可以增强绿色食品的品质,又能够降低绿色食品的生产成本,从而使生产者以数量更多、品种更优、品质更高、价格更廉的绿色食品提供给消费者,以满足其对绿色食品消费的多元化、优质化、高级化和个性化的需求,为生产者、经营者和消费者均带来利益的增加和福利的改善,实现两者利益的平衡与双赢格局,实现绿色食品经济的健康持续增长。为此,应在全面

了解和把握绿色技术战略性、动态性、高技术特点的基础上,充分发挥科研院所、大专院校的人才优势,围绕绿色食品生产开发过程中的重大关键技术,集中组织力量开展联合技术攻关,尽快推出一批符合绿色食品标准要求的高产、优质和抗逆性强的新品种以及与之配套的包括栽培技术、饲养技术、加工技术等在内的可操作性强的先进适用技术,为绿色食品经济的加快发展提供强有力的技术支撑和充足的技术储备。与此同时,改造创新技术推广模式与途径,积极引导科研部门的科技人员与农民开展技术承包,推动企业的技术人员对农民进行技术指导与服务,实行技术推广与经济报酬挂钩,促进有偿服务与无偿服务、技术开发、推广与经营的有机结合、多方联动,共同促进绿色食品生产加工新技术向更大区域、更多生产经营主体扩散,充分发挥技术第一生产力的核心推动作用。

四、扶植龙头企业发展,大力推行绿色食品产业化经营

目前,黑龙江省绿色食品经济的发展主要是以"企业＋基地＋农户"的龙头带动型为基本组织形式。在这种情况下,龙头企业经营得好坏,直接影响到绿色食品经济发展的速度、规模与成效。这是因为,在经济利益的驱使下,龙头企业要最大限度地实现自身的经营收益,就必须通过精心培育自己的品牌,不断满足消费者的绿色需求,以实现产品向商品"惊险的一跳"。为此,龙头企业就会在绿色食品标准的指引下,主动将生产基地建在环境质量优良的地方,为农户提供市场信息、生产资料供应以及技术指导等一系列服务,监督和控制绿色食品的生产过程,以保障绿色食品的质量;同时,从客观上来说,龙头企业通过与农户建立稳定的利益共同体,弱化了企业与农户的市场风险和市场交易费用,还利用一体化的协同效应和利益共同体的利益分配机制,克服了小生产与大市场、大流通的矛盾,提高了农民的组织化程度和产业整体竞争力。但是,目前由于龙头企业经营规模普遍偏小,对农户的带动力不强、生产经营与营销方式落后、技术创新投入不足等严重制约了龙头企业的健康发展,成为今后绿色食品经济发展中一个迫切需要解决的问题。因此,为推动绿色食品经济的进一步发展,关键是要尽快培育一批实力雄厚、市场开拓力强、带动辐射作用大的龙头企业,使其市场竞争力和带动力越来越强,在绿色食品经济发展中发挥出日益强大的主导作用。为此,就需要政府以初具规模、产品质量信誉高、管理和加工技术先进、具有开拓国内外市场能力的企业为重点扶持对象,加大对绿色食品龙头企业的扶持力度并扩大扶持范围,通过政策引导、资金支持等有力措施,增强政府政策扶持的有效性,唯有如此才能为绿色食品龙头企业的发展壮大创造良好的宏观发展环境,因势利导地促进绿色食品经济整体快速发展。政府要扮演好引导、扶持和服务的角色,就需要从以下三个方面入手:

①制定绿色食品经济发展规划并进行合理布局,重点导引优势产区的龙头企业,使之根据既定的绿色食品开发政策,以市场为导向开发新产品,并积极扶持带动农户进行产业化经营运作;打破行政区域、所有制和行业界限,按照生态环境和经济区域组建一批绿色食品加工龙头企业和企业集团,促进生产向规模化、产业化和集团化方向发展。

②选择一批特色明显、优势突出、基础好、前景广、市场开拓力强、带动众多农户发家致富的龙头企业进行扶持奖励,特别是对于那些与农户已通过有效的利益联结模式与农民建立了稳固的"风险共担、利益共享"的利益关系,以"诚信、创新、合作"为宗旨,在实现企业利益的同时切实维护农民利益。同时,政府应对在技术创新方面成效显著的龙头企业进行优先扶持,主要是综合运用财政、税收、信贷等多种扶持手段做适当倾斜,从绿色食品发展专项

基金中拿出一定数量的资金,对其进行一定的物质奖励,使之为绿色食品经济发展进程中的各种生产经营企业树立典型、做好示范。

③加强对龙头企业的服务扶持,包括加大基础设施投入、加强科技、市场和信息服务等,为其改善基地环境和提供发展所需的各种软硬件条件。总之,通过政府的大力扶持和有效引导,增强龙头企业的实力,并规范其运作,就必然有利于调动企业生产开发绿色食品的积极性和创造性,在扩大产品供给总量规模、提高自身经济效益的同时,倾向于选择适当的利益联结方式,加强与农民的经济联系,对"公司＋农户"的模式进行不断创新,真正发挥出绿色食品经济发展对于促进农民增收、改善生态环境质量和带动区域经济发展等多方面的积极功效。

五、加大市场开拓力度,提高绿色食品的市场竞争力

绿色食品经济作为一种新兴的经济形态,其理论主要在于,通过探讨绿色食品发展中的经济规律和运行机制,以充分发展绿色食品。而绿色食品的发展与其价值的顺利、充分实现必须借助于市场。因此,绿色食品市场拓展的广度、深度与力度,营销活动的有效性,直接关系到绿色食品产业规模的扩张速度以及经济发展的效率,关系到绿色食品经济能否顺利推进并使之成为引领农业和农村经济快速发展的新领域。

为此,从宏观层次,一方面,以市场为导向、以效益为中心,鼓励企业创立名牌绿色食品,尤其要充分发挥绿色食品龙头企业的作用与优势,增加名牌绿色食品的数量与规模,充分发挥名牌效应,开拓国际国内市场,提高市场占有率。另一方面,加强绿色食品市场建设,培育营销队伍,创新经营机制,采取联购联销、代购代销、连锁经营等多种形式,逐步建立起畅通化、多样化的绿色食品专门的销售服务网络;同时,加强绿色食品市场管理,严打假冒绿色食品,维护绿色食品的市场形象,切实保护生产者和消费者双方的利益。

从微观层次,企业在市场开拓方面可采取以下具体对策行动:首先,应当对绿色食品进行准确的市场定位。其基本的指导思想是:从营养保健品和儿童食品入手,将知识分子作为重点培养目标,由主要面向高收入阶层逐步向中高收入阶层的青年消费群体扩散,使我国拥有越来越多的绿色消费者,促进绿色食品市场的不断升温与成熟,为绿色食品经济的发展提供有力的市场支撑体系。在这一思想指导下,企业积极进行市场调研,对目标市场进行细分,发现潜在顾客,分别采取相应的市场进入策略,采用独特的广告策划和创意,提高市场占有率。其次,应大力实施绿色营销策略。绿色营销是指企业在整个营销过程中,充分体现环保意识和社会意识,向消费者提供科学的、无污染的生产和销售方式,引导并满足消费者的有利于环境保护和身心健康的消费需求。对此,企业要积极采取绿色定价策略、绿色销售渠道策略和绿色促销策略。企业在进行绿色定价时,应着重考虑以下内容:由于绿色成本与绿色价值的作用,绿色食品价格较之一般食品要高,但从长远看会呈下降趋势,且其价格弹性较小。绿色食品价格高于一般水平,符合其含有绿色价值的高品质形象,但消费者要求物美价廉的普遍购买心理往往又会使绿色食品失去众多的顾客,不利于其长远发展。

因此,基于以上分析,企业在实践中一般可以根据实际情况和自身需要有选择性地采取以下定价策略:认知价值定价策略、心理定价策略、目标价格策略、新产品定价策略和随行就市定价策略等。而且,为增强所采取之定价策略的实施效果,调动消费者的购买积极性,从而提高企业的市场竞争力,还需要加强以下几个方面的工作:增加价格的可信度;弱化消费

者对绿色高价的敏感度;致力于提高产品的性能价格比;注意非价格竞争手段的同时使用;积极寻求降低绿色成本的办法;立足于企业的长远发展,尽可能地以低价获得高市场占有率而实现薄利多销。绿色销售渠道策略,即绿色分销策略,就是采用无污染的运输工具,合理设置供应配送中心和配送环节,选择环保信誉好的中间商,并逐渐培养起自己的供销商,以极力维护产品的绿色形象。在实施绿色促销策略的过程中,要采取有效的促销措施,通过广告、产品品牌、产品包装、企业形象设计等各种信息传播媒介不断强化绿色食品所包含的与环境相容的信息,体现出企业对社会、对人类未来的责任感。

第二节　实施黑龙江省绿色食品资源可持续发展战略规划方案的资源保护措施

一、黑龙江省绿色农业可持续发展的政策选择

1.坚持可持续农业方向,实施绿色农业发展战略

制定具有黑龙江绿色农业发展战略,实施绿色农业产业化经营。黑龙江省应该利用好中央政府通过转移支付等手段支持黑龙江绿色农业发展,在未来将实行以"发展优势农业和绿色食品、发展畜牧业、推动农业科技进步、发展农村产业化经营、加强农业基础设施建设"为主要内容的优质农业战略。在区域布局上,由分散种植向生产基地集中方向发展;在产业化上,由小型企业向龙头企业发展;在规模化上,由小、散、乱向产业链及产业群方向发展。在农产品安全工作中实施有机农产品、绿色食品、无公害农产品"三位一体、整体推进",建立三大基地;抓好产地环境、生产过程、加工储运三大环节;执行标准、检测、认证三大监管体系,既有效地保证了农产品安全质量,加强了资源保护及农业资源综合立法,强化了生态意识,制定和完善了支持政策,优化了绿色农业产业结构,加快了绿色农业生产基地建设,也为绿色农业创造了必备条件。

2.完善政策法规,建立完善的绿色食品管理体系

通过立法实施保护是绿色农业可持续发展战略具体化、法制化的重要途径,加强立法工作也是管理者在执行监督、检查、指导工作的保障,做到有法可依。认真贯彻《黑龙江省绿色食品法》《中华人民共和国环境保护法》《中华人民共和国森林法》《中华人民共和国草原法》《中华人民共和国渔业法》等政策法规,依法保护和改善生态环境,坚决制止破坏生态环境的行为,为绿色农业发展创造良好的自然资源条件和生态环境条件。绿色食品生产加工有严格的质量管理制度,要按照绿色食品生产技术规程、技术标准和规范进行生产,实施绿色农产品质量认证制度,建立绿色农业政策体系,依法对自然资源实行资产化管理。要建立相应的管理机构,负责监督、检查、指导绿色食品的生产,从田间到餐桌要做到全程质量监控。在原材料生产过程中,要对绿色食品生产基地环境进行跟踪检测,包括土壤、大气、水质等;对使用的化肥、农药要严格要求,必须符合绿色食品的生产标准;对绿色食品在收购、运输过程要严格执行绿色食品生产要求;在加工、包装、储运、保藏过程中要严格执行绿色食品企业生产技术标准。实行绿色食品生产、加工、包装、运输标准化,确保产品质量。

3.制定财政金融扶持政策,促进黑龙江省绿色农业可持续发展

资金保障是黑龙江省就绿色农业和绿色食品生产的保障。黑龙江省各部门应贯彻省

委、省政府的决策,为黑龙江省发展绿色农业、绿色食品提供支持,尤其是财政、金融、税务等部门应该在财政、信贷、税收、保险等方面给予支持,各地方政府应将绿色食品产业发展作为优先发展产业,编制专门资金列入预算。此外,还要建立多层次、多元化融资渠道,在国有大型银行的基础上,还要发挥农村信用合作社、村镇银行等农业、农村金融机构优势,为黑龙江省绿色农业发展筹措资金。农业、农机、畜牧、科技等部门对各地区绿色农业的发展也要予以扶持,向绿色农业产业倾斜,促进当地绿色农业产业发展。工业、乡镇企业等部门应将绿色农产品加工业作为支柱产业加大支持力度,抓住龙头,来促动整个行业发展,促进绿色农业产业集群的形成,实现黑龙江省绿色农业可持续发展。

二、黑龙江省绿色农业可持续发展的技术选择

1. 实施绿色农业科技创新,推广绿色农业技术

技术进步、科技创新是黑龙江省绿色农业可持续发展的主基础,绿色农业产业化需要较高的科技支撑。黑龙江省发展绿色农业要在资源优势的基础上,利用本地的科技优势,发挥科研院所、高等学校的科技优势,针对本省绿色农业产业发展需求,开展联合攻关,解决绿色农业产业发展过程中的各种难题。在绿色农产品生产过程中,选育、引进适合本地自然生态环境的优质、高产、抗逆性强的新品种,配套的栽培新技术,优化品种结构,缩短成熟上市期,满足不同市场需求;开发符合绿色农业生产需要的生物肥料、生物农药、绿色饲料等高科技产品,提高绿色农产品档次,树立龙江信誉。在加工环节,开发具有自主知识产权的绿色农产品加工技术,引进、消化吸收国外先进技术,为黑龙江省绿色食品加工提供技术支撑。在包装、储运环节要采用新型包装材料、新型加工工艺,保证绿色农产品的品质。

此外,在发展绿色农业的同时,要注意保护资源、保护生物多样性,尤其是在开发野生山野菜、菌类等更要注意保护,绝不可以为一时之利使自然资源受到破坏。

2. 推广生态农业,加大绿色区域建设

发展生态农业可以实现经济效益、生态效益和社会效益的统一。生态农业本质是人类在生产、生活过程中实现合理利用自然资源、综合发展、多级转化、良性循环的高效、无废料的系统,实现生物圈维持自身的生态平衡,包括碳平衡、水平衡以及人、生物和环境之间能量转化和生物间其他相关规律。

黑龙江省各地区应根据自身资源要素禀赋特点,加大生态县、生态乡、生态村建设,进行小流域综合治理,把生态建设与绿色农业开发相结合,实现绿色农业跨越式发展,侧重发展绿色外向型农业。在综合治理基础上,积极争取资金,进行跨越式及反梯度式发展,把生态建设与绿色农业开发相结合,侧重发展绿色外向型农业。

黑龙江省庆安县作为全国首家绿色农业示范区,被誉为"中国绿色食品之乡"。全县农、林、牧并举,山、特、渔齐进,有机农产品、绿色食品、无公害农产品发展较快,全县经过环评认证证面积达到 99.1%,共认证产品 42 个,实现了经济效益、生态效益和社会效益的同步增长。

3. 执行绿色农业的环境标准,强化绿色农业的质量控制

绿色食品生产首先对生产环境有着严格的要求,要严格控制绿色食品基地的工业废水、废气等污染物的排放,避免对绿色食品基地生产环境造成污染。环境质量监督部门要定期

对绿色食品基地的土壤、水、空气等相关指标进行将检测,以保证生产环境无污染,符合绿色食品生产的要求。

绿色食品的生产强调全程质量控制,严格执行绿色食品生产的环境标准、生产资料标准、生产加工标准、产品包装、储藏、运输标准,并有专门的检测、认证机构对其进行检验和认证,以保证绿色食品的质量安全。

第三节 实施黑龙江省绿色食品资源可持续发展战略规划方案的资源安全监管措施

一、加快制定和出台绿色食品法律法规

国家、省级人大或省级地方政府,要加快制定和出台绿色食品的生产、加工、运输、储藏、营销、监督、处罚等全方位的法律和法规。省、市、县要制定相关的可操作细则和具体的监管办法。同时,明确与工商、质检等其他部门的责任和权力,形成依法监督和管理绿色食品的合力。培育绿色食品产业离不开政府的宏观指导和具体服务,如引进资金、技术、组织生产、人员培训、信息服务、市场管理、环境监控、质量认证等都需要各级政府做大量艰苦、细致的工作。各级政府要从政策、资金技术、人才等方面给予绿色食品产业以倾斜,运用财政、税收、信贷等经济杠杆,鼓励和扶持绿色食品和绿色消费的发展。黑龙江省各地区自然条件千差万别,要在认真分析市场和资源等因素的基础上,科学规划、合理布局,通过绿色食品基地建设,逐步形成各具优势、各具特色、各具规模的区域绿色食品经济圈。

强化法律手段进行监管,《中华人民共和国农产品质量安全法》已于 2006 年起施行,为保证该法规顺利实施,便于操作,建议黑龙江省农业行政主管部门组织相关专家,尽快出台与之配套的相关细则,指导农业执法工作。建议根据第三条规定,在出台细则时:

一是应明确管理绿色食品的部门,各级农业行政部门委托本级绿色食品管理机构代表农业行政部门,也可以直接指定各级绿色食品管理机构(绿色食品办公室)实施行政管理。同时应当明确管理部门的权利、责任、义务以及行政不作为的处理方式,让具体工作者有法可依、规范执法。

二是对超出范围的绿色食品,出现违法行为时,是否依据《中华人民共和国农产品质量安全法》界定和进行行政处罚,需要在细则中予以明确。

加快出台《绿色食品标志管理办法》,原有的《绿色食品标志管理办法》是十几年前制定的,与现在的形势、任务已经不相适应。虽然国家已经向各级绿色食品管理机构征求了修订本办法的意见,但目前新的《绿色食品标志管理办法》未出台,建议马上进行重新修订并尽快出台。同时,建议在条款中应该赋予各级绿色食品管理机构相应的处罚权利,便于对绿色食品违法行为进行处罚。

认证和监管应尽职尽责,各级绿色食品管理机构内部应当把绿色食品认证工作和绿色食品监管工作分开管理,两部门各尽其责。负责认证工作的,就专门对绿色食品申报企业或经济合作组织进行有关材料审查、实地考察,委托监测机构进行环境监测和评价等有关认证工作;而负责监管的,就专门对基地、市场等的绿色食品进行检查、抽查和监督管理。

二、制定和完善绿色食品标准及处罚标准

从绿色食品监管的理论和实践情况看,当前,黑龙江省急需抓紧制定绿色食品生产、加工、运输、贮藏、营销、监督、处罚等全方位的标准。因为标准是测量的标尺,是准星,是方向。没有标准,只能是混乱。通过制定绿色食品标准、推广绿色食品新技术,建立田间档案、生产规程记录、投入品登记等,提高绿色食品标准化基地的建设管理水平;通过建立健全农产品产地准出、销地准入制度,填补农产品入市监管的空白;通过发挥市场机制的资源配置功能和政策的导向作用,大力扶持重质量、守信誉、口碑好的优质名牌企业,淘汰信誉差、风险高的食品生产经营企业,推动食品行业健康发展;在婴幼儿乳粉生产企业率先建立食品行业诚信体系建设的基础上,推动规模以上食品生产加工企业全面建立诚信管理体系;加快推进质量信用平台建设,推动信用信息共享,实施分级分类监管,对失信企业加大惩戒力度,实行"黑名单"制度,使生产经营企业"一旦失信、寸步难行";培养和树立一批品牌食品及品牌企业,以"安全放心乳品从龙江启航"活动为突破口,加大对重点品种、重点企业的扶持力度,发挥龙头企业的带动示范作用,做大做强食品生产经营企业。

要通过标准,引导和强制从生产到餐桌的所有绿色食品的参与单位和个人,按标准进行生产经营活动,有利可图;违反相关规定将会付出巨大的代价。绿色食品的生产经营者的违法成本包括三方面:①直接成本,即生产或经营问题食品过程中产生的成本,包括违法工具、违法经费、违法时间等直接用于违法的开支;②违法的时间机会成本,即如果食品生产经营者将一部分时间用于生产经营问题食品,那么通过生产经营正常食品谋利的时间就会减少,由此自动放弃的经济活动可能产生的纯收益,即为其违法的机会成本;③惩罚成本,即问题食品生产经营者被监管者发现并被处罚对其所造成的经济损失。黑龙江省绿色食品的监管部门应在一定程度上提高违法成本,并以文件形式出台政策,对全省的绿色食品企业进行宣传,以减少绿色食品的安全问题。

在监管过程中,要注重以下几方面:①生产环境,看是否定期监测和评价,是否符合《绿色食品产地环境质量标准》(NY/T 391—2000)。②生产过程,以农产品为例,包括整地、播种、施肥、除草、病虫害防治以及收获等过程,主要看是否严格执行相应的生产技术标准;是否符合《绿色食品肥料使用准则》(NY/T 394—2000)、《绿色食品农药使用准则》(NY/T 393—2000)、生产技术规程等相关要求;农产品生产记录是否真实、准确和详细;企业或生产组织是否配备监管员并认真履行职责。③产品包装,是否符合《绿色食品包装》要求。

三、强化监管力量

提倡黑龙江省绿色食品安全监管部门联合工商、质检等部门以及省内的新闻媒体,对黑龙江省的绿色食品市场进行督察,使得全省的绿色食品监管工作得以进行。检查内容包括企业的证照领取情况,生产环境条件、原辅料及食品添加剂使用、出厂检查情况、生产车间的用电线路,生产设备、设施的保养和维修以及从业人员的安全培训教育等情况。对企业存在的安全隐患责令企业立即改正,并下达《责令改正指令书》限期改正。通过检查,能够有效保证企业在良好的安全生产条件下生产出保质保量的食品供应市场,让广大群众吃上安全放心的食品。要建立健全各级绿色食品监管机构,形成监管网络,消灭监管盲区,增加国家事业或行政监管编制,增加监管人员,扩大监管范围,增加专门专项的监管经费,依法查处绿

色食品生产、加工、运输、贮藏、营销活动中达到违法犯罪案件,增强监管力量,形成全社会对绿色食品监管的良好氛围和态势。

各级政府部门出台的各项政策,均由当地的安全监管工作人员进行执行,这就需要在道德水平和业务能力上对监管人员提出更高的要求。各级部门应重视对其进行培训,以保证监管工作的顺利进行。

四、提高企业的诚信度

各级政府,尤其是绿色食品监管部门,要增强使命感、危机感和责任感,采用多种途径和手段,对绿色食品生产和经营的企业和个人进行宣传、教育,提高法律和诚信意识,提高诚信度。真正在实践中体现出守法光荣,可以获得市场,提高企业的竞争力,以增加利润。反之,就要付出较大的成本,被处罚甚至被法律制裁的代价,从而提高企业的自我约束力。

建立质量追溯和产品召回制度。各绿色食品生产企业,要加强内部管理,严把生产质量关,对流入市场的不合格产品,应当像各类工业品那样,实行产品召回。当监管部门发现不合格绿色食品流入市场时,应当可以按照产品编号或条码进行追溯,追究生产企业或经销者的责任。仅对不合格产品做下架处理是远远不够的,应根据《中华人民共和国农产品质量安全法》对上述行政相对人进行必要的行政处罚,对生产企业(或经销者)进行警示,促使他们改善管理,不断提高产品的质量水平。同时由他们负责对流入市场的不合格产品进行全部召回,消除不合格产品对消费者产生的不良影响和潜在危害。

五、推进信息化工作,完善服务及监管体系

在现有绿色食品信息服务网络基础上,从指导绿色食品发展、加强市场监管和促进绿色食品企业、基地、农户对信息的实际需要出发,开发完善绿色食品技术指导和咨询服务系统和标志管理系统;同时,严格实施标志管理公告、通报制度,建立标志管理的自我约束机制和信用体系。绿色食品监管要做到监管与服务并重,以服务为根本目的,以监管为重要手段,保证绿色食品的健康快速发展。

集中开展标志市场监察工作。黑龙江省绿色食品办公室要进一步扩大市场监察范围,逐步从省会城市向地县级城市延伸,加大打击假冒和纠正不规范用标的力度。加强对市场经营管理者绿色食品知识的培训,提高经营管理者识别真假绿色食品能力,帮助经营管理者建立健全验证索票制度,把好进场入市关,防止假冒绿色食品和不规范使用商标。

第七章　对黑龙江省绿色食品资源可持续发展战略实施结果的评价

第一节　对黑龙江省绿色食品资源可持续发展的战略评价标准

一、绿色食品资源发展的基础性因素

1. 可持续发展

"可持续发展"一词是在 1980 年的《世界自然保护大纲》中首次作为术语提出的,是"可持续性"和"持续发展"的结合,既要考虑发展,也要考虑环境、资源、社会等各方面保持一定水平,可归纳为:"建立极少产生废料和污染物的工艺或技术系统,在加强环境系统的生产和更新能力以使环境资源不致减少的前提下,实现持续的经济发展和提高生活质量"。或者说,可持续发展是"人类在相当长一段时间内,在不破坏资源和环境承载能力的条件下,使自然 – 经济 – 社会的复合系统得到协调发展"。

2. 资源的概念与分类

资源通常被解释为"资财之源",一般指天然的财源。由于人们在研究领域和研究角度上存在差别,资源又有广义和狭义之分。广义的资源指人类生存发展和享受所需要的一切物质和非物质的要素。狭义的资源仅指自然资源。根据联合国环境规划署(UNEP)定义,所谓自然资源,是指在一定时间、地点条件下能够产生经济价值的,以提高人类当前和将来福利的自然环境因素和条件的总称。本书所讨论的资源为广义的资源,其分为自然资源和社会资源两种。

（1）自然资源。

联合国对自然资源的解释为:"人在其自然环境中发现的各种成分,只要它能以任何方式为人类提供福利的都属于自然资源。"按资源的实物类型划分,自然资源包括土地资源、气候资源、水资源、生物资源、矿产资源、海洋资源、能源资源、旅游资源等。

从可持续发展和循环经济的角度,自然资源可分为可再生与不可再生资源、可回收与不可回收资源、一般性资源与稀缺资源。

可再生资源又称可更新资源,指通过自然力(自然循环或生物的生长、繁殖),以某一增长率保持或增加蕴藏量的自然资源。这类资源主要指生物资源和某些动态非生物资源。例如,太阳能、大气、区域性水资源、农作物、森林、草原、野生动植物、海洋动植物等资源以及人力资源(包括体力和智力的)等。对于农业生态系统,阳光、空气、水、农作物等是其赖以生存发展的基础性资源,对这些资源的科学利用是农业可持续发展的基础。

不可再生资源又称非更新资源或可耗竭资源,指资源基本上没有更新能力,但是有些可借助再循环而被回收,得到重新利用(如各种金属矿物);有些是一次消耗性的,既不能再循环,也不能被回收(如能源矿物)。在农业方面,此类资源被作为能源、肥料或者加工成工具而应用,与农业生产效率的提高正相关。

可回收资源与不可回收资源一般均是不可再生资源。可回收资源指资源产品的效用丧失后,大部分产品还能够回收利用的资源,包括所有金属矿物和除能源矿物以外的多数非金属矿物,如铁矿、矿物肥料(磷、钾)、石棉、云母、黏土等。

不可回收资源指使用过程不可逆,且使用之后不能恢复原状的不可再生资源。主要包括石油、天然气和煤等能源资源(又称化石燃料)。可持续发展农业的重要特征就是可回收资源的高效循环利用。

(2)社会资源。

社会资源是指自然资源以外的其他所有资源的总称,它是人类劳动的产物。社会资源包括人力资源、智力资源、信息资源、技术资源及管理资源。社会资源不仅是推动经济社会发展的重要力量,也是促进可持续发展的支撑与保障。

二、黑龙江省绿色食品资源可持续发展的资源特性

农业作为人类经济活动的一种形态,依靠生物体的机能,利用太阳能及水、气、土等自然资源要素,通过人类有目的的劳动去控制或强化生物体的生育过程,以获得社会需要的产品。其生产对象是有生命的动植物,所依赖的是光、热、水、土、气等自然资源要素。因此,农业与自然资源要素密不可分,离开这些要素资源,农业也将不存在。

资源特性是指自然资源所具有的经济学属性,是资源的物理属性在经济学上的表现和延伸。不同类型的资源,由于其具有的物理属性不同,在经济上会表现为不同的特征。农业资源特性主要表现为农业自然资源所具有的经济学属性。

(1)有限性。

资源的有限性具有两个方面的含义:第一,任何资源在数量上是有限的。资源的有限性在不可再生性资源中尤其明显。因此,相对于人类而言,那些不可再生的资源越消耗就越少。对于可再生资源,如动物、植物,由于其再生能力受自身遗传因素和受外界客观条件的限制,不仅其再生能力是有限的,而且利用过度将使其稳定的结构破坏后并会丧失其再生能力,成为不可再生资源。第二,可替代资源的品种也是有限的。虽然煤、石油、天然气和水力、风力等资源都可用于发电,但总体来看,可替代的投入类型是有限的。

(2)区域性。

区域性是指资源分布的不平衡,存在数量或质量上的显著地域差异,并有其特殊分布规律。自然资源的地域分布受太阳辐射、大气环流、地质构造和地表形态结构等因素的影响。因此,其种类特性、数量多寡、质量优劣都具有明显的区域差异,分布也不均匀,又由于影响自然资源地域分布的因素基本上是恒定的,在特定条件下必定会形成和分布着相应的自然资源区域,所以自然资源的区域分布也有一定的规律性。

(3)整体性。

整体性是指每个地区的自然资源要素彼此有生态的联系而形成一个整体,触动其中一个要素则可能引起一连串的连锁反应,从而影响到整个自然资源系统的变化。这种整体性,

再生资源表现得尤为突出。

(4)多用性。

多用性是指任何一种自然资源都有多种用途。例如,土地资源既可用于农业,也可用于工业、交通、旅游以及改善居民的生活环境等。资源的多用性要求在对资源开发利用时,必须根据其可供利用的广度和深度,实行综合开发、综合利用和综合治理,做到物尽其用,取得最佳效益。

三、本章相关概念界定

绿色食品资源分类为两部分:一部分为现存未开发、未利用绿色食品资源,如黑龙江省现存的天然食品资源的存量比较丰富,山野菜等野生绿色食品资源,另一部分为经过人工培育而形成的绿色食品资源,如五常大米,经过人工培育和加工以后形成绿色食品的资源,这部分绿色食品资源的形成要依靠其他资源的投入和转化。

本章对绿色食品资源的可持续发展研究,主要从两个方面进行讨论:

(1)从天然资源的开发角度进行研究,如何确保天然资源的可持续开发,涉及区域经济学理论和观点。

(2)从人工培育资源的角度进行研究,如何确保人工培育资源的基础可持续开发,涉及产业经济学理论和观点。

本书将查阅的相关文献进行整理后,得出以下结论性因素,笔者将自然资源作为绿色食品资源发展的基础性因素,将社会性资源作为支撑性因素,将发展主体作为推动性因素,将市场运行的内在规律作为约束性因素。

四、对黑龙江省绿色食品资源可持续发展的战略评价标准

(一)从产业经济学角度设定标准

黑龙江省绿色食品资源可持续发展的战略评价,从产业经济学角度研究绿色食品资源发展,选定产业发展的影响因素,如发展动力、发展模式的选择及产业发展方式三个方面设定战略评价标准。

1.发展动力

发展动力是任何产业经济系统运行与发展过程中无法回避的问题,这种普遍性导致了动力本身的复杂性及研究动力问题的重要性。产业发展是内外部多种因素相互影响、相互制约、共同作用和推动的结果,从而也就产生了这些因素在产业发展中的作用指向问题,即这些因素包括了推动产业发展的积极因素和阻碍产业发展的制约因素。产业发展的动力因素决定了产业发展的基本走向,对产业发展动力因素及其构成的分析是研究产业发展演化规律的起点。而资源是产业发展的基础和重要条件。自然环境条件和资源禀赋状况是影响产业供给的重要因素,对形成具有比较优势的产业具有决定性作用。

资源要素既是构成产业发展的条件,也通过强化或弱化产业主体对经济利益的追求,从而影响产业发展。产业内部未被充分利用的资源是产业发展的动机,资源约束条件决定产业发展的速度、方式和界限。

产业系统内各种资源的协调与整合是实现产业发展的重要前提和内在要求。要实现绿

色食品产业系统的发展目标必须合理利用、协调与配置系统内的各种资源要素,资源对绿色食品产业发展的影响主要体现在资源要素的数量、配置状况以及利用效率的大小。

随着产业技术水平的不断提高以及需求结构的变化,初级生产要素的比较优势作用已基本得到发挥,人力资源和资本资源等高级生产要素的作用则更为明显。投资通过向特定产业集中和重新配置生产要素,实现了产业规模扩张和产业技术进步,从而推动了产业发展。

因此,评价体系的构建指标主要来源于以上分析过程,也就是资源禀赋对于产业的发展产生影响的角度,主要是评价在当前的发展模式下,绿色食品资源的存量状况,包括开发资源和人工培育资源的数量和质量情况。

2. 发展模式的选择

以上四种发展模式之间并不是具有严格的非此即彼的排斥关系。在实践中,绿色食品产业的发展往往是以上几种模式的混合体,如中小企业的聚集可以围绕着一定的专业市场,也可以因共用某个品牌而联系在一起,或者只是由企业之间的分工协作联系起来。随着产业水平的提高,发展模式也有变化的可能。在中小企业模式中,由于经营管理水平等方面的差异,有的企业会发展成大型企业,对周围的其他企业发挥龙头带动作用,发展模式就可能由中小企业聚集型转化成龙头企业带动型。

一个地区采取何种模式来发展绿色食品产业,需要考虑本地的传统优势、区位优势、企业发展水平以及企业隶属关系等因素的影响,而不能仅凭主观意愿来选择并一厢情愿地强制推行。对于像出产五常大米、响水大米这类具有较长历史和较高地域知名度产品的地区,品牌的号召力决定了该类地区绿色食品产业适宜采用品牌联结型模式。对于具有隶属关系的企业,有着管理上的方便,企业出于品牌营销一致性的考虑,也适宜采用品牌联结型模式。对于交通便利、产品集中的地区则适宜采用市场依托型模式。一个地区如果有大型企业,或是通过招商能够引来大型企业,则宜采用龙头企业带动型模式,充分发挥大型企业的龙头带动作用,围绕龙头企业发展配套的中小企业。而对于黑龙江省的大部分地区,由于绿色食品产业发展时间较短,当前产业的组织化程度低,企业的规模普遍较小,适宜采用中小企业聚集型模式。

3. 发展方式

产业发展方式关注的是产业发展目标实现的途径和手段,即产业应如何发展的问题。产业发展与发展方式转变二者之间是目的和手段的关系。产业发展方式与产业发展阶段紧密相连并受其制约。产业发展方式的差异源于不同发展阶段约束条件的差异,产业发展方式转变主要取决于产业发展阶段性变化的客观现实要求。绿色食品产业不同发展阶段面临的资源、要素和环境约束不同,随着要素稀缺格局和供求关系的变化,必须适时调整产业发展方式,既是经济发展方式转变和科学发展观的客观必然要求,也是解决产业自身发展深层次矛盾、最终实现产业可持续发展的根本途径。

产业发展方式转变表现为各种要素投入量和要素配置结构依不同产业发展阶段的改变。在产业发展初期,自然资源和简单劳动的大规模投入对产出起主导作用,随着社会化大生产的兴起,资本成为推动产业发展的重要生产要素。在产业发展中后期,由于环境约束和资源紧缺,技术和制度等高级生产要素被视为产业发展的主要推动力量。

(二)从区域经济学角度设定标准

本书所选取的指标体系按照黑龙江省绿色食品资源发展的内在逻辑性进行划分,并且

✤ 同时参考经济学中对"三农问题"的不同分类,农业问题一般划入产业经济学,农民问题一般划入劳动经济学,农村问题一般划入区域经济学,因此形成以下三个子系统。

1.农业经济系统

农业经济的可持续性是指农业在经济上可以自我维持、自我发展,只有可赢利的农业系统才是最终可持续的。可见,农业经济系统的可持续能力除受难以控制的人为政策因素影响外,关键是取决于农业经济系统自身效益的好坏和农业生产条件的优劣程度。因此,本书选择农业经济效益指标人均农业 GDP、农业劳动生产率指标均农业总产值、土地生产率指标每公顷粮食播种面积产量、农业能源投入产出率指标万元产值能耗、农业生产条件指标劳均农业机械总动力等五项指标来反映经济的可持续发展能力。

2.农村社会系统

农村社会系统的可持续性是指维护农业经济、农业生态系统可持续发展所需要的农村社会环境的良性发展,如人口总量控制、人口素质和农民生活质量的提高、农村社会科技支撑能力的增强、社会公平程度的增加等。因此,本书选用的衡量指标有:人口自然增长率、初中以上文化程度农业劳动力比重、农村居民人均纯收入、农民恩格尔系数、社会公平度、每万农业劳动力拥有的农业科技人员数。以上六个指标基本上可以反映一个地区农村社会的可持续发展状况。

3.农业生态系统

农业生态环境是否达到良性循环是区分传统农业发展与现代农业可持续发展的分水岭。农业生态系统的可持续性是指农业所依赖的自然资源的可持续利用和农业生态环境的良好保护。因此,本书选用生态环境质量、农业抗灾能力、森林覆盖率、资源承载能力等四项指标作为衡量农业生态环境可持续发展能力的指标。

第二节　对黑龙江省绿色食品资源可持续发展的战略评价程序与方法

一、对黑龙江省绿色食品资源可持续发展的战略评价程序

对黑龙江省绿色食品资源可持续发展的战略评价程序一般包含以下基本程序:①确定黑龙江省绿色食品资源可持续发展的战略评价标准;②明确黑龙江省绿色食品资源可持续发展的战略评价基本原则;③设计黑龙江省绿色食品资源可持续发展的战略评价相关指标和指标体系;④选定黑龙江省绿色食品资源可持续发展的战略评价方法。

1.评价的基本原则

指标体系是建立在某些原则基础上的指标集合,但它是一个整体,而不是一些指标的简单组合。建立农业可持续发展评价指标体系一般要遵循如下几个原则:

(1)科学性和可比性相统一。

经济增长指标评价体系的设计要严格按照经济增长的科学内涵,能够对经济增长的数量和质量做出合理的描述。同时,指标体系的设计符合统计制度的要求,意义明确、口径一致、方法统一,以达到不同年份、不同阶段的动态可比和不同地区的横向可比。

（2）系统性与层次性相统一。

区域是一个复杂的系统,它由不同层次、不同要素组成,既有人类社会本身,也包括与人类社会有关的各种基本要素、关系和行为。因此,可根据这些基本要素、关系和行为的特点,把农业可持续发展系统划分为经济、社会和生态等子系统,这些子系统相互联系,又相对独立。同时,各子系统又由各种因素指标构成。

（3）全面性和可操作性相统一。

指标体系作为一个有机整体,是多种因素综合作用的结果。所以,指标体系反映影响区域因素的全貌。同时,要注重实用性和可操作性,要尽量少而精、资料易取得、方法易掌握,而不必面面俱到。

（4）动态性与静态性相统一。

作为一个系统,农业是不断发展变化的,是动态与静态的统一。农业可持续发展指标体系也应是动态与静态的统一,既要有静态指标,也要有动态指标。

2.指标体系形成的内在逻辑关系说明

根据可持续发展的指导思想,可将黑龙江省绿色食品资源可持续性发展的评价指标体系按照内在逻辑性分为以下几个方面的内容:现有农业可开发资源的发展状况;资源以目前速度进行开发,或者加快速度进行开发维持的时间;开发过程中队生态环境产生的影响;人生存和居住环境的影响;在资源开发过程中,各方利益的平衡。因此,可根据已形成的内在逻辑性建立评价指标体系。

3.评价指标体系构建

（1）基于产业经济学的黑龙江省绿色食品资源发展战略评价指标体系构建,见表7.1。

表7.1 基于产业经济学的黑龙江省绿色食品资源发展战略评价指标体系构建

一级指标	二级指标	三级指标
1.发展动力	自然环境条件和资源禀赋状况	未被充分利用的资源 F_1
	各种资源的协调与整合	资源要素的数量及配置状况 F_2
	生产要素的类别	高级生产要素 F_3
2.发展模式	品牌联结型	传统优势 F_4
	市场依托型	区位优势 F_5
	龙头企业带动型	企业发展水平 F_6
	中小企业聚集型	企业隶属关系 F_7
3.发展方式	产业发展阶段	不同发展阶段约束条件 F_8
	产业发展方式转变	各种要素投入量和要素配置结构 F_9

（2）基于区域经济学角度的指标体系及相关指标的描述,表7.2。

表 7.2　基于区域经济学角度的指标体系及相关指标的描述

层级划分	一级指标	二级指标	指标说明
A1	农业经济系统	劳均农业总产值 A_{11}	
		每公顷粮食播种面积产量 A_{12}	
		农业能源万元产值能耗 A_{13}	
		劳均农业机械总动力 A_{14}	
A2	农村社会系统	农业人口自然增长率 A_{21}	
		农业劳动力文化程度 A_{22}	
		农村居民人均纯收入 A_{23}	
		农业科技人员数 A_{24}	
A3	农业生态系统	森林覆盖率 A_{31}	
		农业抗灾能力 A_{32}	
		森林覆盖率 A_{33}	
		资源承载能力 A_{25}	

二、评价模型的选择

1. 基于因子分析法的评价模型

（1）因子分析法原理。

因子分析法（Factor Analysis）是通过研究众多变量之间的内部依赖关系，用少数几个抽象变量即因子来反映原来众多的观测变量所代表的主要信息，并解释这些观测变量之间的相互依存关系。

因子分析数学模型。因子分析是研究从变量群中提取共性因子的统计技术。最早由英国心理学家 C. E. 斯皮尔曼提出。他发现学生的各科成绩之间存在着一定的相关性，一科成绩好的学生，往往其他各科成绩也比较好，从而推想是否存在某些潜在的共性因子，或称某些一般智力条件影响着学生的学习成绩。因子分析可在许多变量中找出隐藏的具有代表性的因子。将相同本质的变量归入一个因子，可减少变量的数目，还可检验变量间关系的假设。

设 m 个可能存在相关关系的测试变量 $z_1, z_2, \cdots, z_m$，含有 P 个独立的公共因子 $F_1, F_2, \cdots, F_p (m \geqslant p)$，测试变量 z_i 含有独特因子 $U_i (i = 1, \cdots, m)$，诸 U_i 间互不相关，且与 $F_j (j = 1, \cdots, p)$ 也互不相关，每个 z_i 可由 P 个公共因子和自身对应的独特因子 U_i 线性表出：

$$\begin{cases} z_1 = a_{11}F_1 + a_{12}F_2 + \cdots + a_{1p}F_p + c_1 U_1 \\ z_2 = a_{12}F_1 + a_{22}F_2 + \cdots + a_{2p}F_p + c_2 U_2 \\ \vdots \\ z_m = a_{m1}F_1 + a_{m2}F_2 + \cdots + a_{mp}F_p + c_m U_m \end{cases} \tag{7.1}$$

用矩阵表示为

$$
\begin{pmatrix} z_1 \\ z_2 \\ \vdots \\ z_m \end{pmatrix} = (a_{ij})_{m \times p} \cdot \begin{pmatrix} F_1 \\ F_2 \\ \vdots \\ F_p \end{pmatrix} + \begin{pmatrix} c_1 U_1 \\ c_2 U_2 \\ \vdots \\ c_m U_m \end{pmatrix}
$$

简记为

$$
\underset{(m \times 1)}{\mathbf{Z}} = \underset{(m \times p)}{\mathbf{A}} \cdot \underset{(p \times 1)}{\mathbf{F}} + \underset{\substack{(m \times m) \\ (对角阵)}}{\mathbf{C}} \cdot \underset{(m \times 1)}{\mathbf{U}} \tag{7.2}
$$

且满足：

①$P \leqslant m$；

②$\mathrm{COV}(F,U) = 0$（即 F 与 U 是不相关的）。

③$E(F) = 0$，$\mathrm{COV}(F) = \begin{pmatrix} 1 & & \\ & \ddots & \\ & & 1 \end{pmatrix}_{p \times p} = I_p$，即 $F_1, \cdots, F_P$ 不相关，且方差皆为 1，均值皆为 0。

④$E(U) = 0$，$\mathrm{COV}(U) = I_m$，即 $U_1, \cdots, U_m$ 不相关，且都是标准化的变量，假定 $z_1, \cdots, z_m$ 也是标准化的，但并不相互独立。

式中，$\mathbf{A}$ 称为因子负荷矩阵，其元素（各方程的系数）a_{ij} 表示第 i 个变量（z_i）在第 j 个公共因子 F_j 上的负荷，简称因子负荷，如果把 z_i 看成 P 维因子空间的一个向量，则 a_{ij} 表示 z_i 在坐标轴 F_j 上的投影。

因子分析的目的就是通过模型(7.1)或(7.2)。以 $\mathbf{F}$ 代 $\mathbf{Z}$，由于一般有 $P < m$，从而达到简化变量维数的愿望。

(2)因子分析的求解步骤。

得到测试变量 $\mathbf{Z}$ 的样本相关矩阵 $\mathbf{R}$ 之后，求主因子解还需按以下几步进行。

① 求 $\mathbf{R}$ 的特征根，即解方程：

$$
|\lambda E - R| = \begin{vmatrix} \lambda - 1 & -r_{12} & \cdots & -r_{1m} \\ -r_{21} & \lambda - 1 & \cdots & -r_{2m} \\ \vdots & \vdots & & \vdots \\ -r_{m1} & -r_{m2} & \cdots & \lambda - 1 \end{vmatrix} = 0
$$

由于 $\mathbf{R}$ 是非负定阵，解出的特征值都是非负的，将其非零特征值按从大到小的排序并重新编码：$\lambda_1 \geqslant \lambda_2 \geqslant \cdots \geqslant 0$。

② 按预先规定所取的 P 个公共因子的累计方差贡献率达到的百分比（一般取 85%）使 $\dfrac{\sum\limits_{1}^{p} \lambda_i}{\sum\limits_{i=1}^{m} \lambda_i} \geqslant 0.85$ 的 P 即为所取的公因子数（可以证明 $\dfrac{\lambda_k}{\sum\limits_{i=1}^{m} \lambda_i} = \dfrac{s_k}{m}$ 第 k 个公共因子 F_k 的方差贡献率）。

③ 对选定的前 P 个特征值 $\lambda_1 \geqslant \lambda_2 \geqslant \cdots \geqslant \lambda_p > 0$ 求相应的单位特征向量。

$$
\overset{\circ}{u_1}, \overset{\circ}{u_2}, \cdots, \overset{\circ}{u_p}
$$

为此求 $\lambda_j (1 \leqslant j \leqslant p)$ 的特征向量 u_j，解方程组得

$$\begin{cases} (\lambda_j - 1)x_1 - r_{12}x_2 - \cdots - r_{1m}x_m = 0 \\ \qquad\qquad \vdots \\ -r_{m1}x_1 - r_{m2}x_2 + \cdots + (\lambda_j - 1)x_m = v \end{cases}$$

$$(\lambda_j \boldsymbol{E} - \boldsymbol{R})\begin{pmatrix} x_i \\ \vdots \\ x_m \end{pmatrix} = 0$$

便得 $u_j = (u_{1j}, u_{2j}, \cdots, u_{mj})'$，再标准化便得 $\overset{\circ}{u}_j$。

④ 写出因子负荷阵。

$$A = \begin{pmatrix} \overset{\circ}{u}_{11}\sqrt{\lambda_1} & \overset{\circ}{u}_{12}\sqrt{\lambda_2} & \cdots & \overset{\circ}{u}_{1p}\sqrt{\lambda_p} \\ \overset{\circ}{u}_{21}\sqrt{\lambda_1} & \overset{\circ}{u}_{22}\sqrt{\lambda_1} & \cdots & \overset{\circ}{u}_{2p}\sqrt{\lambda_p} \\ \vdots & \vdots & & \vdots \\ \overset{\circ}{u}_{m1}\sqrt{\lambda_1} & \overset{\circ}{u}_{m2}\sqrt{\lambda_2} & \cdots & \overset{\circ}{u}_{mp}\sqrt{\lambda_p} \end{pmatrix}$$

2. 相关产业数据的计算

因子分析模型的基本原理就是将众多的原始变量表现为较少因子的线性组合,以少数因子来概括和揭示错综复杂的社会经济现象,从而建立起能揭示出事物之间最为本质关系的简洁结构模型。因子模型假定观测到的每个随机变量 X_i 线性的依赖于少数几个不可观测的随机变量 $F_1, F_2, \cdots, F_m$（公共因子）和方差源 ε_i（特殊因子或误差）,即

$$A_i = a_{i1}F_1 + a_{i2}F_2 + \cdots + a_{im}F_m + \varepsilon_i \qquad (7.3)$$

式中, a_{ij} 为第 i 个变量在第 j 个因子上的载荷,称为因子负载。

根据《黑龙江省经济统计年鉴》搜集主要行业的数据,对黑龙江省绿色食品产业选择进行主成分分析。首先,对评价体系中的指标进行数据整理并做标准化处理。其次,计算样本的相关矩阵,相关矩阵的特征值、方差贡献率、累积方差贡献率及因子载荷矩阵,并选择碎石图。运行 SPSS 15.0 软件,主要输出结果见表7.3 及表7.4。

表 7.3　总解释力变量

成分	初始特征值			提取的平方载荷			旋转的平方载荷		
	总和	方差	累积数/%	总和	方差	累积数	总和	方差	累积数/%
1	6.686	55.714	55.714	6.686	55.714	55.714	4.251	35.425	35.425
2	2.338	19.480	75.193	2.338	19.480	75.193	4.064	33.870	69.295
3	1.204	10.030	85.224	1.204	10.030	85.224	1.911	15.929	85.224
4	0881	7.342	92.566						
5	0.456	3.797	96.363						
6	0.160	1.336	97.700						
7	0.132	1.102	98.801						
8	0.087	0.721	99.522						
9	0.028	0.230	99.752						
10	0.021	0.178	99.929						

续表7.3

成分	初始特征值			提取的平方载荷			旋转的平方载荷		
	总和	方差	累积数/%	总和	方差	累积数	总和	方差	累积数/%
11	0.007	0.056	99.986						
12	0.002	0.014	100.000						

表7.4　旋转后的因子矩阵

	1	2	3
劳均农业总产值 A_{11}	0.833	0.468	0.205
每公顷粮食播种面积产量 A_{12}	0.772	0.856	0.099
农业能源万元产值能耗 A_{13}	0.827	-0.017	-0.002
劳均农业机械总动力 A_{14}	0.759	0.213	0.455
农业人口自然增长率 A_{21}	0.587	0.717	0.290
农业劳动力文化程度 A_{22}	-0.001	0.153	0.099
农村居民人均纯收入 A_{23}	-0.059	0.543	0.189
农业科技人员数 A_{24}	0.435	0.857	-0.144
森林覆盖率 A_{31}	0.436	0.867	0.027
农业抗灾能力 A_{32}	0.063	0.854	-0.144
森林覆盖率 A_{33}	0.409	0.062	0.729
资源承载能力 A_{25}	0.895	-0.119	0.975

从表7.4中可以看出,前三个公因子的累加方差贡献度为85.224%,即可以用三个因子概括黑龙江省绿色食品产业的85.224%的信息,主成分的提取完成。基于主成分的黑龙江省绿色食品产业选择的因子评价体系应为

$$F = 35.425\% \times F_1 + 33.870\% \times F_2 + 15.929\% \times F_3 \tag{7.4}$$

主成分 F_1 资源承载能力 a_{25},F_2 劳均农业总产值 a_{11},F_3 农业能源万元产值能耗 a_{13},即

$F_1 = 0.833a_{11} - 0.059a_{12} + 0.827a_{13} + 0.759a_{14} + 0.587a_{21} + 0.895a_{22} + 0.772a_{23} + 0.435a_{24} + 0.436a_{25} + 0.063a_{31} + 0.409a_{32} - 0.001a_{33}$

$F_2 = 0.468a_{11} + 0.356a_{12} - 0.017a_{13} + 0.213a_{14} + 0.717a_{21} + 0.153a_{22} + 0.543a_{23} + 0.857a_{24} + 0.867a_{25} + 0.854a_{31} + 0.062a_{32} - 0.119a_{33}$

$F_3 = 0.205a_{11} + 0.099a_{12} - 0.002a_{13} + 0.455a_{14} + 0.29a_{21} + 0.099a_{22} + 0.189a_{23} - 0.144a_{24} + 0.027a_{25} - 0.144a_{31} + 0.729a_{32} + 0.975a_{33}$

三、评价结论

(1)农业资源承载能力是绿色农业可持续发展的基础。绿色农业资源承载能力变化可看作是同一状态或同一层次间的波动,承载能力变化,若不超出弹性范围,则变化是正常的,可逆转的;若超出,则不可逆转,标志着绿色农业资源环境系统已经从一种状态改变成另一种状态,直接影响其可持续利用。所以当承载能力超出范围时,要设法遏制改变,恢复系统

承载能力,否则会造成绿色农业资源环境系统不可逆转的改变。

由于黑龙江省土地资源、水资源较为丰富,沼泽湖泊、森林较多,农药化肥使用强度较低,自然生态条件较好,黑龙江省绿色农业资源环境系统承载能力位居全国的前列,其绿色农业生态资源环境最佳,适合于绿色农业生产。因此黑龙江省要充分利用其自身的优势条件,采用资源环境友好的绿色农业新技术,加快绿色农业的发展。

(2)劳均农业总产值水平是农业生产的基础,也是农业生产的目的,没有较高的劳均农业总产值水平,绿色农业生产就无以为继。因此,黑龙江省发展绿色农业首先的着眼点就是提高农业综合效益,提高劳均农业总产值。目前,黑龙江省劳均农业总产值水平与全国比还是比较低的,收入来源以家庭经营的农业收入为主,其他收入,包括外出务工收入等占的份额还比较小,农村家庭去除生活费用,所剩无几,生产只能在原有规模上进行。如果靠农民增加投入发展绿色农业,则困难很大。因此,在黑龙江省农民收入水平不高的情况下,国家应加大转移支付力度,省、市政府部门应加大对农民的扶持,千方百计地提高劳均农业总产值,促进黑龙江省绿色农业发展。

绿色农业发展是大的系统工程,从种子、肥料、农药及育种、栽培、耕作等工艺到加工、仓储、运销等一系列问题都需要资金支持,绿色食品生产成本较高,只靠农民自身投入是不够的。黑龙江省2010年农民人均纯收入6 210.7元,由于物价上涨等原因,扣除一年生活费及基本的生产费用,所剩无几,扩大生产规模的困难很大。绿色食品加工也需要先进的工艺和设备,急需金融服务与信贷的支持。但由于黑龙江省是农业大省,大多县是吃财政饭,更无力拿出支持绿色产品发展资金。

(3)农业能源万元产值能耗是绿色农业可持续发展的基础。绿色农产品的生产应严格按照生产标准进行,使用的农药、化肥均为低毒、环保类型,产品价格高,因此,绿色产品的生产成本较高。另外,许多绿色农产品生产地多为较为偏远的地区,这些生产地开发时间短,自然生态环境优良,能够保证绿色产品的质量,但由于地处偏远地区,交通不便,并且距离中心城市较远,因此,运输成本也较高。总之,绿色农产品从生产、加工、包装、运输等环节所需费用均较普通农产品成本高,所以,农业能源万元产值能耗突出了绿色食品的"优质优价"。许多绿色产品保存期短,由于物流、信息流不畅等原因造成产、供、销脱节,也严重影响了黑龙江省绿色农产品的能耗。此外,市场假冒绿色农产品比较多,造成消费者难辨真假,不敢花高价购买,也严重损害了绿色农产品能耗。黑龙江省绿色农产品生产、销售等各单位应树立坚定信心,实施品牌战略,发挥品牌效应,增加市场占有率,同时由于品牌的信誉也会使黑龙江省绿色农产品能够达到理想的能耗。

第三节 对黑龙江省绿色食品资源可持续发展的战略评价结果分析

一、实证方法选择

黑龙江省绿色食品资源具有自然系统与人造系统的双重特征,具有复合性。此处实证分析的目的是验证黑龙江省绿色食品资源的原因要素的真实性。黑龙江省绿色食品资源发展投入产出系统与协同原理,我们需要验证本章第二节判定的原因要素与结果要素的协同关系。

根据协同论的基本原理,协同程度决定了系统在达到临界区域时走向何种序与结构,或称决定了系统由无序走向有序的趋势。协同度是指系统之间或系统要素之间在发展过程中和谐一致的程度,描述了系统内部各要素或子系统间协调状况的好坏,体现系统由无序走向有序的趋势。协同论认为,系统走向有序的机理不在于系统现状的平衡或不平衡,也不在于系统距平衡态有多远,关键在于系统内部各子系统间相互关联的"相互作用",它左右着系统相变特征和规律,协同度正是这种系统作用的量度。

因此,利用测量原因因素与结果因素的协同程度间的影响关系,判定黑龙江省绿色食品资源可持续发展影响因素中的原因因素与结果因素是否协同一致。将孟庆松、韩文秀等所建立的复合系统整体协调度模型经过适当改进后,将其应用到原因因素与结果因素的协同度度量方面。

二、原因－结果系统协同度模型介绍

设黑龙江省绿色食品资源系统在发展过程中的原因序参量变量为:$\theta^s = (\theta_1^s, \theta_2^s, \cdots, \theta_n^s)$,且 $n \geq 2, \beta_i^s \leq \theta_i^s \leq \alpha_i^s, i \in [1, n]$,其中 $(\theta_1^s, \theta_2^s, \cdots, \theta_n^s)$ 的取值越大,系统的有序程度越高,取值越小,系统的有序程度越低;相反,取值越大,系统的有序程度越低,其取值越小,系统的有序程度越高,因此有如下定义。

定义 1 定义式(7.5)为原因系统序参量分量 θ_i^s 的系统有序度。

$$\mu(\theta_i^s) = \begin{cases} (\theta_i^s - \beta_i^s)(\alpha_i^s - \beta_i^s)^{-1}, i \in [1, k] \\ (\alpha_i^s - \theta_i^s)(\alpha_i^s - \beta_i^s)^{-1}, i \in [k+1, n] \end{cases} \tag{7.5}$$

由定义 1 可知:$\mu(\theta_i^s) \in [0, 1]$,$\mu(\theta_i^s)$ 越大,θ_i^s 对科技系统有序的贡献越大。

从总体上看,序参量变量对原因系统有序程度的"总贡献"可通过 $\mu(\theta_i^s)$ 的集成来实现,在实际中常用的方法有几何平均法或线性加权求和法,即

$$\bar{\mu}(\theta_i^s) = \sqrt[n]{\prod_{i=1}^{n} \mu(\theta_i^s)} \tag{7.6}$$

$$\bar{\mu}(\theta_i^s) = \sum_{i=1}^{n} w_i \mu(\theta_i^s), w_i \geq 0, \sum_{i=1}^{\infty} w_i = 1 \tag{7.7}$$

定义 2 称式(7.6)或式(7.7)为原因系统有序度。

可知,$\bar{\mu}(\theta_i^s) \in [0, 1]$,$\bar{\mu}(\theta_i^s)$ 越大,原因系统有序的程度就越高;反之则越低。

设描述结果系统发展质量的序参量变量为

$$\theta^s = (\theta_1^s, \theta_2^s, \cdots, \theta_n^s), n \geq 2, \beta_i^s \leq \theta_i^s \leq \alpha_i^s, i \in [1, n]$$

仿照如上讨论,同样可得 $\bar{\mu}(\theta_i^s) \in [0, 1]$。

定义 3 设在初始时刻 t_0 时,原因的有序度为 $\bar{\mu}_0(\theta^s)$,结果系统的有序度为 $\bar{\mu}_0(\theta^s)$;当系统演化到时刻 t_1 时,原因系统的有序度为 $\bar{\mu}_1(\theta^s)$,结果系统的有序度为 $\bar{\mu}_1(\theta^s)$。如果 $\bar{\mu}_1(\theta^s) \geq \bar{\mu}_0(\theta^s) \bar{\mu}_1(\theta^c) \geq \bar{\mu}_0(\theta^c)$ 同时成立,则称原因－结果系统从 t_0 到 t_1 时段是协同发展的。其协同度模型为

$$c = \text{sig}(*)\sqrt{|\bar{\mu}_1(\theta^s) - \bar{\mu}_0(\theta^s)| |\bar{\mu}_1(\theta^c) - \bar{\mu}_0(\theta^c)|} \tag{7.8}$$

$$\text{sig}(*) = \begin{cases} 1, \bar{\mu}_1(\theta^s) - \bar{\mu}_0(\theta^s) \geq 0 \text{ 且} \bar{\mu}_1(\theta^s) - \bar{\mu}_0(\theta^s) \geq 0 \\ -1, \text{其他} \end{cases} \tag{7.9}$$

对定义 3 的几点说明:①由公式(7.8)可知,$c \in [-1,1]$,其值越大,系统协同发展的程度越高,反之则越低;②定义 3 综合考虑了两个子系统的情况,如果一个子系统的有序度提高幅度较大,而另一个子系统的有序度提高幅度较小或下降,则整个系统不能处于较好的协调状态或者根本不协调,体现为 $c \in [-1,0]$;③利用该定义可以检验报告期的系统协同度相对于基期的系统协同度的变化趋势,因而有利于对系统协调情况进行动态分析和预测。

我们将发展动力和发展方式作为原因度指标,将发展模式作为结果度指标,形成协同度模型。

1.原因度指标

原因度指标见表 7.5。

表 7.5　原因度指标

一级指标	二级指标	三级指标
1.发展动力	自然环境条件和资源禀赋状况	未被充分利用的资源 F_1
	各种资源的协调与整合	资源要素的数量及配置状况 F_2
	生产要素的类别	高级生产要素 F_3
2.发展方式	产业发展阶段	不同发展阶段约束条件 F_8
	产业结构调整	不同要素比例 F
	产业发展方式转变	各种要素投入量和要素配置结构 F

2.结果度指标

结果度指标见表 7.6。

表 7.6　结果度指标

一级指标	二级指标	三级指标
3.发展模式	品牌联结型	传统优势 F
	市场依托型	区位优势 F_5
	龙头企业带动型	企业发展水平 F_6
	中小企业聚集型	以及企业隶属关系 F_7

原因度系统指标权值见表 7.7。

表 7.7　原因度系统指标权值

i	1	2	3	4	5	6	$\sum R$
R_i	4.578 3	4.275 43	4.699 33	4.657 53	4.034 0	4.615 5	26.860 1
W_i	0.170 4	0.159 2	0.175	0.173 4	0.150 2	0.171 8	

运用模型(1)、(3)计算的原因系统有序度计算与指标权值见表7.8和表7.9。

表7.8 原因度系统有序度计算

年份/年	$\mu(\theta_1^s)$	$\mu(\theta_2^s)$	$\mu(\theta_3^s)$	$\mu(\theta_4^s)$	$\mu(\theta_5^s)$	$\mu(\theta_6^s)$	线性加权求和
2003	0.000 0	0.494 4	0.000 0	1.000 0	0.000 0	1.000 0	0.423 9
2004	0.000 0	0.000 0	0.022 8	0.333 3	0.344 3	0.729 1	0.238 8
2005	1.000 0	0.911 1	1.000 0	0.200 0	0.287 7	0.289 1	0.418 0
2006	1.000 0	0.511 1	0.707 5	0.133 3	0.423 0	0.000 0	0.462 2
2007	2.000 0	1.000 0	0.479 9	0.000 0	1.000 0	0.204 6	0.769 3

表7.9 结果度系统指标权值

i	1	2	3	4	5	6	$\sum R$
R_i	2.682 0	4.164 4	3.615 3	3.527 3	3.819 6	2.079 6	19.888 2
W_i	0.134 9	0.209 4	0.181 8	0.177 4	0.192 1	0.104 6	

运用模型(1)、(3)计算的结果系统有序度计算见表7.10。

表7.10 结果度系统有序度计算表

年份/年	$\mu(\theta_1^s)$	$\mu(\theta_2^s)$	$\mu(\theta_3^s)$	$\mu(\theta_4^s)$	$\mu(\theta_5^s)$	$\mu(\theta_6^s)$	线性加权求和
2003	1.000 0	0.000 0	0.000 0	0.000 0	0.000 0	0.666 7	0.204 6
2004	0.287 4	0.190 8	0.404 2	0.666 7	0.038 6	0.000 0	0.277 9
2005	0.235 6	0.493 4	0.111 2	0.666 7	0.712 1	0.333 3	0.445 2
2006	0.220 3	0.665 5	0.563 3	0.666 7	0.824 7	0.814 8	0.633 4
2007	0.000 0	1.000 0	1.000 0	1.000 0	1.000 0	1.000 0	0.865 3

利用上述结果,运用模型(4)计算的原因结果系统协同度 C 见表7.11。

表7.11 原因-结果系统协同度

年份/年	2004	2005	2006	2007
原因-结果系统协同度 C	0.116 5	0.251 9	0.415	0.569

综合各表,从图7.1分析可以看出,原因-结果系统处于协同状态,并且每年的发展协同呈上升状态,可以分析出农产品加工集群发展的原因要素与结果要素是协同发展的,从而验证了主要原因及结果要素的真实性。

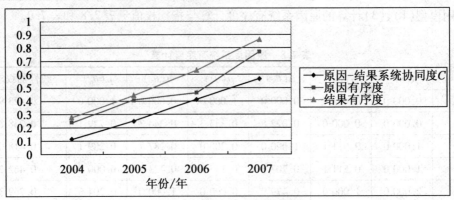

图 7.1　原因－结果系统协同度

二、可持续发展的对策

1. 要提高对实施循环经济与农业和农村可持续发展的认识

思想指挥行动,只有正确的认识才能保证正确的行为和合理的措施运作。发展循环经济是树立和落实科学发展观的具体体现。大力发展循环经济必须摒弃传统的发展思维和发展模式,把发展观统一到党的十六届三中全会提出的坚持以人为本、全面协调可持续的科学发展观上来。提高对实施可持续发展的认识,用可持续发展理论武装我们的头脑,是实施可持续发展战略的首要问题。要通过举办各种形式的报告会、研讨会,形象、生动、深刻地向广大干部和群众,宣传可持续发展理论产生的历史背景、基本内容、基本要求及其重大意义,紧密联系实际,正确总结经验教训,提高思想认识。只有这样,才能对过去片面追求经济增长的错误做法进行反思,理顺农业和农村今后发展的思路,在实际工作中坚定不移地实施可持续发展。

2. 要正确处理好各个关系,促进经济、社会、自然环境全面协调发展

实施农业和农村可持续发展,就要在实际工作中正视发展中面临的工业迅猛发展而农业滞后萎缩,城镇发展快、农村发展慢,物质文明建设迅速而精神文明建设特别是人的思想建设却相对落后,以及耕地锐减、人均资源贫乏、人口膨胀、社会负荷重、环境污染恶化、自然灾害频繁以及社会治安严峻等问题。正确处理好工业与农业发展的关系,城镇与农村发展的关系,经济发展与人口增长的关系,经济发展与自然环境保护的关系,物质文明建设与精神文明建设的关系,采取以下果断措施,促进经济、社会、自然环境全面协调发展。

(1)第一,要坚决贯彻中共中央、国务院《关于推进社会主义新农村建设的若干意见》精神,始终把农业放在国民经济中的首位,全面贯彻落实科学发展观,统筹城乡经济社会发展,实行工业反哺农业、城市支持农村和"多予少取"的方针,加大对农业的投入,使农业可持续发展有一个基本的保证。第二,把节约资源、保护资源、培育资源摆在重要位置,尤其要节约和保护耕地资源和水资源,要保护好基本农田保护区;同时,要有计划地开发可利用的耕地后备资源,继续加快开垦荒地、山坡地、浅海滩涂的工作进度,脚踏实地地做好查荒、灭荒复耕工作。第三,加强生态环境保护,努力提高生态环境质量。要巩固、完善绿化体系,建设绿色屏障,重点是抓好山区、平原、沿海、城镇等防护林体系和生态防护工程,开发山坡地和滩涂;同时,要注意保护生态平衡,坚持经济效益、生态效益和社会效益并重。

（2）有效控制环境污染，要采取经济、法律、行政和思想教育等综合手段，坚决制止污染源的扩散和蔓延。对已造成环境恶化的，要通过抓好环保工程建设，把污染降低到最低程度。对新上项目，尤其是兴办乡镇企业，要实行环境保护一票否决制，切实纠正"先污染后治理"的错误倾向，对那些布局分散、规模较小、设备简陋、污染严重的企业，要按规定限期做好治理工作，未达要求的要坚决取缔。要科学、合理地使用化肥、农药、农膜等化学物质，减少农业和自身污染。

（3）治理水土流失。一方面要采取生物措施，搞好封山育林，保护水土；另一方面，要采取工程措施，修建塘坝、水库，搞好拦蓄截流，遏制水土流失。

（4）严格控制人口增长，缓解社会对人口的沉重负荷。要坚定不移地执行计划生育基本国策，坚持不懈地抓好计划生育工作。重点应抓好农村地区，特别是贫困地区和流动人口的计划生育工作，不断提高计生技术水平和服务质量，推广高效、新型的避孕药具，引导、教育农民转变生育观，降低生育率。

（5）不断深化农村改革，完善社会主义农村的经济体制和政治体制。为实施可持续发展，就要不断改革不适应生产力发展的经济体制和政治体制，实行制度创新和组织创新，促进农村经济、社会自然环境全面协调发展。

（6）在发展物质文明的同时，要重视精神文明领域的建设。可持续发展要求达到的社会全面进步，既有发达的物质文明，又有丰富的精神文明，是两者高度融合的产物。因此，实施可持续发展，既要重视物质文明建设，又要重视精神文明领域的建设，要遵循邓小平同志关于"两手抓，两手都要硬"的教导，决不允许发生物质文明提上去、精神文明降下来的现象。

3. 推动农业和农村科技进步

实施农业和农村可持续发展，必须大力推动科技进步，提高农村各种产品的科技含量，提高科技进步对农业和农村经济增长的贡献率，大量节约各种资源，提高资源利用率。今后农业和农村经济发展，主要依靠科技进步来推动，没有科技的支持，可持续发展便是一句空话。因此，具体要解决以下七个问题：

（1）要实行制度创新，构建一个具有活力的科技进步机制。即实行两结合：一是农民在利益驱动下对科技的自觉追求和政府对科技推动两者有机结合；二是科技与生产、经济相结合。

（2）要进行科技开发，从三个方面完善科研开发体系：一是加强农业科学基础研究，力争在生物遗传多样性、雄性不育杂种优势利用、重大病虫害灾变规律及抗性机理等方面取得重大进展，为长远发展提供科技储备。二是紧密围绕农业和农村经济发展中的"热点""难点"问题组织跨部门、跨地区的联合攻关。如高新生物技术开发应用，农、林、牧、渔优质多抗新品种选育及加工产销系列化配套技术、动植物品种资源开发利用等。三是跟踪世界农业高科技发展趋势，加快国际先进农业科技的引进、消化、吸收和创新工作。

（3）注重人才培养，提高农民素质，壮大和提高农村科技队伍。在提高农民素质方面，除继续加强农村的基础教育、大幅度提高农民文化程度外，还要开展多形式、多渠道、多层次的教育培训，大力推广"绿色证书工程"，逐步把农民培养成有较高科技文化素质，有较强的接受反馈信息的能力，既能掌握科学经营管理方法，又能熟练掌握现代工农业技术操作的现代农民。在壮大和提高农村科技队伍方面,除继续发展高等农业教育、培养大批农村高科技人才外,还要重视发展高等农业成人教育、狠抓继续教育和职业教育,不断提高现有科技人员素质,造就一大批科技攻关的中坚力量和技术操作能手,不断壮大黑龙江省农村高科技力量。

(4)建立国家、集体、企业、农户、外资多元化的科技投资新体制,保证科技投入的资金来源。

(5)建立和完善一系列科技进步的政策,调动各方面的积极性和创造性,促进科技进步的发展。

(6)加强对农业和农村科技进步的领导,为推动科技进步提供组织保障。

(7)探索新的推广形式与渠道,加速成果与转化。充分利用传统的广播、电视、杂志、报纸等大众媒体,形成形式多样、种类丰富、立体交叉的农业推广架构。定期了解农民推广需求与问题,由农业专家定期做出答复。同时,应充分利用各种现代化工具,在较发达地区采用多媒体技术、网络、远程教育,创造更多、更新的现代化农业推广方法和手段,全面提高农业推广工作质量。因此应加大投入,结合黑龙江省正在进行的农业科技信息"村村通"工程和黑龙江省山区信息化建设,建立好农村信息网络体系,以乡镇农业信息工作站和部门工作点为基础,联合种养大户、农产品市场、农业龙头企业和农技部门等较为完善的三级信息服务网络;采取多种信息发布方式,完善农业信息发布系统;建立综合性农村经济信息网络,使网络覆盖到村,达到先进技术进村入户。

4. 促进可持续绿色消费

在全省推广发展清洁能源和建设生态文明为重点的做法和经验,引导可持续绿色消费。主要包括:①推广清洁能源,倡导绿色生活和消费方式。黑龙江省广大农村地区鼓励使用对环境友好的产品,发展清洁能源,如发展太阳能、风能、沼气等清洁能源和可再生能源。②培育生态文明。配合社会主义新农村建设,在广大农村、山区积极推行生态示范村建设。新建居民区应在建筑设计、施工过程中考虑环保要求,配置污水回用、生活垃圾分类收集等环保设施,老居民区逐步实施垃圾分类。大力推行生态示范村、镇建设,改善农村生态环境质量,提高当地农民环境意识。③控制面源污染。防治农业面源污染有以下两方面措施:一是加大农药使用的监督管理力度,加强农药残留量的监测,禁止高毒农药的生产、销售和使用;二是推广配方施肥,提高肥料利用效率,控制化肥污染,大力推广有机肥和秸秆还田。④防治畜禽养殖污染。严格控制位于各大水源保护区、居民区等人口集中地区的畜禽养殖规模,原则上在河网区停止审批新建、扩建规模化畜禽养殖企业;引导畜禽养殖业向合适的地点转移,走生态养殖道路,减少畜禽废水直接向环境水体排放。从环境保护规划、环境影响评价、排污申报、排污收费、排污许可证和污染限期治理等方面,把畜禽养殖污染防治管理工作纳入法制化、规范化、程序化轨道。

5. 加强法律、法规体系建设

为保证农业和农村可持续发展的顺利实施,加快人们生活质量的提高,必然要求社会、经济、自然环境和政治生活诸方面全面实行法制化。为此,要建立、健全相适应的法律、法规体系,将可持续发展的指导思想、目标和行为规范,融合于各项法律、法规之中。要结合我国国情,借鉴发达国家经验,研究建立完善的循环经济法规体系,加快《循环经济促进法》的立法进程。要进一步健全和完善国家和省已出台并在实践中行之有效的一系列控制人口增长、保护资源与环境的政策法规,使领导者、决策者和广大群众在各项活动中有章可循、有法可依。为可持续发展创造良好有序的法制环境,为实现可持续发展提供法律保障。同时,要加大执法力度,抓好执法机构、执法队伍的建设,完善执法手段和执法监督机制,切实做到有法可依、有法必依、执法必严、违法必究,把农业和农村可持续发展纳入法制化轨道。

下　篇

成果转化篇

　　下篇中收录的论文是"黑龙江省绿色优势食品资源开发保护及安全监管的研究"课题组成员为参加黑龙江省科学界联合会和黑龙江省绿色食品开发领导小组办公室联合召开的"黑龙江省绿色食品资源开发保护及安全监管"征文活动所撰写的论文。

论黑龙江省绿色食品产品质量监管现存问题及其优化的对策

哈尔滨商业大学经济学院　韩　枫

推动自然环境与社会经济活动的不断绿化发展,是人类可持续发展的核心内容。所谓"绿化",基本内含是安全、无污染、高质量,它覆盖着地球的各个领域,但其主体是人类自身的安全。而人类自身的安全受到多种要素的影响,其中的一个关键要素是食品安全。因此,食品的绿化质量已成为世界,特别是我国十分关注的重大问题。我国早已提出了绿色食品的发展战略规划,并首先在污染程度低的黑龙江省这个农林大省、全国粮油生产基地进行试点,已取得了令人瞩目的成效。但由于各种相关因素的变化和影响,其绿色食品产品质量尚存诸多问题,为了提高食品产品绿化标准并同国际接轨,除注重绿色食品资源的有效开发与利用外,加大与提升政府对绿色食品产品质量的监管就成为一个十分重要的环节。

一、当前影响食品绿化质量提升的主要因素

(1)人们对食品产品绿化质量重要性的认识不到位,特别是生产经营者对食品产品绿化标准的掌握不准确、不完整。有相当一部分城乡居民缺乏绿色消费意识,进而缺乏对食品产品不安全因素的自我有效规避;有相当一部分生产、经营者,只注意自然环境的绿化因素或原料产品的绿化因素,而忽视原料产品加工与经营过程的绿化因素,特别是其优化升级,从而使食品的产成品绿化质量不达标,处于保守状态。

(2)由于某些生态要素受自然环境要素恶化的影响与人们生产、生活活动中非绿化行为的污染而降低了绿化质量,从而降低了食品原料与产成品的绿化质量。如天然毒气的喷射、沙尘暴的侵袭;某些化工制造业有害气体与液体对空气、土地、水流与稼禾的污染,以及居民生活废弃物对水土的污染等,直接或间接地导致了对食品原料与其产品的污染度加大,从而降低了食品的绿化质量。

(3)在市场经济发展的初始阶段,某些缺乏社会经济效益与人类安全意识的食品生产、经营者,为了谋取最大收益,而无视国家的绿色食品标准的规定与人们的人身安全,肆意采取有害食品安全的生产加工方法与配料技术,生产出程度不同的有害食品商品,并在流通与销售经营过程中,不计对食品商品的污染,采用欺诈性的营销策略,将无绿化与绿化程度很低的食品商品大批量地推向国内外消费者。这不仅影响到国内外城乡居民的人身安全,而且引起了国际绿色壁垒的阻挡,严重损害了我国绿色食品商品在国际市场的声誉与地位,甚至导致国家间关系的恶化。

(4)政府的绿色食品标准在某些方面需要进一步优化完善,尽快实现国际食品绿化标准的真正接轨。尤其需要关注的是,我们的绿色食品标准的宏观监管体制尚待优化与健全;已有的绿色食品标准监管机构对绿色食品质量的检测、监管工作尚未达到应有的高度,有待

✦ 进一步严把准入市场关,做到防患于未然,形成一个在生产经营过程中确保绿色食品达标的系统工程体系。

总之,导致当前绿色食品尚未完全达标的影响因素有多个方面,但政府的绿色食品质量监管体制与严管措施的优化与强化,具有把关的关键作用,需要认真地深入研究与科学规划。

二、加强省政府对绿色食品标准进行监管的对策措施

(1)进一步优化完善对绿色食品质量标准监管机构体系,形成一个自省到地市县的监管机构系统;同时,强化监管职能,明确职责任务;优化完善其监管机制,包括约束、惩治、奖励机制;严格执法,消除懈怠、松管、包容状态,杜绝放纵、暗扶、合作等营私舞弊、违法乱纪的现象,确实提高监管质量与水平。

(2)在坚持国家绿色食品质量标准的基础上,要根据本省的实际情况,制定一个更详细的实施细则与切实有效的管理办法,并突出重点,切实解决所面临的要害问题,如当前出现的假冒伪劣、掺杂使假等危害人们生命安全的现象。要通过严管的具体管理办法与执法行动,把绿色食品质量的法定标准贯彻落实于绿色食品生产经营过程之中,进而建立从土地到饭桌的绿色食品运行规程。要树立绿色食品质量的"统管"理念,而不仅限于绿色食品质量在产出后的检测、准出的"末尾"认证管理模式。

(3)通过多种媒体传播及采取多种教育方式,大大提升全体人民对维护与提升绿色食品标准重要性的认识。把维护与不断提升食品绿化质量以保证食品安全,从而保证人们的生命安全,变成全体人民的共同责任与行动。特别要加强对食品生产、经营企业主管人员的宣传教育力度,必要时要进行食品绿化标准与监管法规知识的专项培训活动与资质认证,使其强化食品安全意识与食品绿化质量的自我管理或自律。更值得重视的是,要重点强化对生产经营出口食品的企业的宣传教育,使其充分认识保持绿色食品标准并切实与国际绿色食品标准接轨,对开拓我省绿色食品市场与其他产品市场的重要性。它涉及我省、我国开发国际市场的大局,关系到我国以经贸大国崛起世界战略目标的实现问题。同时,要提升食品消费者的自我保护意识,要大大提升对食品绿化程度的辨别能力,从而采取相应的抵制行动,抵制以需限供、限销不达标而危害人们生命安全的食品进入市场与消费领域。从而使全民把食品绿化提升到绿色文明的高度去认识与扩展。

(4)进一步优化与完善绿色食品环境监测和产品质量监测、检查的机构体系,监测、检查的科学方法体系以及法制化的质量标准执行与管理体系,确保我省绿色食品的监测、检查体系及工作质量达到国内先进水平以致国际先进水平。为此,必须认识到绿色食品产品质量是一个广义的质量概念,既包括食品产品实体的理化质量,也包括食品产品的包装质量与其储藏保管设施等质量,但其产品实体质量是质量检测的核心与重点。质量检测的标准是绿色食品的达标规定,主要是产品的污染程度的检测。由专业的绿色产品质量检测机构,根据政府所制定的绿色食品产品标准与有关部门所颁行的法规而进行的检测,包括检查与测定两个部分。检查既包括对企业申报的绿色食品产品的检查审定,也包括对企业创新的绿色食品产品的检查审定等;测定既包括利用先进的仪器设备所进行的理化性能的测定,也包括利用感官进行的直观测定。同时,还要采取多形式监督、多内容监督,并形成一种较为完善的全面监督管理。为了进一步优化完善食品产品检测与监督体系,必须构建与完善以下

体系：①设立包括对绿色食品产品生产经营企业所处地理位置环境、所用土地及水资源、所用种子及原材料与辅助材料、采用生产工艺技术等要素进行全面合格审查认定，然后准予进行企业登记并正式进行开业的检测和审查认定体系。②设立生产经营企业申请绿色食品产品"名录排名"及进行绿色食品产品广告的检测、审查、批准监管体系。③在各级政府所属商品质量检验机构体系及进出口商品检验机构体系内，设立相对独立的、专职于绿色食品产品"绿色质量"的检测机构体系。④强化绿色食品产业的行业组织体系，审查其制定的产品质量自我监督条例与办法。⑤创建相关管理机构所组成的绿色食品质量监督委员会体系，用以做出对绿色食品生产经营企业及其产品的停止、限制、改进、奖罚的有关监管决定。

　　当前，为了充分发挥其质量检测与监督体系的职能作用，需重点抓好以下几个方面的工作：①由相应机构定期与不定期地开展"绿色食品万里行"活动与"质量月"活动，以杜绝假冒伪劣绿色食品产品的生产经营，推动绿色食品产品经营企业提高食品产品的绿色标准与内在质量，并发动广大群众对绿色食品产品质量进行有效的监督。②优化现代化绿色食品产品质量检测设备，完善质量检测的现代化手段体系及质量检测队伍的组成结构，快速提高质量检测的工作质量。③在大中城市重点建立与完善绿色水果、蔬菜类食品的快速检测监督体系，实施先检测后上市的管理措施，以确保达到"绿标"，尽快消除广泛影响人身安全的有害因素的扩展。④强化与扩展对绿色食品产品市场经营活动的监管措施，消除市场销售过程中对绿色食品商品的各种污染；审查对绿色食品"绿色标志"使用的合法性；完善消费者对绿色食品商品市场违规行为进行投诉的受理与处理机构，强化其市场的群众性监督；实施绿色食品产品经营企业的信用系统工程，对其进行信用企业评定与发证工作，以形成企业的内外约束机制等。

　　总之，为了快速发展我省绿色经济与提升绿色文明程度，确保人身安全，必须深入准确地分析当前影响食品绿化质量提升的主要因素，尤其是监管体系中所存在的主要问题，并采取有效的对策措施，迅速提高绿色食品产品的质量，使其达标，促使黑龙江省成为绿色食品产品大省，从而快速扩展其省内外、国内外市场，促进我国快速崛起于世界。

大庆市绿色食品资源开发保护及安全监管

大庆市绿色食品办公室　王立勇

为落实省政府"打绿色牌,走特色路"的绿色食品发展战略,大庆市把绿色食品资源开发保护和绿色食品监管以及地域特点有机结合,初步形成了独具大庆特色的管理模式,下面就我市绿色食品资源开发保护和监管情况与大家探讨交流。

一、推进我市绿色食品资源开发保护和监管的重大意义

我市地处东北平原,龙江西部,日照时间长,辐射强,气候适宜,昼夜温差大,并且干湿季分明,空气清新,没有污染。因此发展绿色食品具有得天独厚的条件。经有关部门检测评定,蔬菜的农药残留超标率低于全国平均水平,一直处于全省前列。可以称得上是真正的放心果、放心菜。再加上我市大力发展棚室经济,现全市已建立棚室20万栋,为发展绿色食品,提高特色农产品在内地市场中竞争力提供了难得的机遇。因此,推进绿色食品资源开发保护、打造寒带绿色品牌作为我市农业发展工作中的一项重要工作,受到市政府高度重视,他们不断加大力度,提升工作水平,并将常抓不懈。

(1)推进绿色食品资源开发保护和监管是提高我市农牧业整体素质的重要举措。绿色食品是无污染的安全、优质、营养类食品。发展绿色食品,要求我们必须大力推进农业和农村经济结构的战略性调整,发展优质高产高效生态安全农业;要求我们加强农业生态环境建设与保护,健全农产品的质量标准和检验检测体系;要求我们加快农业科技进步和农业增长方式的转变,提高农业增长的质量和效益;要求我们发挥资源优势,推进区域化布局、专业化生产、产业化经营、社会化服务。这些必将带来我市农牧业生产发展的一场深刻变革,加快农业现代化进程,增强农产品国内外市场竞争力。

(2)推进绿色食品资源开发保护和监管是促进农民增收的重要途径。发展绿色食品可以充分发挥我市优势资源和劳动力资源丰富的比较优势,积极引导农民群众大力发展绿色农业生产,拓展农民的就业空间和增收渠道。当前市场对绿色食品等生态农产品需求强劲,价格远高于同类产品,农民可通过扩大绿色食品生产得到更多的收入。发展绿色食品要求科学、规范地使用现代投入品,有效地提高投入产出比例,使农民获得最佳的经济效益。

(3)推进绿色食品资源开发保护和监管是提高生活质量的重要保障。随着人们的生活水平不断提高,人民群众的膳食结构将发生根本的改变,即由"吃饱"向"吃好"方向转变,对食品质量提出更高要求。而绿色食品出自优良生态环境,具有强劲生命活力,可以有效地满足人们对安全、卫生、营养食品日益增长的需求,保障人民身体健康。

总之,绿色食品是生态、经济和社会效益的有机统一体,具有多重功能、多重效益,功在当代,利在千秋,能从多方面给我市农业的长远发展带来福祉。从大庆农业发展的新阶段,面临建设现代农业历史任务的战略高度,深刻认识抓好我市绿色食品工作的极端重要性,自觉增强做好我市绿色食品工作的责任感和紧迫感。

二、推进绿色食品资源开发保护和监管的几点做法

（一）保护资源，为绿色食品开发提供优质环境

大庆市委、市政府对绿色食品发展历来高度重视，在我市绿色食品、无公害食品标准化生产基地建设中，充分调动各部门职能，配合黑龙江省绿色食品发展中心和黑龙江省环保局开展环境评估工作。我市气候条件好，雨热同季，无霜期在 120～135 d，年活动积温在 2 900～3 100 ℃，年降雨量在 450～650 mm。在全市各乡镇选择土壤肥沃、耕性良好的土壤，产地环境质量符合绿色食品生产要求。环境评估达到 860 万亩，使我市绿色食品面积以每年新增 50 万 hm² 的速度增长，产量达到 265 万 t，实现产值 36 亿元，截止 2013 年，"三品"基地面积达到了 600 万 hm²，占播种面积的 51.9%，其中，玉米面积 337.5 万 hm²，水稻面积 100 万 hm²，其他作物 175 万 hm²。水稻和玉米成为国家级绿色食品原料生产基地。资源保护是推进我市绿色食品发展的重要基础，自 2010 年以来，连续被国家评为"环保模范城"荣誉称号，有力地促进了我市绿色食品的健康发展。

（二）广泛宣传，为绿色食品生产提供良好舆论环境

我市共有 22 家企业生产的 62 个产品通过了绿色食品的认证，四家企业生产的 26 个产品通过有机食品认证，173 个蔬菜生产基地，其中 100 个为示范基地，两个生猪养殖基地分别通过了绿色和无公害生猪产地认定，并获得产品证书；获得无公害农产品证书 600 多个标识；获得国家地理标志农产品六个。通过各种展会、广告宣传、发放宣传单、网络平台、绿色食品专营店等形式，对我市"三品"品牌进行广泛宣传。让群众知道什么是营养的、有机的绿色和无公害的食品。每年春季我们会同工商、质监、畜牧等部门在繁华市区举行集中宣传，报纸、电视等媒体进行跟踪报道，不断提高百姓对"三品"的认知度。

（三）完善体系，为绿色食品安全生产提供政策环境

我市 2005 年投资 400 万元，引进日本先进的检测设备，在全省地市级率先建成了绿色农产品监测中心，并获得农业部认定，为绿色食品健康发展提供了技术支持。

近年来，我市加强了农产品质量安全体系建设，截至目前，我市建立了市、县、乡三级农产品质量安全监管机构 56 家，对生产企业的安全管控做到了全方位。我们坚持监督与指导并重的原则，抓源头、促生产、保质量，切实做好春耕生产中生产资料质量安全存在的突出问题，增强全程监管能力，确保"三品一标"生产安全，全面提升我市"三品一标"质量安全水平。积极探索监管长效机制，建立健全以确保农产品质量安全为目标的服务、管理、监督、处罚、应急五位一体的工作机制，市里统一部署，以县区为单位，延伸到乡镇、到村屯，形成立体监督、检查模式，做到投入品销售网点分片管，责任人直接到位，哪里出问题，哪里负责任的问责机制。市农委成立综合农业执法大队，市绿办成立了"三品一标"专项整治领导小组，各县区农产品质量安全监管局配合。由农委副主任统筹协调农产品质量安全专项整治中的重大问题，统一部署有关重大活动，督促检查各县（区）贯彻落实情况，从政策上保障了绿色食品生产安全。

三、推进绿色食品资源开发保护和监管的几点对策和建议

（1）营造政策保护环境。政府在政策上倾斜，对绿色食品企业要扶持，设立专项基金发展绿色食品，加大补贴，制止和纠正乱检查、乱收费、乱摊派等活动。

（2）营造合理的社会环境。要形成"社会化管理和社会化服务相统一，群众监督和舆论

监督相统一,发挥好协会作用和建立行业监管机制相统一"等内容的社会环境,使绿色食品产业长期健康发展。

(3)营造产业化经营环境。要"立足市场需求和优势资源,确立主导产业、创办龙头企业、培育市场体系,辐射带动农户和依科技创新"等环节,创建品牌影响力和增强市场竞争力,促进企业增效和农民增收,大力推进绿色食品产业化经营。

(4)营造良好舆论环境。通过主流媒体,整合全省品牌,集中展示和推介(如利用农业频道专门时段宣传和展示产品),营造绿色、健康消费的良好氛围,引导人们食用绿色食品。

谈中国绿色食品生产安全问题监管

哈尔滨理工大学　梁凤霞

一、绿色食品的定义与开发绿色食品市场的意义

1. 绿色食品的定义

绿色食品是遵循可持续发展原则，按照特定生产方式生产，经专门机构认定，许可使用绿色食品标志（Green Food）的无污染、安全、优质营养类食品。实践证明，绿色食品适应了未来农业和食品业的发展，是现阶段我国农业和农村经济结构调整的良好载体。发展绿色食品，对于保护生态环境，提高农产品和食品质量，增强人民身体健康，增加农民收入，促进农业和农村可持续发展具有重要意义。我国绿色食品事业得到了长足发展，截止2003年底，共有964家企业的1 831个产品获准使用绿色食品标志，其中A级绿色食品1 793个，AA级绿色食品38个。

2. 开发绿色食品市场的意义

大力开发绿色食品有三方面重要意义：①食品安全问题是关系人民生命和健康的重大问题，大力开发绿色食品有利于提高人们的生活质量；②绿色壁垒成为影响我国农产品出口的最主要障碍，大力开发绿色食品有利于我国在国际之间的农产品贸易中争取主动；③绿色食品产业的竞争将成为农业竞争的焦点，大力开发绿色食品可抢占农业竞争的制高点。

二、我国绿色食品市场发展存在的主要问题

1. 绿色食品市场规模较小，产业结构不合理

我国绿色食品经过10年的发展，产品数由1990年的127个增加到1999年的1 353个，实物产量由1990年35万t增加到1999年1 105.8万t，环境监测面积由1990年15万m^2增加到1999年的337.6万m^2。但是，与普通食品相比，绿色食品生产规模太小，绿色食品实物年产量还不到全国普通食品年产量的1%，即使发展较多的粮油、饮料、蔬菜产品，所占比例也很小。

1999年，绿色食品粮油产量仅占全国普通粮油产量的2.44%，饮料类产品仅占全国普通饮料类产量3.01%，粮油作物的种植面积仅占全国粮油作物面积的0.61%，蔬菜种植面积仅占全国蔬菜种植面积的1.59%。

2003年，在我国绿色食品产品结构中，粮油类产品占28%，蔬菜类占17%，饮料类占15%，而消费者最关心的和市场需求较大的畜禽类产品、水产品所占比例极小。由于绿色产品规模小、结构不尽合理，无法形成独特的绿色食品市场。按商业标准，商店经营的绿色

食品品种一般应有 15～20 个/m²，规模 100 m² 的商店，其经营的品种至少要达到 1 500～2 000 个。

而我国绿色食品产品数 1998 年仅有 1 018 个，目前也仅有 1 831 个，除了水果、蔬菜等鲜活农产品及一些由于地区消费习惯、口味原因只适合本地区销售的产品外，真正能跨地区经营的产品还不到 1 000 个。如此少的产品无法进行绿色食品专营，也无法形成独特的绿色食品市场。

2. 消费者对绿色食品认知度低

据统计，市民对"绿色食品"这个名词的认知度较高，但对绿色食品缺乏进一步的了解。在调查的人群中，有 78.5 % 的人听说"绿色食品"这个名词，其中有 24.1 % 的人未听说过"绿色食品有识别标志"，而具备识别标志能力的人只有 21.9 %。"无污染、安全"是绿色食品的主要特征，即使在买过绿色食品的人群中，也只有 48.8% 的人意识到这一点，而 62.4% 的人对绿色食品缺乏正确的认识。被调查人中未购买绿色食品的，有相当部分的人对绿色食品不甚了解，以为纯天然食品就是绿色食品，还有人认为保健食品就是绿色食品。

3. 市场体系不规范

绿色食品商标是经国家工商总局注册的质量证明商标，其商标专用权受商标法保护。绿色食品商标标志包括绿色食品中文、绿色食品英文（Green Food）、绿色食品标志图形及三者的组合体，任何企业和个人使用绿色商标标志，必须经注册人许可。但是部分企业法律意识淡薄，绿色食品的侵权行为和假冒绿色食品事件时有发生。部分绿色食品生产经营企业擅自扩大食品使用范围，或超期使用绿色食品标志，更有一些不法之徒假冒绿色食品商标，欺骗消费者，严重损害了绿色食品市场整体形象。

4. 绿色食品生产经营发展极不平衡

按我国三大经济地带划分，1999 年东部 12 省市绿色食品产品数为 572 个，占全国绿色食品总数的 42%；中部九个省、自治区产品数为 533 个，占全国39%；而西部 10 个省、市、自治区产品数为 248 个，占全国总数的 19%。由于对产地环境的特殊要求，绿色食品产地主要分布在辽阔的农村和边远山区。2004 年统计的 1 069 家绿色食品生产企业中，有 75% 的企业分布在经济落后、交通闭塞的边远地区。

三、绿色食品市场的开发战略

各级政府要充分认识发展绿色食品的重大意义，将发展绿色食品同促进农业和农村经济的可持续发展结合起来，把绿色食品发展纳入国民经济和社会发展计划中，坚持以财政金融部门的职能作用，把扶持绿色食品开发作为资金投放点，切实加大资金扶持力度。各地要依靠本地资源和环境条件，选择有市场竞争力的"拳头"产品，在保证质量的前提下，扩大产品的容量。在宣传上，不仅要宣传绿色食品无污染、安全、优质的特征，还要宣传绿色产品对保护农业生态环境、保障人类健康、促进农业和农村经济发展的重大意义。

政府要做好以下工作：①政府需要根据绿色食品产业发展阶段，适时调整角色功能。绿色食品生产已由初期进入成长期，政府的职能也应随之进行调整，重点转向制定绿色产业发展战略，搞好国际和国内市场定位，决策重大项目，提供绿色食品产业所需公共物品等方面。②政府需加强支持绿色食品产业发展的生态环境的建设。加强生态建设需要政府在资金投入机制、法律、法规等多方面进行重点调控。③进一步完善绿色食品的发展规划，在制定绿色食品的发展规划上，进一步提高规划的科学性、可操作性和前瞻性，在充分体现全国资源、生态环境和社会经济条件的区域差异的前提下，因地制宜地发展各地区的绿色食品产业。

四、建立全国专业市场，以降低绿色产品营销成本

目前，大多数绿色食品只能通过普通渠道进入市场，市场聚集效应不显著，影响消费者的购买欲望。为发挥绿色食品规模和整合效应，应有计划、有组织、有区分地建立专业化的绿色食品批发市场，通过专业批发市场，聚集绿色食品，建立集散地。由于绿色食品的生产工艺特点，其生产成本一般高于普通食品，应主要从提高科技含量和扩大生产规模两个方面降低成本。①从技术方面看，应围绕绿色食品生产、加工、贮藏、包装、保鲜、运输技术进行研究和推广应用；②从生产规模方面看，在充分进行市场调查和检测基础上，要积极扩大绿色食品的生产规模，利用规模效益降低生产成本，并使绿色食品占有较大的市场份额。不仅要扩大绿色食品生产的规模，同时更要提高其附加值，提高高科技含量的绿色农产品加工产品的比例。这样既能满足市场需求，又可获得更大的效益。

1. 强化绿色食品的生产监管

在农产品、畜禽、水产品等种植养殖过程中，一些生产者为了增加产量，获得更高效益，大量使用激素、抗生素、兴奋剂和避孕药物，导致肉、蛋、水产品、农产品质量令人担忧。市场呼唤绿色的农产品、畜禽、水产品。但是我国目前绿色农、肉、蛋、水产品很少，其所占比例不到所有绿色食品产品数的3%，远远不能满足市场需求。

绿色食品主管部门应尽快出台《绿色品生产所用肥料、农药、添加剂使用标准》等规定。这是绿色食品市场发育和发展的需要，也是人们食物结构调整的需要。因此必须组建一批大型绿色食品集团，提高产品标准和档次。大力引进新品种，优化品种结构，变初加工为精深加工、系列加工，不断提高绿色系列产品的质量，积极引导经营者注册品牌，创造品牌效应，以刺激市场需求，形成整体优势。

2. 强化绿色食品的科技开发与示范作用

强化绿色食品的科技开发与示范作用主要有以下四点：

（1）结合科教兴国、科教兴农战略，利用较为完善的农业技术服务体系，在绿色食品生产过程中推广新技术。

（2）努力发挥绿色食品示范户、示范村和示范基地的示范作用，同时还要分区域加强绿色食品科技示范园建设，为绿色食品生产提供技术培训，为高新技术研究、试验、示范和推广创造条件，从而真正带动一批技术含量高、效益高的双高工程。

（3）积极研究、培养一批高产、优质、抗逆性强的新品种和先进的栽培技术、饲养技术。

（4）加大高科技应用力度，拓展企业辐射市场能力。

3. 发展生态农业

生态农业是通过光、气、热、水、养分、温度等资源的有机组织与相互作用，利用能量转换定律和生物生长规律，实现经济、生态与社会效益同步提高的可持续农业类型。绿色食

品作为生态农业产品，顺应了人们回归自然、追求饮食健康的潮流，与转基因食品相比，具有明显的竞争优势。

五、加快绿色食品立法工作

加快对绿色食品标准、认证准则、贸易准则的规范，加大对制售假冒绿色食品产品的打击、惩治力度，维护绿色食品市场主体利益。加强价格和质量监管，制订合理价格。尽快出台《绿色食品管理条例》，为切实保证绿色食品产品质量及规范和发展绿色食品市场提供强有力的法律依据。芬兰政府允许绿色食品价格比普通食品高30%以上，而日本则允许高出20%左右，我国政府在制订绿色食品价格政策时可以借鉴。

发展绿色经济和加强食品监管的长效之计
——政府实施食品安全战略

大庆市社会科学界联合会　卫宇坤

当前,各地对发展绿色经济比较重视,食品安全由于问题严峻正在加强监管。但是,如果发展绿色经济只从经济发展着眼,食品监管只是碎片化地去做,效果都远不如战略化。战略化注重全局性、系统性,所把握的高度、深度有很大不同,统筹作用有很大不同,与社会发展其他方面的关联度有很大不相同,所取得的整体效果也就截然不同。因此本文主要不是就发展绿色经济和加强食品监管提出某些具体的对策和建议,而是提出应当由政府实施食品安全战略,从战略角度促进绿色经济的快速发展和食品监管的有效实现。

一、政府实施食品安全战略的背景和意义

安全作为人类生存和发展的根本命题,无论在理论上和实践中,都具有不容置疑的绝对性和永恒性,也是检验社会制度合理性的基本标准。在马斯洛的五大人类需求(生理、安全、社交爱情、自尊与受人尊重及自我实现)中,安全需求排在第二。

安全涉及很多方面,但食品安全以普遍、长期、直接等原因必然居于首位。保证食品安全为国际社会所共同关注,既因为问题普遍存在,也因为人类社会的发展理念正转向以健康为本。对此,任何社会不但不能置身于外,还将面临由此引起的经济、政治、文化、社会、生态的发展性竞争。

中国社会正处在改革开放转型期,经济发展迅猛,同时也发生了较为严重的食品安全问题。人民群众对此反应越来越强烈,党和国家对此越来越重视。习近平总书记在前不久一次关于防控 H7N9 流感的会议上强调:"要把生命健康放在第一位",这实际是社会发展总的指导思想。李克强总理最近在全国性会议上更有针对性地指出:"要切实加强市场监管,营造公平竞争的市场环境,对食品、环境、安全生产等领域群众高度关注、反映强烈的问题,要重拳打击违法违规行为,让不法分子付出付不起的代价。""现在虽然财政紧张,宁可在这方面多花钱,甚至花大钱,让老百姓对食品、对中国的食品要有信心。""在这个事上,中央和地方政府一定要高度重视,坚决下决心。要下决心加大监管,基层监管可能手段上还不足。"还具体提到要"严打假羊肉毒生姜,重典才治乱。"最近,国务院专门印发了《2013 年食品安全重点工作安排》,八部委开始搞联合专项整治,《食品安全法》将进一步修订。所有这些都表明,保证食品安全正被党和国家提到前所未有的高度,既是全面贯彻落实科学发展观的要求,也是认真解决现实问题的需要。另外说到实现"中国梦",第一层级至少应当是实现"健康梦"。总之,从国家到地方,从政治到经济,从眼前到长远,政府实施食品安全战略已经有了丰厚的土壤,一旦植入种子,就不难结出丰硕的果实。

政府实施食品安全战略意义重大。健康作为人生第一要义,民生第一主题,对普通民众

来说与其他社会事物相比是"零百效应",没问题可能什么都好,有问题可能什么都坏。因此花大力气首先认真解决好这个问题,将明显有利于激发人民群众的爱国热情,坚定人民群众的理想信念,增强人民群众对党的执政信任,提高人民群众对政府其他方面所取政绩的指数判断。毫无疑问,百姓健康还是保证社会稳定的前提和基础。此外,实施食品安全战略对经济发展有直接促进作用,是产业升级和城市升级的重要路径,对创新社会管理、改善生态环境、丰富民族文化等也会产生较大影响。

相对于政府与其他方面(如与发展经济的关系还有讨论的空间),作为公共事物,保证食品安全无疑是政府必须全力承担的职能和责任。在这方面,各级政府不是没有作为,而是做了很多,但为什么效果不尽理想,人民群众不甚满意,主要原因就是没有把食品安全作为发展战略来实施。作为重大的社会发展战略,食品安全只能由政府主导实施,对此政府必须认识到,"这政绩,那政绩,食品安全是最大的政绩;这安全,那安全,食品安全是最大的安全",从而切实树立起"发展经济为了健康、服从于健康,食品安全战略高于其他战略"的理念。实施食品安全战略与实施其他发展战略相比由于事关生命健康,因此具有易动员、易组织、易建制、易见效、易形象、易发展的特点,对此我们要充满信心。

二、政府实施食品安全战略的宏观思路

食品安全战略看似仅仅局限于一个范畴,但其实是一项非常复杂的系统工程。一是由于食品种类繁多,二是由于强调机制建设,三是由于注重细节细化。因此就宏观思路而言,首先必须在目标、方针、原理、方法等多方面形成一些共识。有了宏观共识,微观措施在实践中会不断产生。关于宏观思路,为了鲜明,以各项内容所含数量多少为序进行阐述。

1. 总目标:可控能力不断增强,安全水平不断提升

实施食品安全战略当然不能理想化。按照总目标的趋势要求,三年或五年内应实现三个具体目标,即食品安全问题"不发、低发、偶发":一是在投入充足、技术成熟、监管完备、机制完善的重点方面问题不发;二是在危害程度较轻、限于条件等多种原因暂时还只能一般应对的普通方面问题低发;三是在难以预料、难以控制的特殊方面问题偶发。后两点主要体现战略实施的影响。

2. 总方针:攻重点,建机制,用实招,见实效

实施食品安全战略必须猛攻重点。食品类别有重点,危害有重点,重点中还要找出重点,以便全力攻破之后以点带面,是战略成功的关键(优化原则,最佳点,精中取精,重中取重);抓重点并非简单处理一个问题,而是要建起一套从头到尾的机制,以便长期有效应用,并迁移到其他方面,是战略成功的基础;抓重点也好,建机制也好,必须敢于解放思想,用实实在在的招数,以便提高事物的科学性,是战略成功的灵魂;重点是否准确,机制是否有用,招数是否实在,每个方面每一点都要看是否见实效,是战略成功的标准。

3. 一套车:从组织到行动,必须统一于战略旗帜下,形成一套实质的、有效的工作系统

要有一个最高领导机构;政府管理类部门和事业类单位能合并的合并,能组合的组合,能专项的专项,能专人的专人,能承担的承担,能执行的执行。其他市场力量和民间力量直接建立。总的要求是所有方面都必须做到思想统一、组织统一、责任统一,所有相关者都必须服从、尽职。

4. 两条线：一线打击，一线培育

表面看实施食品安全战略就是打击危害，其实还有另一条战线也非常重要，必须与之相辅相成，并逐渐上升到主要地位，即培育正品。从意识到行为，从技术到产品，食品安全战略可谓一边去邪，一边扶正，破与立并举。例如大力发展绿色食品经济，大力推广健康安全正品，不但是实施食品安全战略的任务，也是经济发展的任务。

5. 三原理：责任原理，竞争原理，利益原理

任何人都想排斥错误责任，任何人都想通过竞争占优势，任何人都想获取正常利益。清晰明确的责任使任何承担者无法推卸，失误就会受到追究；通过打击危害和培育正品，把生产危害产品的竞争转变为生产健康产品的竞争；利益原理是最根本的，涵盖所有方面，例如所有责任人或者因失责而损益，或者因尽责而获益，生产者或者因生产危害产品而损益，或者因生产健康产品而获益，还有举报者获益等。要充分运用这些原理进行各个方面的系统建设，科学地细化各类措施。

6. 三原则：救灾原则，制约原则，公开原则

所谓救灾原则，众所周知，"抗洪救灾""抗震救灾"的原则是放下一切，全力抢救。食品问题虽然更多的是潜在性危害，但与灾害本质相同，甚至受害范围更广、人员更多、影响更长、损失更大。食品安全问题总是难以根治，显然与我们还是没有把其作为重大灾害对待有关，也就谈不上按照救灾的原则来处理。按照救灾原则实施食品安全战略，意味着虽然不是放下一切，一切却都要为此让路。

所谓制约原则，就是要在部门与部门之间、人员与人员之间、职责与职责之间，全部都要切实具有相互制约的关系，实现由于上下左右有制约而无法懈怠、无法推诿、无法免除的逻辑关系。这种制约关系必须形成系统环封闭。

所谓公开原则，就是要做到"查清楚，做清楚，说清楚"，即对危害生命安全的问题产品要从头到尾、从重到轻、从点到面进行细致的核查，使问题清楚；针对问题能做到什么，暂时做不到什么，使作为清楚；把所查所做，还有市民应知什么、应做什么，都实实在在、原原本本地向社会说明，使人人清楚。另外还有奖惩公开等。

7. 三阶段：试点阶段，扩展阶段，全面阶段

大约用一年时间试点，选择危害性较大的某种产品从调查研究、投资筹资、监督奖惩等各方面进行科学系统的机制建设，标准是确认这种产品不再有危害性可能。

再用三年时间，将试点经验扩展到其他重点方面。

再用五年时间，将成熟做法加上对一些特殊情况的研究，在食品安全领域全面铺开。

8. 三突破：重点突破，机制突破，利益突破

特别是在战略第一阶段，必须选准选好重点开展攻坚，如重点领域、重点产品、重点环节、重点场所、重点事件等，不是满足于方方面面的工作都有进展、有成绩，而是确保所选重点经过全面的建设后，不可能再发生安全问题，在一两个重点问题上实现突破；必须通过解决问题建起科学的长效机制，特别注重机制的细化和完善，使之切实有效，而不是满足于处理某个具体问题，在举报机制、考核机制、奖惩机制等机制建设上实现突破；必须充分利用利益原理调动全民参与的积极性，要使全体参与者都能通过去邪或扶正得到利益，使各类危害者损失利益，而不是满足于一般号召，在获益者益处很大，受损者损失很多，尚实现突破。

9. 三方法：系统方法，项目方法，市场方法

系统方法强调整体性、辩证性。任何事物都是由原理、结构与关系构成的系统。我们的很多工作往往由于忽视正确原理的应用、科学结构的组建，特别是忽视事物内各因素间辩证关系的及时调整，经常零散地、割裂地只就某个因素开展工作，因而导致结果的片面性，顶多获得事物的部分功能。体现在机制建设上，必须首先考虑是否运用了正确的原理，然后考虑是否具有合理的结构和各因素间是否具有逻辑的关系。

项目方法强调执行性、责任性。项目方法来源于自然科学工程方法，更讲究量化标准和运行程序，因而更利于执行任务和明确责任。我们目前社会管理方面的工作一般都是分部门，属于一种"工程"的项目可能被划分到了多个部门。分散管理的弊端是职责不清、互相推诿，而项目方法则能有效克服这些弊端。

市场方法强调竞争性、利益性。实施食品安全战略要尽可能采用市场运作方式，从行业、产品、管理、人员等各个方面进行认真的落实，切实建立起真正按市场经济规律办事的运行系统。实施食品安全战略不可满足于宣传教育，甚至满足于规章制度，最根本的还是要让有关方面切实获益，包括所有努力从事健康产品的经营者、揭发危害产品和行为的举报者以及各类参与人员。另一方面当然是要让所有违法块规包括失职失责者的利益受到明显损失。

系统方法与非系统方法、项目方法与非项目方法、市场方法与非市场方法在能量、质量上有很大差别。

10. 四建设：资金建设，机制建设，队伍建设，信息建设

没有钱办不了事，有多少钱办多少事，解决资金问题是最根本的任务。要大力投、大胆筹，走出一条政府、市场、社会多方面共同努力的新路子，而不是目前的只依赖政府、等待政府。初期主要是筹集重点建设方面的资金，毕竟是有限的。

不能头痛医头、脚痛医脚式地临时处理问题，长远解决的办法只能是建立长效机制。机制必须科学、系统、有效。

除了政府各管理部门的队伍建设，还需要搞好民间队伍建设，努力打造全民化队伍。

信息建设要全方位，包括信息技术、信息阵地等。

11. 五主导：组织政府主导，资金市场主导，队伍民间主导，监督社区主导，调研专家主导

所谓主导，就是根据不同优势发挥不同作用，要有明确的任务和责任规定。

12. 多结合：与多方面工作相结合

实施食品安全战略要尽可能与多方面工作相结合，以便获得资源共享、方法共享。目前很多城市都在搞文明城市、卫生城市、生态城市等创建活动，最好能以实施食品安全战略为龙头推动这些活动的开展，能达到事半功倍的效果。

三、政府实施食品安全战略的微观措施

食品安全战略作为一项复杂的系统工程，能否成功关键还要看具体措施是否数量到位、关系科学，如果数量上不到位、关系上不科学，就很容易使战略从整体上失效或者减效，正所谓"细节决定成败"。必须高度重视具体措施的充分和完善，这需要广泛的讨论和专门的论证。以下所提建议仅供启发和参考，限于篇幅，都只是粗线条的。

1. 关于资金建设

（1）政府增加财政绝对性投入。政府要在以往的基础上，根据实施食品安全战略的需要加大财政投入。这也是有关工作部门的一贯请求。

（2）政府增加财政相对性投入。有两种情况：一是暂时减少其他建设的投入；二是与其他建设相结合，如建设文明城市、卫生城市等，使得资金可以共享。这实际是一种资金转移。

（3）向省和国家申请专项资金支持。这方面不同地区或城市可根据有关规定进行。

（4）市场性投入。一类是鼓励民间投资，主要用于基础建设，如购置实验用车、建立实验室等，政府则按较高利息逐年给予固定回报，确保投资者获得无风险利益。这属于共担、共赢式策略。还有一类是由政府扶持安全产品，例如在有确切保障措施前提下，政府对安全正品给予担保，生产或营销企业则须缴纳一定费用。这有税费性质，无需立法。

（5）罚没性投入。加大罚没力度，直接转为投入。

（6）考虑设立食品安全基金，争取社会赞助等。

2. 关于队伍建设

队伍建设包括组织系统和人员系统两大方面。

（1）组织系统方面。一是由党委成立"领导小组"，作为最高的决策和协调机构；二是由政府成立专门委员会或办公室，作为最高的决策执行和业务指挥机构；三是由人大、政协确定专门部门或临时组建部门，作为最高监督机构；四是对所有有关部门如宣传部、食药监局、卫生局、质技监局、工商局、公安局、法制办、农委等进行功能性整合，承担不同的任务和责任，在上级专门部门的领导下统一开展工作；五是组织各类相关民间组织参与，如现有的有关行会协会，鼓励成立新的民间组织，如调研所、监督员队伍、市场自律性组织等。

（2）人员系统方面。要大胆突破体制障碍，运用市场化方法聘用各类人员。一是对基层的各类执行性领导面向社会公开招聘，实行年薪制，而非任用终身制官员；二是各类管理部门的工作人员也应尽量实行聘任制；三是面向全社会招聘专职监督员；四是鼓励各类志愿者参与。

3. 关于机制建设

机制作为功能和关系的统一，从战略角度说是大系统建设，因此单一的机制可能并不很全面细致，还需要不同机制的相互融合和补充。

（1）管理机制方面。主要体现结构的合理性。从内容上看，当前在领导、执行和监督三个方面中应突出加强监督结构的建设；从种类上看，在政府和民间两大类结构中应突出加强民间结构的建设，不要只有政府管理这一种结构。

（2）监督机制方面。主要体现权力的制约性。总的来说是上级制约下级，但必须有新突破，考虑如何建立起一个有效的制约环。最高层的领导、执行和监督机构必须经常向全社会公开全部工作情况，以接受媒体和公众的监督评价。除了对工作的监督，还有对食品安全方面的监督，应多设立民间监督机构，政府在监督的同时，将监督权同时下放给社会，下放到民间。

（3）责任机制方面。主要体现实体的确定性。责任要清楚地落实到部门和个人，尽量做到具体、量化，同时有规范的书面协议。

（4）举报机制方面。主要体现行为的利益性。除了广泛的社会鼓励，应组织培训一支符合一定标准的民间专业队伍,鼓励一批有细致保密措施的内部线人。对所有举报,经认真落实后通过重罚使举报者获得实实在在的明显利益。

(5)奖惩机制方面。主要体现正义的法制性。对贡献行为和失责行为,对守法行为和违法行为,都应制定出细致的、明确的法律或规章制度,或奖或惩。要尽可能实现重奖重惩,包括对公务员开除公职等。

所有机制建设的共同点是必须做到全面公开。

4. 关于信息建设

信息建设要做到全面、准确、公开。内容上要有通报性、警示性、工作性、知识性、技术性等全面的信息。形式上要报刊、电视、网络一齐上。当前要突出建设好一个集中的、专门的网络平台。还可以考虑办一份专门的报纸,由民间独立主办,政府扶持,力争每户拥有一份。

5. 关于打击与培育

将打击有害食品产品和培育健康食品产品有机结合起来,打击中有培育,培育中有打击。

(1)建立健全全部生产和营销信息档案。

(2)认真研究如何抓住打击有害产品的关键环节,"打蛇打七寸"。

(3)与扶持发展绿色经济和健康食品产业相结合,认真组织"正品生产",即由政府或由政府委托的专门组织负责全程监督绿色产品或其他健康产品的生产过程,并向全社会公开。

(4)政府对有确切保障的"正品"给予担保。

(5)在重要的销售场所设立"正品展柜"和专门的监督人员。

(6)作为产业升级的一个部分,逐步将一般的棚室经济转变成绿色棚室经济,专门生产绿色安全产品,首先保证当地供应,再逐步扩大。如天津的"放心菜"经验。

(7)鼓励包括政府在内的各类有条件的企事业单位建设自己的绿色食品生产基地。

6. 关于宣传工作

宣传工作十分重要,必须坚持不断。要在战略宣传、普及知识、树立理念、培养素质、探讨问题以及新闻事件报道等多方面发挥及时的舆论引导作用。可由宣传部门主持编辑《食品安全实用手册》,力争每户拥有一册。

生资监管对绿色食品质量安全的影响分析

黑龙江省农村社会发展研究所 邓雪霏

近年来,在多地农产品质量安全高危的严峻形势下,我省绿色食品质量安全水平却逆势高扬,产品抽检合格率达99%以上,今年高达99.37%。究其原因,主要得益于不断完善的"土地到餐桌"全程质量监管机制,尤其是近年来,我省突出从绿色食品生产资料源头监管入手,切实夯实绿色食品质量的物质基础,有效架起了确保绿色食品质量安全的防护屏障,绿色食品质量安全水平居全国之首,绿色食品品牌效应进一步放大,在全国农产品质量安全中的示范作用明显,对把我省打造成为安全可靠的"大粮仓"和优质绿色的"大厨房"起到了十分重要的保障和促进作用。

一、我省强化绿色食品生资监管的重点环节

所谓绿色食品生产资料(以下简称"绿色生资")是指包括绿色食品生产过程中所使用的农(兽)药、种、肥、饲料及添加剂等投入品的总称。可以说,绿色生资不仅是发展绿色食品的物质基础,也是攸关绿色食品质量安全的基本要素,对整个农产品乃至食品质量安全也具有重大的促进和影响作用。因而,各级政府和绿色食品机构的高度重视,并着力从生资生产、销售、基地和加工四个环节强化了监管力度。

1. 生资生产环节

近年来,我省严格按照农业部《绿色食品生产资料认定推荐管理办法》及《实施细则》的有关规定,切实加强监管。例如,要求绿色食品生产环节使用的生资必须是国家有关部门检验登记,允许生产、销售的产品;保护或促进使用对象的生长,或有利于保护或提高产品的品质;不造成使用对象产生和积累有害物质,不影响人体健康;对生态环境无不良影响。通过制定严格的"准入"条件,切实提高了我省绿色生资质量,把住了绿色食品生产的"源头关"。

2. 生资销售环节

这一环节可以说是确保绿色食品质量安全的"阀门"和"闸口"。我省主要采取的是三种形式的质量安全监管:(1)建立农业投入品专供点。主要以县(市)或者乡镇为单位,把绿色食品生资经销商店(点)集中起来到一个固定区域,实现统一管理。(2)开展集中整治活动。如工商部门的"春雷行动",技术监督部门的"红盾"行动。通过大规模集中整治,切实规范绿色食品生资市场秩序。(3)建立健全管理制度。针对绿色生资市场实际,各地建立了农业投入品公告、绿色食品生资销售目录等一系列制度,并初步建立了农业投入品市场准入制度,对不具备条件和资质业户禁止经营,对不符合绿色食品生产标准的生资禁止销售,夯实了绿色食品质量安全基础。

3.植(养)环节

我省各地积极探索分户经营体制下种植(养殖)环节生资监管的途径和办法,近年来,取得了重大突破。从部分案例看,采取的办法是:(1)通过制度管。普遍建立了基地投入品使用制度,严格执行投入品公示、准入、重要投入品配送等制度。(2)切实强化生产过程管理。特别是在绿色食品标准化生产基地,基本做到县乡村有生产档案,户有生产手册,定期有检查,引导农户按照标准投入。(3)发挥农户作用。普遍推广了基地农户联保责任制,引导农户按照标准执行。(4)创新的监管方式。推进基地质量追溯体系建设,探索基地生资管理新途径和新办法,切实提高了基地投入品监管水平。

4.产品加工环节

目前,我省已建立了企业年检、产品抽检、产品公示公告等一整套监管制度,基本形成了从原料进厂到出厂的全程监管机制。这种全程监管机制的直接效应就是强化了绿色食品标准在产品加工环节的落实,从而最大限度地杜绝企业在生产中违法添加非食用物质和滥用食品添加剂的行为。我省产品抽检大宗产品抽检比例达到20%,高危产品抽检比例达到30%,及时消除了绿色食品产品加工环节中的各种不安全因素。大力推进质量追溯体系建设,初步实现了"生产有记录、流向可追踪、信息可查询、质量可追溯"。

二、我省强化绿色生资监管的经验启示

1.工作机制是前提

绿色生资质量安全监管机制作为整个农产品及食品安全监管机制中非常重要的一个组成部分,日益受到我省各级政府的高度重视,已形成了行之有效的监管工作机制。具体是:以县(市)及乡镇为单位,在绿色食品标准化生产基地,普遍成立了绿色生资监管领导小组,由政府分管农业的领导牵头,吸收农业、环保、工商、技监等部门参加,负责推动农业包括绿色生资监管的组织和领导工作。事实证明:建立由政府主导的生资监管工作推进机制,不仅有利于组织和协调各个职能部门全方位、多角度参与绿色生资监管,更重要的是实现了监管效果的最大化和多元化。

2.法规制度是保障

在绿色生资监管中,我省从法规制度入手,完善绿色生资监管程序。主要开展了以下三个方面工作:一是建立了"五统一"为主要模式的生资使用管理制度。各地通过认真总结经验,在绿色食品基地建设中探索推行了"五统一"制度(统一品种、统一投入品、统一栽培方法、统一田间管理、统一技术指导)。二是制定实施了专门的生资管理制度。为突出绿色生资质量安全管理,各地普遍制定了绿色食品投入品管理办法,以政府文件下发并有效实施,从"源头"上把好投入品使用关。三是以《村规民约》等形式创新管理手段。在部分绿色食品起步较早,群众认识较高的地方,将《村规民约》《村民自治章程》等地方法制建设中增加了按照规定使用和管理绿色食品生产资料等内容,实现基地农户的自我管理、自我约束,达到正确使用绿色生资,保障绿色食品质量安全的目的。

3.工作创新是利器

多年来,我省各地大胆开拓,不断创新工作思路,在绿色生资实行全程控制。具体表现

五个监管:①市场监管,主要是采取定期和不定期的方式,对基地"投入品"市场进行监督检查,把好"投入关";②执法监管,由各地农业行政执法机构对生资市场、龙头企业、基地农户进行全面检查监管,及时发现和查处生资销售和使用过程中的问题;③技术监管,由技术部门对生产者进行培训,对生产全过程进行跟踪指导和服务,确保按照技术标准使用绿色食品生资;④网络监管,由各地工作机构对生资市场、基地、企业、生资业户及投入品相关信息建立电子档案,实行微机化管理;⑤检测监管,由各级绿色食品质量检测机构对绿色生资适时监控,及时发现和解决生资使用过程中的问题,确保绿色食品质量安全。

4. 部门联动是法宝

为消除生资监管中的死角和漏洞,我省采取横向到边,纵向到底,部门联动的方法,全方面,全方位实行监管。主要体现两个层面:第一个层面是行政区域内政府各有关部门之间的联动管理。表现为政府各个职能部门在绿色生资质量安全监管过程中充分履行职能,如工商部门对绿色生资销售市场进行管理,严格把住市场销售"准入关";技监部门对绿色生资质量进行监管,开展打假等活动。各个部门既分工负责,又相互配合,从而形成一种监管合力,保障了监管效果。第二个层面是农业部门内部各有关单位之间的联动管理。这个层面的管理,主要集中体现在基地种植阶段的生资使用方面,如植保、药检、土肥和农技推广等通过发挥技术优势,各尽其责,各尽其用,对基地各个环节"投入品"使用开展检查,重点是严格控制生资的使用量和次数,确保基地产品质量安全。

三、生资监管对绿色食品质量安全的保障作用

1. 夯实了绿色食品质量安全的基础

生产资料质量安全是确保绿色食品产品质量安全的基础和前提。可以这样讲,没有生产资料的质量安全,就难以实现绿色食品的质量安全,生产资料的质量安全水平决定着绿色食品的质量安全水平。多年来,通过出台政策、制定法规、不断完善监管机制等手段,绿色生资质量安全得到了有效保证,进而为绿色食品质量安全奠定了基础。

2. 提升了绿色食品品牌公信力

绿色食品"绿不绿",关键在"源头",根本在绿色食品生资。绿色食品品牌越来越能够为广大消费者普遍认同、认知和认可,更为重要的一点就是政策出台及时,生资生产、基地种养、市场销售、产品加工四步监控措施、操作措施有力,确保了绿色食品使用生产资料等投入品安全可靠,为构筑和提升绿色食品品牌提供了前提性保障。

3. 促进了绿色食品事业健康发展

绿色食品生资是绿色食品事业发展的基石。短短 20 年,绿色食品事业就由最初的一个概念迅速发展成为新兴的朝阳产业,并在我国农业和农业经济发展中发挥了引领、示范和带动作用。回顾绿色食品的发展历程,总结发展绿色食品的发展经验,我们不难得出这样的结论:绿色食品事业能取得如此辉煌的成就,与绿色食品发展基础坚实牢固有直接关系,特别是与绿色食品生资安全可靠、质量有保证关系重大。

CSA 农园实验研究
——以佳木斯市桦川县灌渠生态区为例

佳木斯大学　谢维光　谷松　刘梦琳

由于我国城乡二元结构的存在,出现城乡差距问题,农民作为农产品的生产者与城市消费者关系疏离。城市消费者的食物几乎都要从超市、菜市场购买,消费者很难见到真正的农产品生产者,也不了解食物的生产和加工过程,加之近年来食品安全问题不断出现,消费者们对食品安全产生越来越多的质疑。同时,农民也不知道他们的产品在哪卖、卖给谁。生产者和消费者的友谊和相互之间的信任关系慢慢地减弱并最终瓦解。农民要挣更多的钱,所以就要生产更多的东西,为了增产,合成的化学制剂被大量使用。反季节、异地农产品消费,要求生产、加工和保存技术,更要不断推陈出新,交通运输系统必须更加发达,最终导致温室气体排放增多,环境污染日益加剧,食品安全与信任危机等恶性循环。针对上述问题,一种新的经营模式——CSA 被引入中国,这种模式是改善城乡关系、促进生态文明的有益探索,引起了广泛关注。

一、CSA 概述

1. CSA 的概念

CSA 是社区支持农业(Community Supported Agriculture)的英文缩写,是一种在农场及其所支持的社区之间实现利益共享、风险共担的合作形式,鼓励消费者选择当地生产、当季的高品质农产品。消费者成为农场的用户,并且承诺在农场整个的生长季节给予支持。CSA 模式没有固定的经营"套路",有些规定消费者在年初就预先支付购买有机农产品的费用;有些则让消费者成为"股东",不仅分摊成本,还要承担自然灾害等风险;有些规定"股东"可以投入现金,也可投入劳力。

2. CSA 的发展

CSA 模式 20 世纪 70 年代起源于瑞士,是消费者为了寻找安全的食物,与那些希望生产有机食品并建立稳定客源的农民达成供需协议,并直接由农场送上门。后来,这种模式在日本得到最初的发展,目前在欧洲、美洲、澳洲及亚洲都有了一定发展,仅北美就有 2 000 多个 CSA 农场,为超过 10 万户家庭提供服务。目前,我国社区支持农业的发展还处于起步阶段,2010 年中国各地 CSA 农场有 50 多家。

3. CSA 的特点

CSA 注重环保,提倡健康生产、生活方式,主张"食在当地,食在当季";一切农活都是手工操作;禁止使用化肥、农药以及除草剂、催熟剂等影响庄稼正常生长的化学药物。对于CSA,很多人可能马上想到了订单农业,其实有本质不同,CSA 更强调一种永续的理念,不仅仅是减少了中间商让农民获得更多的利润,同时在这个过程中,消费者也能够更多地了解到他们的食物是从何而来,他们更多地支持了本地的食品,能够确保这些食品是安全的,同时也拉近了生产者和消费者之间的距离。CSA 是一种正在发展的可持续农业体系,它是建立在消费者和农民互信的基础上,尊重生产者,使他们的生活得到保障,他们才能一心一意向市场提供安全的绿色食品和有机蔬菜,消费者才不会受到食品安全问题的困扰,农业才能可持续性的发展。

二、实验区概况及发展 CSA 条件分析

桦川县位于黑龙江省东部,三江平原腹地,松花江下游南岸,东与富锦市相邻,西连佳木斯市,南与集贤、桦南两县相接,北与汤原、萝北、绥宾县隔江相望,素以“天然福地,鱼米之乡”而著称。桦川灌渠位于桦川县城西北松花江畔,是黑龙江省引水灌溉重点水利工程,灌渠渡槽全长 3 688 米,为全国三大渡槽之一。渡槽两侧土地平整,沃野连绵,水源充足,具备运作 CSA 的产业基础。灌渠区域可以依托江、渠、田等农业资源优势,将渡槽北侧松花江南岸的带状地块划为 CSA 农园试验区,发展生态休闲农业。桦川距佳木斯市 45 千米、鹤岗 108 千米、富锦 110 千米、双鸭山 117 千米(均为交通距离),形成 2 小时城市圈,区位优势明显,这些城市居民将成为 CSA 的潜在消费群体,因此实验区具备了市场需求优势。

三、CSA 农园实验区设计

1. 设计思想

基于 CSA 的内在特点,需要在土地使用和产业布局时充分考虑 CSA 发展模式的要求,提出相应的发展策略,将土地使用和产业布局相结合,综合考虑社区生态有机循环系统构架,在最优化土地利用的同时,使产业所需的各项生产要素、景观资源得到最合理的空间配置。在土地利用和产业布局时,把人、土地、动植物和农场视为一个相互关联的整体,充分考虑种植区、养殖区、加工区、居住区以及水源区的相互关系,把农业生产系统中的各种有机废弃物重新投入到农业生产系统内,实现不使用化肥、农药的目的,建立一个相对封闭的物质循环体系。

2. 产业链打造

根据现有产业基础及资源条件,结合近远期产业发展目标,引入 CSA 社区支持农业的发展模式,在有机农业的基础上发展食品加工业和乡村旅游业,形成三级产业联动的立体化产业格局。

(1)第一产业为 CSA 有机农业。社区支持农业的客户类型分为普通份额(农场在固定时间为客户提供有机农产品)和劳动份额(客户租用农场土地自己耕种),根据这两种客户类型在项目中设置大市民农园(普通份额)和小市民农园(劳动份额)(表1)。

(2)第二产业是农产品加工,主要对农场生产的有机农产品进行精深加工。现代农业加工区既是项目产业链的一环,也是农园生态循环体系重要的组成部分。

(3)第三产业为乡村休闲旅游服务业,主要通过 CSA 农园、有机农产品、农家生活体验及特色乡村景观吸引游客,发展观光农业、体验农业及餐饮服务业。

表1 项目设置

项目	内容	运营模式
大市民农园	将市民农园建设成为集参观、农耕体验、教育、培训和生产示范为一体的有机农业基地;居民和游客通过观赏、学习、体验、品尝、购买,可以获得新鲜蔬菜,还可以参与农产品的生产加工,感受农耕的乐趣	公司+股农+CSA份额成员(市民及社区居民)
小市民农园	客户可以在农场中租小块的土地,按照自己的喜好种植五谷蔬菜,亲手种植属于自己的有机绿色农副产品;小市民农园针对的对象可以是退休的老年人,也可以是以家庭为单位的城市居民民	土地出租(市民)+提供必要的农业辅助
现代农业加工区	为有机农产品提供精深加工,完善项目产业链,推动有机农业	与CSA农园联合运营
生态养殖区	鸡、鸭、牛、猪、驯鹿、鱼等生态养殖,既能为顾客提供绿色有机产品,又能为农园种植供给肥料	与CSA农园联合运营
滨江景观带	沿松花江岸边建绿色农产品商店和美食,为CSA农场提供对外展销的有机食品"市场"和"餐桌"	与CSA农园联合运营
薰衣草庄园	以薰衣草或其他花卉为素材,形成景观观赏、精油制作、手工体验于一体的产品组合	—
果园	果树认领、观赏、采摘	—
居住区	以现有村落为基础,将社会主义新农村建设与旅游开发有机结合,为顾客提供住宿、餐饮、乡村体验	家庭旅馆+与CSA农园联合运营

3. 用地规划布局

桦川县灌渠农园试验用地面积为600多亩,用地布局以贯彻生态文明和科学发展理念为牵引,利用江、渠、水塘、农田、村庄等物质载体区划空间;充分考虑了社区居住和产业发展要求,居住区在原有的宅基地上重建;尽可能保护耕地,形成连片CSA农田,以便规模化生产经营;实验区最终形成"一脉一带,三区四园"空间格局(图1)。

(1)"一脉"指灌渠渡槽,渡槽像一条巨龙贯穿实验区的主线,可在渡槽上进行农业题材涂鸦设计、LED农业技术展示,渡槽下可种植葡萄、爬山虎等藤蔓植物,满足顾客景观、教育、参与体验需要。

(2)"一带"指滨江景观带,沿松花江岸边打造绿色生态景观带,建绿色农产品商店和美食,形成具备文化底蕴、商业氛围以及乡土气息的活力滨江带。

(3)"三区"指生态养殖区、现代农业加工区及居住区,满足小客户采买、商超等,大客户的供应、旅游者的住宿需求。

（4）"四园"指大市民农园、小市民农园、果园及薰衣草庄园,市民农园是 CSA 运营的核心,果园、薰衣草庄园是产品项目的有益补充。

图1　用地规划图

四、结束语

基于 CSA 模式的生态农园已经开始兴起,但在农业资源优势突出的黑龙江省还不多见,开展 CSA 农园试验,对探索适应我省的产业发展模式、推进我省乡村农业的可持续发展和农村生态文明建设、解决食品安全问题、促进城乡和谐具有现实意义。

黑龙江省绿色食品安全监管与企业会计改革

哈尔滨剑桥学院　盛文平

"民以食为天,食以安为本"。"绿色食品"四个字是经国家工商行政管理局注册的证明商标,未经注册人许可使用已注册商标是侵权行为。会计工作在监管部门占据着重要的角色。因此,研究绿色食品安全监管与企业会计改革问题,具有十分重大的现实意义,促使绿色食品企业更好地履行社会责任,促进黑龙江省绿色食品产业的进一步升级。

一、黑龙江省绿色食品安全监管的重要性

食品是特殊商品,至关重要。绿色食品正随着人们对生态环境与经济问题的日益关注,渗透于社会经济生活中。发展绿色食品已成为 21 世纪食品发展的主流。黑龙江省是全国绿色食品开发起步早、发展较快的省份。目前,黑龙江省绿色食品正以良好的态势健康快速发展,2014 年 11 月 6 日至 9 日,第十五届中国绿色食品博览会在上海国际农产品展示交易中心举行,我省共组织 37 家企业的大米、食用菌、山产品、饮品、蜂产品等 400 多个绿色(有机)食品、无公害农产品和地理标志农产品参展,黑龙江绿色食品大省形象进一步树立。

当前,绿色食品工作已经成为农产品质量安全工作的重要组成部分,农业部对绿色食品的发展寄予很高的期望,要求以绿色食品引领农业品牌化,以品牌化带动农业标准化,以标准化来提升农产品安全水平,促进农业生产方式的转变,实现农业增效和农民增收,推动绿色食品事业持续健康发展。绿色食品作为国家优质农产品的精品品牌,品牌的背后是以强大的政府公信力为保证,目前媒体和广大消费者对绿色食品的期望值越来越高,容忍度越来越低,容不得任何闪失,要求必须严格认证审查和证后监督管理。

企业是绿色食品质量安全监管的源头,是绿色食品标志使用的主体。会计作为一项社会经济活动,其基本职能是通过簿记对经济活动过程加以记录和反映,并对经济活动的合法性和有效性进行控制和评价,总体来说就是反映和监督。落实到绿色食品行业来说,由于绿色食品关系到广大人民群众的切身利益,再加上当前我国绿色食品安全质量出现问题的事件接连不断,会计工作对绿色食品质量的安全监管工作显得尤为重要。

二、黑龙江省绿色食品安全监管的会计改革

用黑龙江省有关数据资料进行测度与分析,得出竞争力指数为80.89,说明黑龙江省绿色食品区域品牌竞争力处于一般水平。绿色食品经营企业法制观念不强,风险意识不够。尤其是第一责任人只重生产经营,忽视安全监管,只重利润,不顾绿色产品质量安全。其实,绿色食品安全违法的责任成本很高,如食品监管部门对违法违规的处罚、信誉缺失和市场丧失损失、企业老板被法办等,国家必须对绿色食品的会计工作进行强有力监管。

保障绿色食品安全,会计应有所作为。李功奎等认为信息不对称引起的生产经营者的机会主义行为以及消费者的"逆向选择",最终导致了食品质量安全问题频发。我国《公司法》

《证券法》《会计法》等规定证券上市公司应当公告和披露财务报告信息。从我国法律规范和会计信息披露的实践来看，强制对外披露会计信息只是针对上市公司，而对在企业中占绝大多数的中小企业并未强制要求，除特殊情况外，中小企业主动对外报告和公开披露信息的很少。我国的绿色食品企业绝大多数都属于中小企业，由此会计信息报告与披露情况可见一斑。

绿色食品企业成本会计核算在受到传统会计核算方式和收益的双重影响下，企业的发展目标与决策内容都会使核算和管控孤立。绿色食品企业认为成本核算是企业会计人员的主要工作，只要了解企业每月的经营情况就可确定，却不能真正地理解核算所得出数据信息的真正含义，不能很好地把核算与监管控制之间进行结合。得不到准确的成本核算数据，便不能采用具有针对性的措施对绿色食品企业的成本进行有效的、合理的管控。绿色食品企业应根据国内外经验、评测分析存在的问题，提出黑龙江省绿色食品安全监管的会计改革策略，这是本文的实践意义所在。

三、保障黑龙江省绿色食品安全监管的会计改革策略

（一）改革会计信息报告与披露制度

绿色食品企业应改革的会计制度，实行绿色食品企业成本信息披露制度。产品成本报表一般当作内部报表，不对外披露。而对绿色食品企业来说，为保障绿色食品安全，应尽快实行"成本报表有限披露制度"。绿色食品生产经营成本及其构成是关于绿色食品安全的重要信息，也是企业会计信息的重要组成部分。从绿色食品成本构成分析，可以解读到有关绿色食品质量信息，如营养成分是否达标等；可以了解绿色食品原材料构成和消耗情况。企业定期向各级政府的食品监管、质量监督、工商管理等部门披露其生产经营成本及构成信息，以便于其有效监管。

（二）建立企业绿色食品安全保障基金

建立绿色食品企业从成本中提取食品安全保障基金，增加对绿色食品安全的投入。颁布相关会计法规，强制规定绿色食品企业从税后利润中提取食品安全保障基金。根据《企业所得税法》，实行从税后利润提取食品安全保障基金是可行的，企业也可以接受。计提比例设置一定限度，如不超过成本总额 $2\% \sim 5\%$，以缓解因保障基金计提增加成本而减税的问题。鼓励支持绿色食品企业建立食品安全保障基金，保障绿色食品经营企业生产经营的稳定和风险化解。

（三）完善企业社会责任会计体系

社会责任会计把企业与社会之间的相互关系当作社会责任并以它为中心进行计量、记录核算和监督。通过设置"绿色食品安全成本"和"食品安全收益"及"无形资产——绿色食品安全品牌效益或商誉""质量成本"等账户，核算企业为保障绿色食品安全额外耗费以及由于企业在绿色食品安全方面业绩卓越而形成的良好信誉所获得的超额收益。针对各国日益严重的贸易壁垒，建立并完善黑龙江省绿色食品责任会计核算体系，促使企业生产出符合国际标准 SA8000 的绿色食品，增大绿色食品的出口量，使黑龙江省绿色食品在全球化竞争中取得主动和优势。

（四）实施绿色食品企业全面风险管理

实施绿色食品企业风险管理体系，强化内部控制。绿色食品企业应建立健全风险预警机制，构造各类风险评价量化指标体系，对供应链各节点、生产经营各环节的风险源、风险征

❖ 兆进行不间断地监测。绿色食品企业应设置独立的风险管理机构,完善风险管理组织系统。风险管理部门使用公认的风险管理框架,负责企业的风险战略规划制定、风险因素监控、风险评估和风险应对等工作。企业也可利用内部审计来完成重大风险的管理职能。

四、结束语

切实做好企业会计工作对保证绿色食品产品质量,对黑龙江绿色食品安全监管的会计工作是一项长期而艰巨的任务,我们应当从理论与实践、法律与道德以及社会全体人民中展开,这样才能使绿色食品企业会计工作呈现出新面貌,使黑龙江省绿色食品市场更加规范。

黑龙江省哲学社会科学研究项目:黑龙江省绿色优势食品资源开发保护及安全监管的研究(12E050)。

浅析全面提高绿色食品质量安全的几项措施

哈尔滨剑桥学院工商管理学院 刘岩

绿色食品生产实施"从土地到餐桌"的全程质量监控,生产出的绿色食品是优质、安全、营养、健康、无污染的农产品,完全达到和符合绿色食品质量安全水平的要求,解决了绿色食品质量安全中的农业投入品、生产和市场准入几个环节。在绿色食品产业中,基地建设是基础和关键环节。因此,我省绿色食品基地建设是提高绿色食品质量安全水平的重要保障措施。在绿色食品质量安全管理中,基地建设是基础,没有高标准的生产基地,就没有优质营养的绿色食品原料,绿色食品质量安全就是空谈。我省绿色食品原料标准化生产基地是按照国家标准建设的、统一的、规范的生产基地,是绿色食品质量安全管理中的重要组成部分。

一、建设绿色食品标准化生产基地,提高绿色食品质量安全水平

(1)农业投入品投入环节。要求严格按照《绿色食品农药使用准则》(NY/T 393—2000)、《绿色食品肥料使用准则》(NY/T 394—2000)、《绿色食品饲料和饲料添加剂使用准则》(NY/T 471—2001)、《绿色食品兽药使用准则》(NY/T 472—2001),合理使用农业投入品,限量限次使用低毒、低残留的肥料、农药、兽药、饲料等农业投入品,严禁在农产品生产过程中使用国家明令禁止使用的农业投入品,打击经销市场的违法行为,从源头控制绿色食品质量安全。

(2)生产环节。要求绿色食品生产者要合理使用农业投入品,实施安全用药,科学施肥,科学使用饲料和饲料添加剂,以农技服务中心、农民专业合作社、农业生产企业等为依托和载体,指导农民、农民专业合作社、绿色食品生产企业建立绿色食品生产记录,如实记载:农业投入品的名称、来源、用法、用量和使用、停用的日期;动物疫病、植物病虫草害的发生和防治情况;收获、屠宰或者捕捞的日期。绿色食品生产记录要保存两年,加强安全用药和科学施肥的监管。

(3)市场准入环节。要求绿色食品生产企业和农民专业合作社,自行或者委托检测机构对绿色食品质量安全状况进行检测,经检测不符合绿色食品质量安全标准的绿色食品,不得销售。建立绿色食品产地准出、销售地准入、销售索票索证、购销登记等制度,加强市场的质监,防止不合格的绿色食品流入市场。

二、建设示范园区,提高绿色食品质量安全水平

建设绿色食品基地示范园区,体现水利化、机械化、科技化、合作化、产业化、市场化、城镇化、生态化"八化"目标,示范区要建成设施齐备、管理先进、具有较强辐射带动功能,靠典型引导农民进行绿色食品标准化生产,重点建设以提高绿色食品质量、产量和效益为主要目标的有机农业产业带动型示范园区、绿色食品基地示范农场政府扶持型示范园区、绿色食品

基地建设大户结合型示范园区以及绿色食品种植园区和高产创建示范园区。在示范园区内，全面推广绿色、有机食品种植、养殖生产技术，提高了绿色食品质量、产量和效益。

一是大力推进农田水利化建设，抓住国家高度重视农田水利建设的机遇，谋划和争取了一批重大水利工程项目。二是大力推进农机化建设。规范管理、完善提高型农机合作社，使其充分发挥作用，同时以水田全程机械化为重点，争取再上一批新的农机合作社，不断提高农业生产机械化水平。三是大力推进土地经营规模化。充分发挥专业合作社的作用，加快土地向合作社、种粮大户集中，同时积极开展了代耕、代作服务，推进土地集中连片种植。四是加快农村新型合作经济组织建设，有效组织农民，整合土地，促进规模发展。

三、转变产业发展方式，提高绿色食品质量安全水平

按照"建设大园区，引进大项目，打造大品牌、形成大流通、培育大产业"发展战略，加快引进一批投资规模大、辐射带动力强、效益明显的农副产品加工项目，努力在提高农产品精深加工能力上实现新突破，着力培育规模宏大、具有较强竞争优势的农业大产业，并针对量大链短等精深加工的"短板"等问题，从科学发展，转变产业发展方式入手，加快推进由种植业向养殖业延伸、由绿色食品向有机食品延伸、由初级加工向精深加工延伸、由国内市场向国际市场延伸；实现绿色食品大省向绿色食品强省跨越。此外，市场化是农业现代化的基本特征，发展绿色食品产业必须有发达的商贸物流体系为支撑，因此，我们在发展生产的同时，还要认真研究好销的问题。以现有农产品专业批发市场为依托，推进市场资源整合，培育壮大市场营销主体，加快建设完整的农村商贸产业体系和发达的农村商贸物流体系。建立健全绿色食品市场营销网络。根据我省绿色食品质优、高端的市场定位，重点在北京、长三角、珠三角等经济发达的中心城市建立一批窗口市场，逐步形成具有辐射全国及港澳台地区和国外的绿色食品销售网络。加快绿色食品专营市场建设，建立一批绿色食品标准化专营示范店，逐步形成具有黑龙江特色的绿色食品专营网络。建立黑龙江绿色食品电子商务平台，逐步形成展示直销、物流配送、内外贸易、电子商务为一体的绿色食品销售体系。

四、科技创新，提高绿色食品质量安全水平

科技创新是提高产业发展水平的核心，是保持和发展竞争优势的动力源泉。要组织引导技术人员深入绿色食品领域，学习和引进国际技术标准，加快完善我省绿色标准体系；以绿色食品标准化基地和科技园区为突破口，开展产学研对接，开展绿色新品种、新技术试验与推广；紧盯国内外市场，大力开发专用面粉、大米、制酒玉米等专用型绿色食品以及儿童营养食品、老年营养食品、妇女保健食品等营养健康类绿色食品。提高绿色食品企业研发和创新能力。知名品牌的价值主要来源于产品开发的原创性，知名品牌的创立和壮大，也是以技术创新成果为支撑的。要引导企业增加研发投入，不断提高创新能力。引导、鼓励企业建立研发中心，与大专院校及科研院所合作，联合攻关，多出成果，提高产品科技含量，保持品牌的持续生命力，促进绿色食品产业快速健康发展。

不断提升绿色食品产品质量。质量是品牌的生命线，良好的品质是市场开拓和品牌形象提升的根本保证。要不断提高标准化基地建设水平，为绿色食品产业发展提供优质的原料来源。加快绿色食品新品种、新技术和新标准推广，增加基地建设科技含量，推广绿色食品的标准化种植技术，提高基地产品品质。加强绿色食品关键技术研究，支持企业引进、推

广绿色食品生产新工艺、新技术,提高种植、加工、包装、储运、销售等各个环节的标准化水平,切实实现从"土地到餐桌"的绿色食品全程质量控制。

五、实施精品战略,提高绿色食品质量安全水平

要搞好品牌整合尊重品牌建设和整合规律,把区域内的绿色食品或者同类产品整合到地理标志品牌之内,统一标准,统一形象,集中宣传。要引导中小企业要积极向名牌产品企业靠近,通过联营联牌,贴牌生产,引导产品向优势品牌聚拢,借名开拓市场。加大绿色食品品牌推介力度,把黑龙江绿色食品打造成地理标志产品,在国内外得到广泛认知、认同。大力培育绿色食品品牌经营主体,搞好绿色食品品牌评选认定,形成激励机制;建立相应的监督举报体系和打假维权联系制度,对生产经营假冒伪劣产品的企业和个人给予经济和刑事责任的处罚,为培育驰名品牌创造良好的环境。

对于政府而言,要综合运用经济、行政、法律手段,保护名牌产品,对省级及国家级品牌实施保护,建立相应的监督举报体系;相关部门要建立打假维权联系制度,为企业的品牌经营保驾护航,对生产经营假冒伪劣产品的企业和个人给予经济和刑事责任的处罚,为培育驰名品牌创造良好的发展环境;此外,政府还应考虑运用财政、金融等支持性政策,推动区域性品牌战略的实施。

黑龙江省绿色食品开发及安全监管策略研究

黑河学院　成榕　于凤丽

国以民为本,民以食为天,食以安为先。21 世纪是绿色生产、安全消费、安全饮食的新时代,21 世纪的主导农业是生态农业,21 世纪主导食品是绿色食品。黑龙江省绿色食品的开发,对保护生态环境、促进绿色食品市场健康发展、提高绿色产品企业经济效益、实现黑龙江省城乡居民的消费意识转变、保障黑龙江省居民身体健康有着重要的意义。

一、绿色食品的内涵

1989 年,我国提出了绿色食品的概念。绿色食品是指在无污染的生态环境中种植及全过程标准化生产或加工的农产品,严格控制其有毒有害物质含量,使之符合国家健康安全食品标准,并经专门机构认定,许可使用绿色食品标志的食品。目前绿色食品涵盖了中国农产品的分类标准的七大类、29 个分类,包括粮油、果品、蔬菜、畜禽蛋奶、水海产品、酒类、饮料类等。

二、黑龙江省绿色食品开发现状及相关对策

1. 工程化技术应用欠缺,要加强高新技术的应用

目前,黑龙江省对植物果皮和植物高纤维及无适口性动物产品(兔肉、仔鱼、蹄、肠等)从中提取营养成分,将低脂的食品资源经酶解、净取、提取营养成分是世界各国食品行业研究的办法。但我省目前从技术上来说,还未实现工程化。

应从儿童、成年人、老人各类人群的基本营养标准出发,应用工程化技术研究多肽物质的人体难吸收问题,同时加强省际、国际食品研制技术的交流,加强对天然香气因子的吸收,加强对天然的色素、矿物指数低的微量元素和植物甜味剂的聚合强化等的开发利用,以技术加快区域贸易的"加速度"。

2. 方便营养化路径缺失,要加快方便营养化绿色食品产业发展

21 世纪的龙江居民生活节奏加快,工作强度加大,子女教育培养的精力耗费增多,消遣休闲的欲求不断强化,居民从超市买方便食品已经成为习惯和时尚,而黑龙江省绿色方便食品数量较少,即使有方便食品也不是绿色的,失去了食品原有的风味和营养。

针对上述现象,黑龙江省食品企业应尊重现存的城乡居民的饮食习惯,迎合消费者需求,将中西方的饮食文化相交融,打造龙江特色绿色方便食品。例如即食加水方便炒饭,加入菌类和肉类的营养豆瓣酱等。另外,针对黑龙江特有的水产资源,树立龙江特有水产罐头品牌,加强宣传力度,塑造特色企业。

3. 国内市场需求不足,要大力发展外向型绿色食品产业

目前,黑龙江省绿色食品发展受到人均国民收入水平的限制,国内市场相对国际市场的

需求不足,省内市场相对全国50多个大城市的有效需求不足,现阶段黑龙江省城镇居民人均工资处于全国的后位,按绿色食品发展规律考察,国际绿色食品发展先产生于欧美高收入国家,然后逐步向低收入国家发展。

基于此,若发展内向型绿色食品产业,坚持国际标准生产,不以省外、国外为市场导向,则发展受损;若发展外向型绿色食品产业,则市场广阔,市场占有率高。黑龙江省应加快发展外向型绿色食品产业,以特色求发展,以品牌创效益,拓宽国内国际市场,提高市场占有率,提升龙江绿色食品的美誉度。

4.品牌杂乱,未形成品牌合理

目前黑龙江的奶制品、木耳、猴头等山特产、大米、都柿产品的品牌多而杂,同类产品多个品牌,而产品的质量几乎没有太大差别,由于单个品牌缺少必要实力,没有在市场上讨价还价的资本,同时随着产量的扩大,企业的收入增长缓慢。由于品牌多而杂,知名度欠缺,很多产品成为市场激烈竞争中的"隐士",自身生存较为困难。

品牌的整合是个历史自然过程,需要时间的积淀,政府需要根据产品市场竞争的实际情况,提出品牌整合战略规划,要积极地创造条件,扶持实力强的企业上市融资,本着政府牵线、企业自愿的原则联合组建集团,通过外引内联扩大规模效益。

三、食品安全的内涵

根据世界卫生组织的解释,"食品安全"是指食品中不应含有可能损害或威胁到人体健康的有害、有毒物质或因素,从而导致消费者急性或慢性的毒害感染疾病,或产生危及消费者及其后代健康的隐患。

四、黑龙江省食品安全监管存在的问题

黑龙江省食品安全管理体制可概括为"全省统一领导,地方政府负责,部门指导协调,各方联合行动",依据《国务院关于进一步加强食品安全工作的决定》与中央编办的《关于进一步明确食品安全监管职责分工有关问题的通知》,黑龙江省绿色食品安全监管存在的问题有:①事前计划不充分,组织分工不明确,部分县市财政资金不到位,监管机制不到位,专有人才缺乏;②事中监管无重点,产销信息链条断裂,未形成绿色产品产业集群;③事后监管的宣传力度不够,教育手段单一,政府对消费者的引导不够。

五、黑龙江省绿色食品安全监管策略分析

(一)事前监管:有计划、有组织、有资金、有制度、有人才

1.抓紧制定绿色食品产业发展规划

黑龙江省各地区要抓紧制定绿色食品发展规划和引进计划,并纳入"十二五"农业发展规划中去,要开拓创新,与时俱进,细化工作目标和工作重点,推进措施,力争在较短时间绿色食品质量安全水平有新的提高。

2.建立健全工作机构

黑龙江省各县市要成立相关绿色食品管理机构,加快推进乡镇一级绿色食品质量安全公共监管服务机构和职能拓展,未成立工作机构的县市要结合实际,尽快建立健全工作机

构,派专人负责绿色食品监管工作。

3. 积极争取财政支持

黑龙江省在编制年度财政预算时,各地农业行政主管部门要积极争取地方财政支持,将绿色食品发展基金列入地方本级财政预算,有条件的地方要尽可能争取获得绿色食品认证企业和农户纳入地方财政支持、奖励范围。

4. 建立科学风险评估和预警应急机制

要建立风险评估的预测、预报,确立风险预警与管理预防为主的监管思想,防患于未然,改变事中、事后监管意识,规范重大食品安全事故的应急程序,提出相关应急对策。

5. 加强监管人才的引进及培养

要本着内培外引的原则,加强绿色食品安全监管人才库的建设。促进省内区际间的人才流动,对新进人才要加大培训力度,使其能够尽快适应工作要求。

(二)事中监管:抓基地、抓检测、抓产销、抓产业集群建设

1. 抓基地监管

对诸如孙吴长乐山大果沙棘特色种植基地要加强监管,努力做到"三有"要求:①有记录,按标准组织生产,建立种植生产档案;②有检测,对生产设备适时检修;③有标识,要有包装标识,取得无公害、绿色认证。

2. 抓检验检测

对奶制品要强化生产经营责任人的意识,督促企业严格自检和委托检验,加大对重点产品的抽查,发现问题限期整改,坚决杜绝问题产品流出企业。

3. 抓产销衔接

黑龙江省各县市在做好基地、检测监管的基础上,要加强省际、国际产销衔接,随时掌握国内、国际市场的供求信息,针对需求方质量反馈信息进行生产监查和改进,有效建立监管机构与生产者、消费者的信息沟通制度。

4. 抓产业集群升级

黑龙江省绿色食品产业集群升级包含两方面内容:产业升级与技术创新能力升级。二者之间相互影响、相互促进的动态螺旋上升过程,处于核心领导地位的企业个体微观层面的技术创新活动,通过产业网络和社会关系网络能够转化为集群客户宏观层面的产业升级能力,而产业升级所带来的收益又会聚集到处于集群主导控制地位的核心企业手中,从而积累垄断创新利润。

(三)事后监管:加强宣传,加强教育,加强消费引导

1. 加强媒体宣传,提高监管透明度

黑龙江省各县市,针对绿色食品安全监管要"发声"。将监管工作形成的制度、措施、成效、检查活动进行及时性的媒体宣传,对不合格的产品、不诚信的企业进行公开披露,并对其实行退出公告,加强社会层面的监督,同时也要防范个别媒体负面炒作,加强舆情的动态研判。

2. 对问题产品、问题企业加强教育

要本着治病救人的态度，不一棍子打死的原则，对问题产品和问题企业在问责的基础上加强教育，在罚款、吊销执照、追究责任的同时，提出整改建议，争取通过品牌整合、企业合并的方式形成"问题资源"的内部吸收。

3. 对消费者进行必要引导

由于食品安全本质上是信息不对称引致的市场扭曲，根本途径是增加信息供给，要优先确立消费者优先原则，保护处于信息弱势地位的消费者强化质量分级、安全认证，完善消费者食品安全基础教育，重视食品安全需求，提供缓解食品安全市场失灵的一系列政府服务。

六、结论

黑龙江省绿色食品要进行工程技术应用，走方便营养化之路，强化外向型绿色食品产业发展，形成品牌整合合力，归根结底是要保障黑龙江省绿色食品安全的有效监管，这种安全监管包含"五有"事前监管、"四抓"事中监管、"三加强"事后监管。

黑龙江省农产品绿色物流发展研究

黑河学院　刘巍

作为全国最大农产品生产加工地区的黑龙江,优质的农产品资源推动了近年来农产品物流市场的蓬勃发展,但在农产品物流行业壮大发展的过程中产生的各种环境污染问题,正日益受到全社会的广泛关注,实现农产品物流与环境的协调发展刻不容缓。本文在这样的背景下,对黑龙江省发展农产品绿色物流进行了 SWOT 分析,并指出了进一步深化发展绿色物流的对策建议。

一、农产品绿色物流的含义

绿色物流概念的提出是相对于传统模式下的物流活动,前者更加强调在开展物流业务过程中重视环境保护,借鉴 2001 年颁布的《物流术语》,可以将绿色物流定义为在从事物流业务的各个环节当中,要重视环境保护,不仅要最大限度地降低对环境的破坏,同时力争物流活动能够促进环境的改善。

二、黑龙江省发展农产品绿色物流的 SWOT 分析

(一)黑龙江发展农产品绿色物流的优势

1. 农业资源丰富

黑龙江省作为我国最大的农产品尤其是粮食产地,2011 年实现 5570.6 万 t 的粮食产量,连续七年实现大丰收,其中谷物产量 4858.2 万 t、豆类产量 577.8 万 t、油料 23.3 万 t、麻类 1.2 万 t、甜菜 275 万 t、烟叶 8.5 万 t、蔬菜 789.9 万 t、瓜果 225.6 万 t,各种农产品产量均处全国前列。

2. 完善的综合运输网络

黑龙江省完善的综合运输网络为发展农产品绿色物流提供了基础设施保障,黑龙江省近年来铁路、公路以及水运的运输线路长度增长明显,尤其是公路运输网络,近年来基本保持了年均 10% 的增长,2011 年底各等级公路总里程已经达到了 4.4 万 km。

3. 不断完善的物流基础设施

黑龙江省历来重视发展农产品物流基础设施的投资建设,已经初步形成了覆盖面广、体系完善、运作高效的农产品物流体系,尤其是在"十一五"以来,随着国家对现代物流业发展的大力扶持,黑龙江省更是先后投资建设了包括大庆农产品物流园、佳木斯佳天国际农副产品物流交易中心等大型农产品物流配送中心,极大地提升了黑龙江省农产品物流的品质和效率。

（二）黑龙江省发展农产品绿色物流的劣势

1.农产品物流观念落后

从目前的政策导向来看,黑龙江省对农业发展本身的重视程度仍然超过对农产品物流的重视。以政府补贴为例,有每年超过90%的财政补贴都集中在农业生产领域,而农产品的流通领域基本上没有得到有力的政策扶持。

2.农产品运输过程绿色化程度较低

当前黑龙江省农产品运输过程中的绿色化程度较低,主要体现在三个方面:一是农产品运输过程中消耗大量能源,对环境造成较大破坏;二是农产品配送的各种运输工具同样会产生大量的噪声污染;三是农产品物流过程中可能会产生大量的腐烂农产品。

3.绿色物流技术落后

黑龙江省农产品绿色物流发展缓慢的一个重要原因是物流技术落后,一方面在运输上的车辆硬件条件较落后,仍以传统的敞篷卡车为主,密封式车厢占比较低,能从事冷链运输的车辆尚不足一成;另一方面农产品的仓储过程绿色化程度较低,装卸搬运过程仍然大量使用人工搬运,不仅效率较低,也增加了农产品的损耗率,此外农产品的包装也多使用一次性包装,在可重用性、可降解性等方面与绿色物流差距较大。

（三）黑龙江省发展农产品绿色物流的机遇

1.政策扶持带来的机遇

黑龙江省近年来不断加大对农产品物流发展的政策扶持力度,以政府为主导组织了一批处于国内外先进水平的冷链物流企业群,推动建设了以政府公信力为保障的营销网络平台,鼓励下游的终端销售企业参与到农产品物流配送环节中,对于农产品绿色物流的发展,不再是停留在政策口号上的发展,而是开始协调不同的政府部门、金融机构、物流企业、民间行业组织等,初期以政府为主导,共同推动农产品绿色物流的发展。

2.居民消费习惯转变的机遇

消费者对食品安全的重视以及对健康生活品质的追求,使得越来越多的消费者在选购农产品时更加倾向于绿色无公害的有机食品。这种重视环保的绿色消费观念在为绿色物流的发展提供消费基础的同时,也迫使物流企业向绿色物流方向转变。

（四）黑龙江省发展农产品绿色物流的威胁

1.农产品的特殊性威胁

农产品本身的特殊属性也决定了发展绿色物流的成本较高:一方面,农产品的生产加工具有分散性、季节性、易腐性等特点,同时终端市场的消费半径较大,这些都造成大量的对流、倒流以及迂回运输现象;另一方面,农产品的生产与消费环节之间存在明显的时空差异,尤其是那些含水量高的生鲜农产品,在配送过程中如果采用传统的运输工具,极易腐败变质,从而产生大量固体废弃物,对环境造成破坏。

2.市场因素的威胁

农业因为易受到自然环境的影响,在产业结构构成中一直处于弱势。农产品的销售价格多受政府的干预,在市场竞争中缺乏足够的竞争力,同时农产品销售市场的配套设施不完善,交易规模较小,交易方式相对单一,这些都造成农产品的终端销售可追溯性较差,都对农产品绿色物流的发展带来一定威胁。另一方面,农资产品价格近年来上涨明显,农民进行农作物种植生产的利润空间不断被压缩,极大地挫伤了农民从事传统农业生产的积极性,甚至有些农民大量违规使用高毒农药、添加剂等对生鲜蔬菜进行保鲜,也对发展农产品绿色物流造成障碍。

综合上述对黑龙江省农产品绿色物流发展的优势、劣势、机遇以及威胁的分析,可以构建黑龙江省发展农产品绿色物流的 SWOT 模型,具体见表 1:

表 1

	机会(O)	威胁(T)
	1.政策扶持带来的机遇; 2.居民消费习惯转变的机遇	1.农产品的特殊性威胁; 2.市场因素的威胁
优势(S)	机会优势策略(SO)	威胁优势策略(ST)
1.丰富的农产品生产加工资源; 2.相对完善的综合运输网络; 3.不断完善的物流基础设施	1.政策扶持应向进一步优化物流配送网络倾斜; 2.进一步加大力度建设一批配套设施完善的配送中心	1.不断通过鼓励共同配送等提升农产品尤其是生鲜农产品的配送效率; 2.物流企业应当加大现代化物流设施尤其是冷链运输工具的投资
劣势(W)	机会劣势策略(WO)	威胁劣势策略(WT)
1.农产品物流观念落后; 2.农产品运输过程绿色化程度较低; 3.绿色物流技术落后	1.鼓励农产品绿色物流发展,出台更加有效的补贴扶植政策; 2.加大人才培养力度,提升发展农产品绿色物流的人才基础	1.针对不同农产品加强研发力度,尤其是冷链运输工具以及包装材料的开发; 2.引导农产品种植生产农户进行绿色种植,在加强监管的同时逐步缩小工农业产品的"剪刀差"

三、促进黑龙江省农产品绿色物流发展的对策建议

(一)制定促进农产品绿色物流发展的法律法规

农产品绿色物流的发展,在很大程度上取决于现有政策法规对传统物流运输方式的容忍程度,一种是宏观层面上控制传统的物流体制,最大限度地减少物流活动的污染源头,即运输车辆的增加造成的环境恶化,各级地方政府可以治理车辆的尾气排放、规定货车行驶路线和时段等;另一种是通过建立大型的综合性农产品物流中心、鼓励物流企业之间进行共同配送等方式,减少在运输环节中对环境造成的破坏。

(二)建立统一的农产品绿色物流组织体系

农产品绿色物流统一的管理组织体系的建立需要将全省范围内的农产品交通运输、装卸搬运、仓储、加工包装以及终端配送等环节进行统一管理,以地市级为单位成立由多部门

共同组成的专门领导管理机构,将农产品绿色物流的各个环节进行统一管理,结合本地的城市发展规划,从经济效益、社会效益以及可持续发展等多个方面,制定出科学合理的农产品绿色物流发展方案,从而促进全省农产品绿色物流的健康有序发展。

(三)构建合理的农产品绿色物流运作模式

黑龙江省农产品绿色物流的发展,除了受到硬件、基础设施方面与绿色物流发展的要求存在差距之外,缺乏与本省实际情况相契合的发展模式,也是制约黑龙江省农产品绿色物流发展的重要因素。本文认为黑龙江省的农产品绿色物流应当不断升级优化现有的批发市场模式,同时积极培育发展其他新兴运作模式。

除了比较传统的批发市场模式,目前一些地区开展的行业协会主导模式与第三方物流企业模式也有一定的借鉴意义。前者主要针对那些有特色农产品集中种植或是加工的区域,在此模式下,整个农产品的生产或是加工过程由当地的行业协会主导,包括委托种植、技术辅导、农产品初加工、仓储运输、后续跟踪服务等环节;第三方物流企业主导的模式能够有效克服现在的小作坊农户经营模式,通过有效整合农产品资源,达到降低成本和能耗的效果,第三方物流企业具有更专业的物流技术和设备,大大缩短了农产品的产销距离,保障了农产品物流渠道的畅通、低耗,是黑龙江省发展农产品绿色物流的有效手段。

(四)完善农产品绿色物流人才培养体系

分析当前黑龙江省专业性物流人才的情况,不仅与国外发达国家存在较大差距,而且与国内其他省份相比也无明显的优势,甚至有些特殊领域存在空白。为此,黑龙江省应当将专业人才的培养作为发展农产品绿色物流的重要举措之一,通过与物流企业沟通确定重点的人才培养领域和方向,一方面向物流企业提供专项资金用于专业人才的培养,其次鼓励企业与高等院校合作为在职人员提供在岗培训,再次要求部分师资力量较强的高等院校开设绿色物流方向的课程甚至是专业,形成以企业培养为主、院校培训为辅的人才培养体系。同时针对各级领导和从事生产种植的农民,可以采用专家讲座、参观学习、分批培训的方式,提高其对生态环保、绿色经营等方面的意识和专业水平。

中美食品安全监管体制模式对比研究

黑河学院　戈秀兰　吕双

2013年6月12日《南方都市报》报导,东莞徐福记公司160人食物中毒,这一消息一曝出,不禁让国人震惊,徐福记是我国的知名品牌企业之一。这也不禁让国人联想到过去的2012年发生的一系列食品安全事件。白酒塑化剂超标、光明牛奶"酸败门"、地沟油事件、古井贡酒"勾兑门""毒胶囊事件"、双汇"蛆虫门"、伊利奶粉"含汞门"、辛拉面"致癌门"、张裕葡萄酒"农药门"、立顿"毒茶"……看着这一连串的食品安全事件,让我们不禁感叹连老百姓吃、喝这么最基本的安全都无法保障,那还有什么是安全的?这也让我们对现有的食品安全监管体制模式陷入了沉思。也让我们想起了同是大国的美国,为什么中国人到达美国以后感触最深的就是食品让人放心。本文将分析中国和美国食品安全监管体制模式的特点及各自的优缺点,对如何完善我国食品安全管理体制提出建议。

一、中国食品安全监管体制模式特点

随着我国经济建设的发展,人们的生活水平日益提高,对食品的需求也从最初的解决温饱到走向富裕发展。同样,我国的食品安全监管工作,也是从无到有,从小到大不断完善和发展。

1.多部门综合行政化管理

2009年6月1日我国实施了《食品安全法》,进一步确定了我国监管环节部门监管的原则,采取"分段监管为主、品种监管为辅"的多部门综合监管模式,但是整个监管体制仍然以行政权力为主体,以行政处罚和行政强制措施为方式。国务院设立了食品安全委员会。

2.多段分头监管工作

食品安全是重要的公共卫生问题。为了解决食品安全监管职责不清等突出问题,国务院各有关主管部门按照各自职责分工依法行使职权,对食品安全分段实施监管的监督管理体制。这种多部门共同参与管理的特征不仅表现在整个国家的食品安全管理中有多个部门,还表现在许多食品在整个食品链条流动过程中存在多部门管理。这种体制有利于各司其职,对改善食品安全状况,实际上也发挥了积极作用。

3.倾向于事后监管

我国的食品安全问题往往在事件爆发之后,才想起要进行行业的整顿。例如,上海的毒馒头事件,在上海大型超市里销售了很久,直至记者追踪报道,才成立专门的调查小组,对当事人进行查处,但是这种调查也是运动式的突击性调查。为什么监管部门不能在源头上制止事情的发生?而是在事情出现后,已经对百姓安全造成影响后监管呢?

二、美国食品安全监管体制模式特点

1.“品种监管”的集中型分散模式

美国的食品是世界上最安全的,这与政府对食品安全的监管力度是分不开的,它经历了主要由州和地方政府负责,至现在的联邦政府和州政府联合监管两个阶段,建立了联邦、州和地方政府相互独立又相互协作的严密的食品安全监管网络,它将政府的安全监管职能与企业的食品安全保障体系紧密结合,做到了“分工明确、权责并重、疏而不漏”。以“品种监管”为主确立三个部门主要负责,10 余个部门提供辅助支持的集中型分散模式,对食品从生产到销售的各个环节实行严格的监管。美国主要监管机构如图 1 所示。

图 1　美国主要监管机构

在此基础上,美国疾病控制预防中心负责食源性疾病的数据收集、食源性疾病、爆发调查以及监测预防和控制措施的有效性;USDA 的农业研究服务局、各州研究、教育及相关合作机构和经济研究服务局主要负责食品安全的相关研究;动植物健康检验局负责监测动物疾病,跟踪疾病来源,进行风险评估;商业部国家海事渔业局(NMFS)主管海产品自愿检验和项目分级,确保海产品贸易的质量和安全,但海产品加工管理由 FDA 负责。此外还有两个其他支持机构和六个协调组织,在联邦至少有 12 个部门投入精力监管食品安全,其中FDA、FSIS、EPA 和 NMFS 起到主要的作用,维护食品安全,从而保护消费者的身体健康。

2.“源头 - 过程 - 结果”一条龙监管模式

美国的食品安全实施的是从源头抓起,也就是说,从农田到饭桌的一条龙监管:农田、销售、加工等环节均有严格的质量标准。美国的安全生产,首先考虑的是对人体的健康没有风险,保证对人体无害。

三、中美食品安全监管模式的优缺点

1.中国食品安全监管模式的优缺点

根据我国行政区域的划分,如省、直辖市、市区、县镇、乡村等,这样层层行政机构的划分,也让食品安全管理机构变得比较细化。但是同样也存在弊端,这样的层层管理机构,权利重复,造成浪费。此外,有些乡镇在执行食品安全规章制度时,往往是人情大于法。

2.美国安全监管模式的优缺点

美国食品安全监管模式的一个显著特征是职能整合、统一治理。美国政府食品安全监管的特点是职能互不交叉,一个部门负责一个或数个产品的全部安全工作,在总统食品安全治理委员会的统一协调下,实现对食品安全工作的一体化治理。其次,有健全的法律体系。

再次,信息公开透明。在食品安全风险治理过程中,风险信息的交流与传播是一个非常重要的方面,美国十分重视公众的知情权。强调"保持每一步政策制定过程中的透性"。美国政府强调食品安全制度建设和食品安全治理的公开性和透明度,建立了有效的食品安全信息系统,通过定时发布食品市场检测等信息、及时通报不合格食品的召回信息、在互联网上发布治理机构的议案等,使消费者了解食品安全的真实情况,增强自我保护能力。但是,由于食品安全监管的职能分散在不同的部门中,各个部门监管范围及职能的清晰划分比较困难,如美国的法律规定:食品猪肉含量超过 2% 由食品安全检验署管理,因此如果一个比萨饼敷的猪肉少于 2% 应由食品药品管理局管理,而如果多于 2% 就由食品安全检验署管理,这在实际操作过程具体划分非常困难。

四、完善中国安全监管模式

1. 岗位轮换、进行交叉管理

很多的食品安全问题,最初起源于就是贪污、腐败。为了执法安全,避免人情,尽量在地区间进行岗位轮换,此外,进行多区域交叉检查管理。

2. 完善我国食品安全监管体制的法律体系建设

我国的食品安全体系总体来说还是不健全的。在法律条文的制定中总是给投机者留下了灰色地带。我国现在有几十万的食品小作坊和生产小企业,他们的监管就不是很到位。他们既是食品的生产者,又是食品的经营者,甚至还是餐饮服务者,如何监管? 因此,要加快完善食品安全监管体制的立法,依据《食品安全法》构建细化的法律实施细则,并把食品安全整体性原则、科学性原则、预防性原则、风险性原则和可追溯性原则贯彻到食品安全法律体系中去,进一步明确细化食品安全监管机构的职责。国务院食品安全委员会的协调指导职能需要明确;质量检验部门对食品生产环节进行监管具体包括哪些事项需要明确;工商行政管理部门对食品流通环节进行监管包括哪些事项需要明确;食品药品监管部门对餐饮环节进行监管包括哪些事项需要明确,使各监管主体行使监管权具有可操作性。

3. 完善我国食品安全的标准体系

中国人出口到美国的食品上面的标准要比中国国内的高多了,为什么国内的标准偏低? 我们真的应该积极学习借鉴美国的先进经验,结合中国国情,尽快制定完善我国的食品安全标准体系。做好企业标准备案工作,重点解决无标准生产和不按标准生产的问题。此外,我国的食品安全管理制度,经常是已制定多年不变,无法跟上时代的发展。

五、结束语

食品安全关系民生,是我国的头等大事,人民生活的重中之重,只有"入口"让人放心,百姓才能安心生活、工作,所以,此项工作刻不容缓。

黑龙江省绿色食品资源开发保护问题研究

哈尔滨剑桥学院　刘莹莹

一、黑龙江省绿色食品资源开发现状

最近几年里,黑龙江绿色食品产业发展迅速,成为黑龙江农业和农村经济的一个新亮点,是全国绿色食品生产发展最快的省份。自 2011 年起到 2013 年期间,全省系统开展、整体推进"绿色食品强省建设"专项行动,积极推进"四大工程"——市场体系建设工程、基地建设提档升级工程、龙头企业发展壮大工程和质量安全工程建设。经过努力,目前无公害产地认证面积达 1.45 亿 m^2,占全省粮食播种面积的 70.2%,"三品"产品合格率达 99% 以上,全省有效使用"三品"标志的产品继续保持在 1 万个以上,"三品一标"总量规模稳中有增,产品质量稳定可靠,品牌效益日益放大,绿色食品保持了良好的发展势头。2012 年,全省实现绿色(有机)食品认证面积达 6 720 万 m^2,占全国的 1/4 以上,其中国家级绿色食品原料标准化生产基地 144 个,面积达 390 万 m^2,占全国的近 1/2。绿色食品基地规模普遍较大,平均面积达 53.1 万 m^2,百万亩以上的占 1/5;实物总量 3 150 万 t,占全国的 1/5;全省绿色食品总产值 1 330 亿元,占全国的 1/6;全省有效使用绿色(有机)和无公害农产品标志的产品数量为 10 807 个,占全国 1/8;全省绿色(有机)食品企业发展到 468 家,占全国绿色食品企业总数的 6.8%,国家级及省级农业产业化龙头企业为 32 家和 88 家,分别占全国的 12% 和 15%,初步形成了绿色玉米、大豆、蜂蜜、水稻、乳品、肉类、野生植物类等产品生产与加工体系。作为全国首屈一指的产粮大省,近几年黑龙江也成为全国最大、最优质的绿色食品资源开发与生产大省,在刚刚结束的第 24 届哈洽会上,绿色食品签订 24 个合作项目,签约额达 31.5 亿元,绿色食品已成为全省重要支柱产业。从目前发展情况来看,到 2013 年实现全省绿色食品种植面积达到 7 200 万 m^2,总产值达 1610 亿元的目标也指日可待。

二、黑龙江省绿色食品资源开发优势分析

1. 要素禀赋优势

(1)土地资源优势。黑龙江省土地总面积 47.3 万 km^2,占全国土地总面积的 4.9%。全省农用地面积 3 950.45 万 hm^2,占全省土地总面积的 83.53%,其中,耕地 1 187.07 万 hm^2,占农用地面积的 30.05%,人均耕地面积 0.31 hm^2,耕地面积和人均耕地占有量均居全国首位;园地 6 万 hm^2,占农用地面积的 0.15%;林地 2 440.43 万 hm^2,占农用地面积的 61.77%;牧草地 222.64 万 hm^2,占农用地面积的 5.63%;其他农用地 94.44 万 hm^2,占农用地面积的 2.39%。建设用地 149.85 万 hm^2,占全省土地总面积的 3.17%;未利用地 629.2 万 hm^2,占全省土地总面积的 13.30%。全省总耕地面积和可开发的土地后备资源均占全国

1/10以上,人均耕地和农民人均经营耕地是全国平均水平的3倍左右,土壤有机质含量高于全国其他地区,黑土、黑钙土和草甸土等占耕地的3/5以上,是世界仅有的三大黑土带之一,耕地平坦,耕层深厚,适于玉米、小麦、大豆、水稻、马铃薯等优质粮食作物及甜菜、亚麻等经济作物种植,草原草质优良,营养价值高,适于发展畜牧业,总之,土地资源要素禀赋优势条件居全国之首。

(2)水资源优势。全省境内江河湖泊众多,以黑龙江、乌苏里江、松花江、嫩江和绥芬河五大水系为依托,大小湖泊640个、在册水库630座,现水资源总量达到810亿 m³,居东北、华北和西北各省之首,是我国水资源较丰富的省份之一,也是我国北方地区水资源最富集的省份。年降雨量70%集中在农作物生长期,雨热同季,丰富的水资源为生物生长提供了良好的环境。

(3)森林资源。作为我国重点林区之一及国家重要的木材战略储备基地,黑龙江省名副其实。全省森林覆盖率达45.2%,林地面积达2 053万 hm²,活立木总蓄积量16.5亿 m³,森林面积、森林总蓄积和木材产量均居全国前列。全省森林树种丰富,达100余种,其中材质优良、利用价值较高的有30余种。丰富的森林资源为黑木耳、榛蘑、元蘑等食用菌、松子、蜂蜜、蜂王浆、鹿茸、鹿胎膏、五味子、山野菜、蛤蟆油、山核桃油等绿色食品资源的开发创造了先决条件,推动以林粮、林蔬、林畜、林禽、林蜂、林蛙、林渔、林菌、林果、林药为基础的林上、林中、林下、林缘"四林"经济深入发展。

2. 地理环境与生态优势

从地理位置上看,黑龙江省地处北疆,是我国纬度最高、经度最东的省份,西起121°11′,东至135°05′,南起43°25′,北至53°33′,南北跨10个纬度,属中温带;东西跨14个经度,三个湿润区。四季分明,漫长的寒冬阻止了病虫越冬,减少了病虫害的发生概率和农药使用量。夏季雨热同季,昼热夜凉温差大,降水量充足,太阳辐射资源比较丰富。耕地开发较晚,化工厂较少,污染源少,土壤、空气、水源污染较轻,森林、草场、湿地资源丰富,生态环境良好,资源富足、充实,土壤微量元素积累多,农作物一年一熟。大小兴安岭林区维系着东北和华北平原的生态安全,是我国重要的生态屏障,为我国两个重要商品粮基地稳产高产提供了重要保障,也为绿色食品资源的开发创造了优良的产地条件。正是这种得天独厚的生态资源优势,使我省绿色食品多项指标稳居全国首位,绿色无公害食品认证面积、实物生产总量连续多年领跑全国,产出的绿色食品口味纯正色香、质量安全可靠、营养全面丰富,在国内外市场均具有较高的知名度和占有率。

3. 农机装备与规模生产优势

黑龙江省耕地面积大且集中度高,适合规模化生产、集约化经营;地势平坦,土地肥沃,适于使用大型农机具作业,拥有实现农业机械化得天独厚的条件。据有关数据统计,全省农机保有量、田间作业综合机械化程度位居全国之首,农机装备全国领先。特别是近年来,新型农机装备制造业快速发展,具备了研发生产大型农机装备的能力,并通过组建农机专业合作社,以农机合作社为龙头,引领农业机械化发展。已建成的近800个现代农机合作社,促进了绿色食品规模化经营、标准化生产、社会化服务的有机统一,加快了农业科技的应用,提高了绿色农作物的产出率,将农民从繁重的体力劳动中逐步解放出来,大大提高了劳动生产率和资源利用率。黑龙江省农业机械化的快速发展,使农业生产方式发生了根本性的变化,形成了国内耕地规模最大、机械化水平最高、综合生产能力最强的国有农场群,农业机械化、标准化、规模化和产业化走在全国前列,粮食生产达到世界先进水平。黑龙江省所具备的农机装备与规模生产优势势必加快全省绿色农业的发展,依靠绿色提高农产品附加值,增加农民收入。

4. 技术与加工优势

黑龙江省拥有东北农业大学、黑龙江八一农垦大学、黑龙江省农科院等科研教学单位40多所,农业科技力量雄厚,已研发出一批具有全国先进水平的科技成果。例如,由黑龙江八一农垦大学和黑龙江省农垦科学院承担的"黑龙江省区域数字农业关键技术研究与示范"项目,应用3S技术、人工智能、网络技术、智能装备技术获得了计算机软件著作权八个、专利两项,研制出新装备一套,在黑龙江省友谊农场、红星农场建立了数字农业技术示范区,促进了农业综合生产能力全面提升,加快黑龙江省率先实现农业现代化进程,使数字农业技术趋于实用化,该技术已达到国内领先水平。全省国家级绿色食品原料标准化生产基地辐射范围广、基地规模普遍较大,以实施绿色食品全程标准化生产模式为主导,制定相应技术操作规程1400多项,涵盖了粮食作物、经济作物、畜禽养殖、山特采集以及食用菌栽培等多个领域,已经成为全国最大的绿色食品生产加工基地和产品质量安全水平最高的省份,为绿色食品生产提供了现实基础。

三、加快黑龙江省绿色食品资源开发保护应注意的问题

黑龙江省在发展现代农业的过程中,以开发绿色食品为中心,走优质高效农业之路,就更要正确处理好绿色食品资源开发与生态环境保护的关系,努力实现绿色农业可持续发展。绿色食品资源是绿色食品产业发展的基础,在确保可持续发展利用的前提下科学合理地开发,争取以较少的资源消耗获得较高的生产效益,就必须牢固树立绿色食品资源保护意识,建立激励绿色食品资源合理利用和保护的机制,在发展中保护,在保护中开发,实现经济效益、社会效益和环境效益的统一,实现当前利益和长远利益的统一;必须严格控制化肥农药的施用量,推广使用有机肥,坚持有机肥与化肥合理匹配,推广测土配方施肥技术进行科学施肥,搞好有机肥综合利用与无害化处理,加快高效、低毒、低残留农药新品种的研发与推广应用,多层次利用生物有机质,废弃物资源化,物质循环再生化,回收农用塑料薄膜,减轻农业面源污染,以减少对绿色食品资源环境的污染,凡是破坏生态、污染环境的项目应不予批准,加大资金投入用于山水、林、田、路综合治理,进行自然环境保护,积极采取封山育林、退耕还林、植树造林与扩大绿草植被等措施,营造一个蓝天、碧水、青山、鸟语花香的生态优化区域,建立绿色食品资源开发自然保护区,为开发绿色食品创造良好的生态环境;必须要提高绿色食品资源开发与保护各级相关人员的综合素质,倡导文明的生产和生活方式,改革与完善涉农教育与培训,重视学以致用,增强其自我创新与技能发展能力,大力加强科学知识普及,增加实用技术培训,提高其接受和运用科技成果、保护农业生态环境及合理开发利用农业资源的能力,加强农村思想道德教育,正确引导农村消费结构升级,形成有利于节约资源和保护环境的文明生活方式;必须增加绿色食品资源开发科研投入,建立多渠道、多元化的绿色食品资源开发与保护的科技投入体系,重视科技引进、开发、创新与推广工作,强化科学技术对绿色食品业的渗透,健全绿色食品业科技体系,提高科技成果的推广和应用水平,改善绿色食品生产条件,以提高绿色食品资源利用率;必须加强国内外绿色食品资源开发保

❖ 护合作,利用地缘优势,进一步加强黑龙江省与俄罗斯绿色食品资源开发与保护的区域合作,在稳步发展境外粮食种植合作的同时,充分利用自身绿色食品加工技术和设备优势,组织企业走出去,到俄罗斯远东地区和内陆地区投资,或与俄方政府和企业合作,发展大豆、玉米、水稻等粮食精深加工,开发符合俄罗斯市场需求的绿色食品。

黑龙江省绿色食品监管中存在的问题及对策

哈尔滨远东理工学院经济管理学院 马玲

一、黑龙江省绿色食品发展现状及绿色食品监管的内涵

1. 黑龙江绿色食品的发展现状

绿色食品是由中国农业部于 1990 年作为实施农垦"八五"规划的一项重点工程推出并组织实施,是指遵循可持续发展原则,按照特定生产方式生产,经专门机构认定,许可使用绿色食品标志的无污染的安全、优质、营养类食品。发展绿色食品的基本理念,一是提高食品质量安全水平,提高消费者健康;二是保护农业生态环境,促进农业可持续发展。

黑龙江省顺应时代发展,从 20 世纪 90 年代初,在全国率先开发绿色食品,并从 2000 年开始大规模发展绿色食品,提出了"打绿色牌,走特色路的发展战略"。目前,黑龙江省凭借其土地肥沃、相对良好的生态环境、资源优势以及政府的有力支持,已成为我国的绿色食品大省。

虽然黑龙江绿色食品的发展有着强劲的势头,但也存在着一些问题。例如,品牌杂,知名品牌少,竞争力弱;经营销售方式落后;高端产品比重偏低;监管力度不够;市场假冒绿色食品的现象比较多及绿色食品安全等诸多问题也都日益突出,因此,我们必须采取相应的监管措施解决这些问题,将黑龙江省由绿色食品生产大省打造成全国绿色食品强省,促进全省绿色食品产业的进一步发展。

2. 绿色食品监管的内涵

绿色食品监管是绿色食品管理的重要组成部分,是以绿色食品标准为依据,对绿色食品的生产过程与标志使用的监督管理。绿色食品监管的内容包括对绿色食品的质量监管和标志使用监管两个方面。绿色食品质量监管是对绿色食品的产地环境、生产过程、产品质量等环节是否符合绿色食品相关标准的监督管理,只有按标准进行生产、加工、检测合格的产品方能以绿色食品的品牌进入市场。

绿色食品标志使用监管是对绿色食品商标标志使用是否规范的监督管理,只有正确使用绿色食品标志的质量合格的绿色食品才能真正体现绿色食品的精品形象,才能保障消费者的权益。

2012 年 10 月 1 日开始实施的《绿色食品标志管理办法》对绿色食品标志审核和发证做出了更加严格的规定。除了对申请人的资质条件和产品受理条件提出明确要求外,这一办法还特别规定:申请使用绿色食品标志的生产单位前三年内无质量安全事故和不良诚信记录,在使用绿色食品标志期间,因检查监管不合格被取消标志使用权的,三年内不再受理其申请,情节严重的,永久不再受理其申请。

二、黑龙江省绿色食品监管工作存在的问题

1. 监管体系有待优化

目前黑龙江省绿色食品监管责任意识不强,责权不清的问题比较突出。存在重认证轻管理、重年检轻日常监管的现象。关于绿色食品监管的配套法规、规章不甚完善,监管工作的规范性和有效性有待增强。与工商、质检等其他部门配合协调不够,信息交流不通畅。

2. 监管力量相对薄弱

目前黑龙江省绿色监管人员少,监管范围广,绿色食品生产企业比较分散,年检工作量非常大,要完成所有企业的实地年检难度很高,存在监管瓶颈和薄弱环节。同时,政府对监管投入不足,没有专门的年检专项经费,从资金上很难保证年检的落实。另外,绿办在监管方面投入的力量远小于在认证方面的投入,也客观地反映了当前监管力量的薄弱。

3. 监管成本越来越高

目前,黑龙江省绿色食品产品的抽检频率和覆盖率仍然很低。抽检的产品不足,抽检频率也较低,绿色食品的监管存在着一定的责任风险。随着绿色食品产品的增多,每年的实地年检产品抽检和市场监察采样的费用会越来越高。另外,绿色食品的种类繁多,品种不同,质量要求也不同,质量安全的风险系数也就不同,检测的程序和手段也会不同,这些都为监管提出了更高的要求。

4. 监管方法、手段不够

目前黑龙江省的绿色食品监管很难适应发展的需要。"形式试验 + 抽批检验 + 体系检查"是国际上通行的监管方法。这是从工业企业认证监管长期的经验中总结发展起来的,目前的绿色食品认证体系也是从这里延伸借鉴过来的,但这些方法远远不能适应绿色食品尤其是绿色农产品的特点和需要。首先,绿色农产品的生产环节多,出现问题的可能性和不确定因素多,要从"土地到餐桌"全程保证农产品的质量,就会涉及很多环节,如环境条件、农业投入品、生产、加工、贮运、销售等环节;其次农产品各个环节的监管不是由一个部门主管,涉及农业、环保、质检、工商、卫生、食药、商务等多个部门,认证监管只是一个方面。执法和监管很难形成合力,为质量监管造成很大的难度。

5. 社会对绿色食品的质量认知不足

由于目前社会诚信体系不健全,市场发育不成熟,企业的自律意识和能力不强,导致产品的质量认知出现诚信危机,这些对绿色食品的监管提出了新的课题。

三、对黑龙江省绿色食品监管工作的几点建议

1. 加大政策支持力度,强化政府监督机制

政府要强化政府监督机制,继续认真贯彻落实《黑龙江省绿色食品管理条例》及国家有关规定,按照2012年新出台的《绿色食品标志管理办法》对现有绿色食品监管制度进行全面清理完善,配合农业行政主管部门制定相应的监管配套制度。建立健全标志监管员和企业内检员培训、考核和奖惩机制,充分发挥他们应有的作用。建立企业年检工作考核与补贴机制,加大对年检实地检查的补贴力度。加强对绿色食品的市场监督管理,进一步规范绿色

食品市场,做好绿色食品的抽检工作,同时,绿色食品管理部门应联合工商、技术监督等部门共同对绿色食品市场进行检查,防止市场上假冒伪劣的绿色食品伤害了消费者,最终影响绿色食品企业的发展。

2. 健全管理机构,切实抓好工作队伍建设

组织机构和队伍建设是绿色食品监管与服务体系的重要组成部分,也是推动事业发展的根本条件。按照"有工作机构,有组织领导,有专人负责,有明确职责"的工作原则,尽快使所有地市级绿色食品监管队伍入位、上位,按照向下延伸、规范实施的思路,充分发挥地级市绿办的职能作用,认真贯彻年检规范,严格执行各项工作程序,建立正常的年检工作秩序,积极组织落实市场监察行动,不断探索新的监管方法和手段,增强监管的力度和有效性,保证绿色食品监管的顺利实施。

做好监管员注册培训工作,积极探索建立监管员工作考核奖惩制度,充分发挥监管员特别是基层地市县级监管员的作用。继续推行绿色食品企业内检员制度,各地绿办要加强企业内检员培训。加强与内检员的信息交流和业务指导,充分发挥企业内检员的作用。

3. 加强组织领导,从资金投入上保障绿色食品的监管

随着黑龙江省绿色食品事业的发展,绿色食品监管的重要性日益凸显,黑龙江政府应设立用于绿色食品监督管理的专项资金,用于绿色食品的实地年检、产品抽检及市场监察等工作,同时制定和完善相应的规章制度,从资金和制度上保证监管工作的落实。

继续抓好年检责任制度的落实。绿办要根据年检实施办法,进一步明确年检职责,层层分解年检任务,切实做到年检企业落实到人。抓好年检实地检查工作。绿办要创新机制,加大投入,做到年检企业100%进行实地检查,对风险高的企业,省级绿办要派人亲自参加,同时要提高年检实地检查的有效性,避免走过场。要解决企业年检工作中发现的实际问题。为企业提供绿色食品原料、生资采购信息,指导企业产品包装标示,规范企业生产记录,帮助企业提高绿色食品生产管理水平。

4. 推进信息化工作,完善服务及监管体系

在现有绿色食品信息服务网络基础上,从指导绿色食品发展、加强市场监管和促进绿色食品企业、基地、农户对信息的实际需要出发,开发完善绿色食品技术指导和咨询服务系统、标志管理系统;同时,严格实施标志管理公告、通报制度,建立标志管理的自我约束机制和信用体系。绿色食品监管要做到监管与服务并重,以服务为根本目的,以监管为重要手段,保证绿色食品的健康快速发展。

集中开展标志市场监察工作。绿办要进一步扩大市场监察范围,逐步从省会城市向地县级城市延伸,加大打击假冒和纠正不规范用标的力度。加强对市场经营管理者绿色食品知识的培训,提高经营管理者识别真假绿色食品的能力,帮助经营管理者建立健全验证索票制度,把好进场入市关,防止假冒绿色食品和不规范用标产品进入市场。

5. 加大宣传力度,为绿色食品发展创造良好氛围

进一步加强绿色食品的宣传普及工作,增加消费者的食品安全意识和环保意识,使得绿色食品企业自觉接受舆论和社会监督,增强自律,树立绿色食品的精品形象,为绿色食品发展营造良好的环境。开展多层次的绿色食品宣传活动,扩大绿色食品的影响,让社会各界和广大消费者认识绿色食品的重要性,让全社会都来关心、支持和参与绿色消费,共同推动绿

❖ 色食品业的发展。

6. 做好应急处置工作，持续做好证后监管

（1）要完善应急预案。绿办要根据不同类型的突发事件特点，进一步明确工作职责，健全应急制度，切实增强应急预案的针对性和可操作性。要提高应急处置能力。绿办要在中国绿色食品发展中心现有工作的基础上，根据地区的实际情况，完善质量安全预警和风险评估制度，加强舆情监测，增强风险防范能力，强化应急工作保障，一旦发生质量安全事件，做到快速反应、科学处置。

（2）监管要"发声"。要将监管工作形成的制度，行之有效的措施，取得的成效以及重大执法检查活动及时通过媒体宣传报道，提高监管的透明度和影响力。要建立健全退出公告机制，对不合格产品、不诚信企业进行公开披露。也可以通过本地媒体公告已取消绿色食品标志使用权产品和企业，增强社会公众的监督。防止个别媒体的负面炒作，科学、及时、有效地应对媒体不良报道。

黑龙江省绿色食品监管现状和对策

绥化学院　郭丽

随着我省农业发展进入新的历史时期,农产品质量安全问题受到各级政府的高度重视,并日益引起社会各界的普遍关注。农产品质量安全,已经成为现阶段和未来我省实施农业和农村经济结构战略性调整,提高农产品国际竞争力,不断满足人民对健康日益增长的需要,必须着力解决的关键问题。

强化对绿色食品的监管意识,加强监管力度,是新形势下保证绿色食品稳健可持续发展的关键。绿色食品管理机构应注重开展调查研究,深入查找认证监管工作中存在的薄弱环节,积极寻求解决问题的途径和对策。绿色食品发展规模越大,品牌知名度越高,越需要加强监管。因此,依法完善绿色食品监管体系,实现绿色食品监管的法治化、标准化、程序化,已经成为绿色食品工作的重中之重。

一、绿色食品监管的含义

绿色食品监管是绿色食品管理的重要组成部分,是以绿色食品标准为依据,对绿色食品生产的全程与标志使用的监督管理。绿色食品监管的内容包括对绿色食品的质量监管和标志使用监管两个方面。

绿色食品质量监管是对绿色食品产地的环境(水、大气、土壤)、生产过程、产品质量等环节是否符合绿色食品相关标准的监督管理。只有按标准进行生产、加工、贮藏、运输等,检测合格的产品方能以绿色食品的品牌进入市场。绿色食品标志使用监管,是对绿色食品商标标志使用是否规范的监督管理。只有正确使用绿色食品标志和生产质量合格的绿色食品,才能真正体现绿色食品的精品形象,才能保障消费者的合法权益。

二、绿色食品监管的重要性和必要性

对绿色食品的全程监管,是各级绿色农产品办公室(中心),根据事业发展和进一步加强标志监管工作的要求,做出的又一项基本制度安排。主要拥有三项任务:一是规范绿色食品标志及产品编号的使用;二是查处假冒绿色食品的案件;三是实施绿色食品产品质量年度抽样检验。绿色食品监管工作是绿色食品系统贯彻落实农产品质量安全监管的一项重要措施,对于进一步加强标志管理工作,进一步落实以人为本,提高广大人民的健康水平,维护和保护广大消费者的根本利益,具有重要的现实意义和深远的历史意义。

三、绿色食品监管存中在的主要问题

绿色食品的监管工作,无论是监管意识、监管法规、监管标准、监管程序,还是责权划分及处罚力度等方面,都存在着诸多问题。

1. 监管的法律法规滞后

绿色食品监管意识不强，责任不清。重认证轻管理、重年检轻日常监管的现象比较普遍。尤其是关于绿色食品监管的配套法律、法规、规章等不甚完善，监管工作无法可依，力度严重不足，有效性有待增强。同时，与工商、质检等其他部门配合协调难度较大，信息交流不畅。

2. 监管力量相对薄弱

各级绿色食品监管机构还没有全部建立健全，未形成监管网络，监管盲区大，编制人员少，监管范围广。绿色食品生产企业比较分散，年检工作量非常大，要完成所有企业的实地年检难度很高，存在着监管瓶颈和薄弱环节。同时，政府对监管的投入不足，没有专门专项的年检经费，从资金上很难保证年检的落实。另外，在监管方面投入的力量远小于在认证方面的投入，也客观地反映了当前监管力量的薄弱。

3. 监管成本越来越高

全国绿色食品产品的抽检频率和覆盖率仍然很低。每年抽检的产品不足 1/6，抽检频率也只能为一年 1~2 次。绿色食品的监管存在着一定的责任风险。随着绿色食品产品的增多，每年的实地年检产品抽检和市场监察采样的费用会越来越高。另外，绿色食品的种类繁多，品种不同，质量要求也不同，质量安全的风险系数也就不同，检测的程序和手段也会不同，这些都为监管提出了更高的要求。

4. 监管手段不够

绿色食品监管很难适应实践发展的需要。"形式试验 + 抽批检验 + 体系检查"是国际上通行的监管方法。这是从工业企业认证监管长期的经验中总结发展起来的。目前的绿色食品认证体系也是从这里延伸借鉴过来的，但这些方法远远不能适应绿色食品尤其是绿色农产品的特点和需要。一是绿色农产品的生产环节多，出现问题的可能性和不确定因素多，要从"土地到餐桌"全程保证农产品的质量，就会涉及到很多的环节，如环境条件、农业投入品、生产、加工、储运、销售等环节；二是农业具有极其显著的特殊性，就是受自然因素的影响比工业、商业都大，给绿色农产品的生产、加工、贮藏、运输等带来了一系列的不稳定因数；三是农产品各个环节的监管不是由一个部门主管，涉及农业、环保、质检、工商、卫生、食药、商务等多部门，认证监管只是一个方面。执法和监管很难形成合力，为质量监管造成很大的难度；四是农产品生产分散规模小、基础条件差、农业标准化和管理水平参差不齐，也增加了监管的难度。

5. 生产企业和营销商自律性差

社会诚信体系的不健全，市场发育的不成熟，绿色食品的生产企业和营销商的自律意识和能力不强，导致产品的质量认知出现诚信危机，这都为绿色食品的监管提出了新的难题。

四、加强绿色食品监管的主要对策

随着科学技术的发展，人们生活水平的提高，绿色食品日益受到社会各界的高度重视。中国绿色食品发展中心于 2002 年专门成立了标准管理处，负责绿色食品的监管工作。先后出台了《关于启用绿色食品标志商标使用许可合同的通知》《关于印发绿色食品标志监管员注册管理办法的通知》等文件;2004 年,配合改革收费制度和完善年检制度,分别印发了《绿色食品认证及标志使用收费管理办法实施意见》《绿色食品产品质量年度抽检工作管理办法》《绿色食品企业年度检查工作规范》和《绿色食品标志管理公告、通报实施办法》;2006年 4 月 29 日第十届全国人民代表大会常务委员会第二十一次会议通过《中华人民共和国农产品质量安全法》;2007 年随着监管工作的深入,又印发了《绿色食品标志市场监察实施办法》;2009 年 2 月出台了"三品"专项整治行动实施方案等。但是,目前还没有比较权威的绿色食品监督管理的法律和条例,没有一系列相关的硬措施,没有形成全社会的共识和氛围。为此,特提出如下五项主要对策。

1. 加快制定和出台绿色食品法律法规

国家、省级人大或省级地方政府,要加快制定和出台绿色食品的生产、加工、运输、贮藏、营销、监督、处罚等全方位的法律和法规。省、市、县要制定相关的可操作的细则和具体的监管办法。同时,明确与工商、质检等其他部门的责任和权力,形成依法监督和管理绿色食品的合力。培育绿色食品产业离不开政府的宏观指导和具体服务,如引进资金、技术、组织生产、人员培训、信息服务、市场管理、环境监控、质量认证等都需要各级政府做大量艰苦细致的工作。各级政府要从政策、资金技术、人才等方面给予绿色食品产业以倾斜,运用财政、税收、信贷等经济杠杆,鼓励和扶持绿色食品和绿色消费的发展。内蒙古各地自然条件千差万别,要在认真分析市场和资源等因素的基础上,科学规划、合理布局,通过绿色食品基地建设,逐步形成各具优势、各具特色、各具规模的区域绿色食品经济圈。

2. 制定和完善绿色食品标准及处罚标准

从绿色食品监管的理论和实践情况看,当前,急需国家和省级抓紧制定绿色食品生产、加工、运输、贮藏、营销、监督、处罚等全方位的标准。因为标准是测量的标尺,是准星,是方向。没有标准,只能是混乱。要通过标准,引导和强制从生产到餐桌的所有绿色食品的参与单位和个人,按标准进行生产经营活动,违反相关规定将会付出巨大的代价。

3. 强化监管力量

要建立健全各级绿色食品监管机构,形成监管网络,消灭监管盲区,增加国家事业或行政监管编制,增加监管人员,扩大监管范围,增加专门专项的监管经费,依法查处绿色食品生产、加工、运输、贮藏、营销活动中违法犯罪案件,增强监管力量,形成全社会对绿色食品监管的良好氛围和态势。

(1)强化农业环境管理。

首先,根据我国当前的国情,各级领导要利用行政手段,坚决制止任何破坏农业生态环境的行为,尤其对于造成严重污染的企业,要限期整改、甚至关停。同时,出台一系列优惠政策,鼓励工业企业实行清洁生产。其次,环保部门要继续加强水、土、气等环境要素的质量监测,根据监测结果,采取相应的防治措施,确保绿色食品生产基地及其周围环境的质量良好。再次,进一步健全和完善环境法制,这是市场经济条件下搞好环境保护的基本手段。要做到有法必依,执法必严,违法必究。进而,利用经济杠杆,鼓励农民多施生物肥料和农药,减少化肥、农药残留造成的农田污染;鼓励工业企业开展"三废"的综合利用,实现"三废"资源化:对工业企业实行排污收费制度。另外,要增加大、中型环保项目的投入,提高宏观调控能力。总之,要充分利用行政、质量监测、法律、经济等手段,强化农业环境管理。把防治工业污染,提倡清洁生产作为重点,从源头上控制污染的产生。

(2)加强水土流失的综合治理。

为创造良好的绿色食品生产的农田生态环境,应采取综合治理的办法:①工程措施与生物措施相结合,可以采取如下措施对水土流失进以生物措施为主;②治理与开发相结合,以开发性治理为主;③政策措施与技术措施相结合,政策辅助于技术;④以小流域治理为单元,因地制宜,分类、分层、分区治理。在具体实施时,要突出重点,统筹安排,点面结合,做好规划,循序渐进。

(3)加大农业资源环境问题的科研力度。

"科学技术是第一生产力"。要改善农业资源和环境问题,根本出路在于依靠科学进步。首先要对区域农业的结构和功能进行系统分析,建立资源信息系统。其次是建立一套先进适用的农业技术体系,使其既可提高农业生产力及经济效益,又有利于农业资源的持续利用。第三是开展科技攻关,积极研究工业无废少废的新技术、新工艺以及"三废"资源化的技术、工艺。四是大力培育农用生物的新品种,使其有产量高、品质好、抗病虫害、营养丰富等特性。

(4)加大有机肥、生物农药的开发力度。

减少化肥、农药的用量,多施有机肥及利用生物防治病虫害,是生产绿色食品的一项关键措施。由于传统有机肥的堆制方法落后,有效成分损失严重,加之数量有限,使有机肥的数量、质量均不能满足绿色食品生产的需要。应积极开展工业化方法制售有机肥,以降低成本,提高肥效、保证供应,并使之向产业化、规模化、现代化方向发展。

(5)推出生态环境建设市场化。

按照资源有偿使用的原则,对自然资源、生态环境的开发和利用在政府总体规划范围内,实行商品化经营。健全资源评价机制和保值增值。

4. 提高企业的诚信度

各级政府,尤其是绿色食品监管部门,要增强使命感、危机感和责任感,采用多种途径和手段,大力宣传、教育绿色食品生产和经营的企业和个人,要提高法律和诚信意识,提高诚信度。真正在实践中体现出守法光荣,有利于获得市场,提高企业的竞争力,以增加利润。反之,就要付出较大的成本和被处罚甚至被法律制裁的代价,从而提高企业的自我约束力。

(1)加大投资力度,促进绿色食品的发展。

拓宽融资渠道、增加资金投入是加快绿色食品产业发展的重要支撑。首先,要坚持以绿色食品开发加工龙头企业和农牧民投入为主体,通过开展资金投入、原料入股等形式,增加龙头企业和农牧民的投入比重。要尽快形成多形式、多渠道的多元化投入机制,积极鼓励引导有实力的企事业单位、个体私营企业的资金向绿色食品产业流动。其次,要充分发挥财政、金融部门的职能作用,积极扶持那些前景广阔、科技含量高、牵动能力大的绿色食品加工龙头企业。最后,要加大招商引资力度,优化外商投资环境,扩大利用外资开发绿色食品的范围和数量。

(2)加强管理队伍建设。

各企业都应与生产基地乡镇政府、村委会共同成立基地建设管理领导小组,由分管负责人担任组长,主要协调基地建设方面的工作,并实行管理目标责任制,以推动基地各项措施的落实。

（3）强化技术队伍建设。

各企业通过固定专业人员或聘用技术人员成立基地部，专门抓好基地的建设。企业和基地技术人员要接受各级绿色食品管理机构组织的各种技术培训，并通过多种形式的推动活动，把绿色食品开发技术普及到基地农户。

5. 切实处理好五个关系

在绿色食品的监督管理方面，要切实处理好五个方面的关系。一是标志管理职责与市场监察工作的关系。标志管理的根本目的是维护绿色食品的公信力和品牌形象，保障和促进事业健康发展。各地绿办不仅对本地绿色食品企业的监管负有责任，而且有配合中心管理全国绿色食品的义务。二是标志管理与行政执法的关系。绿色食品是国家推行的公共事业，属于公共管理的范畴。各级绿办首先要积极争取农业部门的行政授权，进一步增强监管工作的权威性；要加强与有关部门的协调配合，借助行政执法手段增强自身管理工作的有效性；要积极主动地开展工作，为有关部门有效实施行政执法创造基础条件。三是市场监察工作与产品抽检的关系。产品抽检是市场监察工作的重要内容，是质量监管在市场监察工作中的重要体现。绿色食品办公室对市场监察工作和产品抽检工作负有首要责任，应统筹安排，统一部署，整体运作。四是市场监管与企业年检的关系。市场监察和企业年检工作是彼此衔接、相互配合的两项基本管理制度，是建立问题、发现机制和处理机制的共同制度基础。企业年检侧重于从企业内部发现问题，市场监察侧重于从企业外部发现问题。五是中心统一组织与绿办分别实施的关系。市场监察工作由中心统一组织，各地绿办负责具体实施。要按照实施办法规定的程序和时限要求，加强工作的协调和衔接，并充分利用网络手段，建立信息查询和传递的运行机制。

参考文献

［1］ 张凤岩,王剑.PEST 视角下的黑龙江省绿色食品资源规模化开发的保护措施未来与发展[J].未来与发展,2013(11),71-72.

［2］ 陈红梅.开发绿色食品促进黑龙江省经济增长[J].商品与质量,2013(11):58.

［3］ 谭伟君,李刚.黑龙江绿色食品资源开发保护服务与监管政策研究[J].中国工业年鉴,2013(12):180.

［4］ 李刚,高景海.黑龙江省绿色食品资源开发影响体系[J].商业经济,2013(5):18.

［5］ 杨林.河南省鸡公山自然保护区的天然绿色食品资源及开发利用[J].河南林业科技,2004(10):13-14.

［6］ 刘岩.浅析全面提高绿色食品质量安全的几项措施[J].黑龙江科技信息,2014(3):56.

［7］ 陈红梅,刘莹莹.黑龙江省绿色食品资源开发保护问题研究[J].商品与质量,2013(12):88.

［8］ 谭伟君,李刚.黑龙江绿色食品资源融资困境研究[J].管理学家,2014(3):388.

［9］ 程玉林.整合绿色资源发展黑龙江省绿色食品产业[J].学术交流,2005(2):32-33.

［10］ 谭伟君,李刚.黑龙江绿色食品资源政策法规研究[J].中国工业年鉴,2014(5):173.

［11］ 黄志富.大兴安岭地区优势绿色食品产业发展对策研究[D].中国农业科学院,2012.

［12］ 江德森,牛佳牧,姜贵全.长白山森林食品资源产业化开发及模式研究[J].林业经济,2003(9):74-75.

［13］ 江德森,牛佳牧,肖艳.吉林省长白山林区天然绿色食品资源产业化开发及模式研究[J].中国林副特产,2004(2):50-51.

［14］ 宋国宇,尚旭东,李立辉.中国绿色食品产业发展的现状、制约因素与发展趋势分析[J].哈尔滨商业大学学报:社会科学版,2013(11):90–91.

［15］ 李显军.中国绿色食品产业化发展研究——理论、模式与政策[J].中国农业大学,2005(6):33–34.

［16］ 韩东鹤.黑龙江省绿色食品产业发展研究[D].哈尔滨:哈尔滨商业大学,2013.

［17］ 宋克彬.浅析延边地区林下食品资源开发[J].农村经济与科技,2006(12):30-32.

［18］ 尚杰.黑龙江省加快绿色食品产业发展的战略选择[J].学术交流,2005(1):66-67.

［19］ 王德章,赵大伟.中国绿色食品产业发展的战略选择[J].中国软科学,2003(9):7-8.

［20］ 王德章,赵大伟,杜会永.中国绿色食品产业结构优化与政策创新[J].中国工业经

济，2009(9):9-10.

[21] 韩杨.中国绿色食品产业演进及其阶段特征与发展战略[J].中国农村经济,2010(2):19-20.

[22] 孙剑,李崇光,黄宗煌.绿色食品信息、价值属性对绿色购买行为影响实证研究[J].管理学报,2010(1),36-38.

后　记

本书是作为 2012 年度黑龙江省社会科学研究规划项目课题——黑龙江省绿色优势食品资源开发保护及安全监管的研究(项目编号:12E050)的研究成果之一。回首从申请课题至本著作完成的三年时间,在课题研究兴趣的驱动下,我们每位成员都亲历了研究课题所要走过的每一步:发现问题、提出课题、制订计划、具体实施、调查取证、分析原因、尝试改革、总结经验。在这个过程中,我们曾经困惑过、迷惘过,甚至因为研究方法而争执过,但更多的是从中收获了感动、成长、惊喜。

在课题研究期间,我们得到了各级主管部门领导、专家的悉心指导和大力支持。在此,谨代表全体课题组成员表示深切的敬意和由衷的感谢!对我们课题研究提供理论上的指导,为我们解疑答惑,为我们指明了方向!

感谢黑龙江省科顾委副主任、宏观经济专家组组长刘世佳,以他丰富的人脉关系为我们课题的成功申请立下了汗马功劳!为我们提供了宏观理论的指导和课题研究框架的整体把握。感谢黑龙江省绿色食品办公室主任朱佳宁为我们提供相关的研究资料和数据支持,并为课题的推广应用出谋划策。

感谢哈尔滨剑桥学院校长王玉兰教授,教学副校长线恒录教授,为我们课题的成功申请付出了很多心血和汗水,开了民办高等院校在黑龙江省社会科学研究规划项目课题方面的先河。在两位校领导的指导与协助下,使我们的研究课题顺利结题,为培养青年教师提升研究能力、创新教学内容、晋升职称,做出了无私奉献。

感谢哈尔滨商业大学韩枫教授,从课题的申请至完成,再到本著作的完成,从我们与韩枫教授认识的第一天开始,就一直被他所感动。只要我们有问题请教韩枫教授,他都是言传身教、尽心尽力、诲人不倦。他作为课题组的顾问,帮助课题组设计了研究大纲与研究方法;为我们提供了相关的参阅资料,并对重点内容进行了具体的指导。本著作也是在韩枫教授的指导与帮助下完成的。从编写大纲、内容分工、修改初稿,到总纂的全过程组织指导工作。他多次为我们修改各章节的具体内容,并为我们写了本著作的前言。韩枫教授为我们做了这么多无私的奉献,但他却多次对我们表示感谢,深谢我们的关爱之情,为他发挥余热、关心下一代成长创造了更宽广的舞台与条件,将尽力为之。从这即可看出韩枫教授的为人。

感谢哈尔滨剑桥学院工商管理学院院长高景海教授特别注重培养我们青年教师的科研能力,通过申报完成省级科研课题项目去进行创新发展。在提升研究能力的基础上进一步提升教学质量,为我们晋升职称创造条件。感谢高景海教授为课题的具体层次的论证和细节做了修改,为本著作的基本内容、特色、创新发展做了明确、系统的归纳与提示。通过本次课题及本著作的撰写,不仅锻炼了我们收集资料,撰写专著的能力,还大大地提升了我们的社会声誉,为我们进行广泛的社会学术交流活动创造了有利条件。

感谢黑龙江省社科联副主席刘幸、黑龙江省社科联副主席王宏宇,为课题研究提供的大力支持和帮助。两位专家给我们提了很多宝贵、中肯的指导性意见及建设性意见,为我们的课题把脉、指路,为我们进行实地调查与问卷调查创造条件。

我们深知,我们的探索、尝试还有很多不尽如人意的地方,敬请各位专家领导不吝赐教,我们将虚心学习、继续努力,以更加饱满的热情和认真的态度做好工作,争取更大的进步、更多的收获,更好的成就。